Practice of standardized storage management for pumped storage power stations

抽水蓄能电站仓储标准化管理实务

国网新源控股有限公司　组编

内 容 提 要

本书以抽水蓄能电站仓库建设与运维为基础，结合抽水蓄能电站物资供应特点与要求，融入现代供应链和物联网技术，全面介绍了仓储标准化管理概述、仓库硬件标准化、仓储运维标准化、特殊物资仓储管理、废旧物资管理、仓储管理信息化、仓储人员管理、仓储管理效益等内容。本书集中展现了抽水蓄能电站仓储管理所涉及的内容，突出标准化管理所涉及的管理要求，使仓储管理标准化、信息化、精细化能够落地生根。

本书适合抽水蓄能电站仓储管理人员和现场仓储作业人员参考使用，也可以作为仓储培训指导教材。

图书在版编目（CIP）数据

抽水蓄能电站仓储标准化管理实务/国网新源控股有限公司组编．—北京：中国电力出版社，2022.10

ISBN 978-7-5198-7142-0

Ⅰ.①抽… Ⅱ.①国… Ⅲ.①抽水蓄能水电站－仓库管理－标准化管理 Ⅳ.①TV743

中国版本图书馆 CIP 数据核字（2022）第 186122 号

出版发行：中国电力出版社
地　　址：北京市东城区北京站西街 19 号（邮政编码 100005）
网　　址：http://www.cepp.sgcc.com.cn
责任编辑：孙建英（010-63412369）马雪倩
责任校对：黄　蓓　朱丽芳
装帧设计：赵姗姗
责任印制：吴　迪

印　　刷：三河市万龙印装有限公司
版　　次：2022 年 10 月第一版
印　　次：2022 年 10 月北京第一次印刷
开　　本：787 毫米×1092 毫米　16 开本
印　　张：15
字　　数：350 千字
定　　价：98.00 元

编　委　会

编　写　组

组　长　尹　熙

副组长　马源良　张金仙　周开涛　刘　欣　张　迪

成　员　王业庭　周新元　刘康波　褚洪臣　沈　龙
林　韬　祝加勇　余玉钱　靳国云　孔佑全
朱南龙　傅晓骏　洪彬龙　仇　岚　王青亚
马雪静　胡海东　操纪发　倪　冉　张国利
郭丙晨　张天翔　代小青　向　峰　吴燕飞

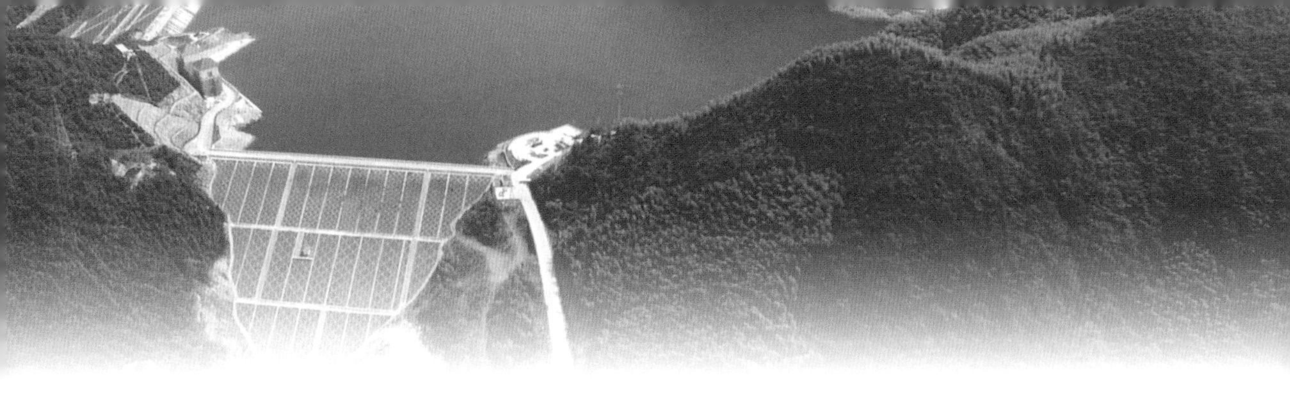

前　言

当前我国正处于能源绿色低碳转型发展的关键时期，风电、光伏发电等新能源大规模高比例发展，对调节电源的需求更加迫切，构建以新能源为主体的新型电力系统对抽水蓄能发展提出更高要求。作为抽水蓄能电站建设运营的专业化管理企业，国网新源控股有限公司发挥集团化和专业化管理优势，不断探索、创新与实践，逐步形成了一套标准化的仓库建设与运维管理体系，保障了抽水蓄能电站建设与运营所需物资的安全稳定供应。

本书在仓储标准化建设相关法律法规和管理规定基础上总结抽水蓄能电站仓储建设管理经验，梳理仓储标准化建设业务要求，结合抽水蓄能电站物资供应特点与要求，融入现代供应链和物联网技术，全面介绍了仓储标准化管理概述、仓库硬件标准化、仓储管理信息化、仓储运维标准化、特殊物资仓储管理、仓储人员管理、仓储管理效益等内容，集中展现了抽水蓄能电站仓储标准化管理的内容和要求，同时选取典型实践案例，列出各类仓储业务表单示例，内容通俗易懂，具有较强的实操性。

本书由国网新源控股有限公司组织仓储管理方面专家编写，希望借此书与同行开展经验交流，进一步提升物资仓储管理人员的专业素质和工作技能，共同推进抽水蓄能电站仓储管理标准化发展。由于编者水平有限，书中难免还有不足之处，恳请广大读者给予批评指正。

编　者

2022年10月

目　　录

前言

第一章　仓储标准化管理概述 ······ 1

第一节　仓储管理 ······ 1

第二节　仓储标准化管理 ······ 1

第二章　仓储硬件标准化 ······ 3

第一节　仓库建设 ······ 3

第二节　仓库区域设置 ······ 15

第三节　仓库设备设施选择及配置 ······ 18

第四节　仓储标识管理 ······ 27

第三章　仓储运维标准化 ······ 49

第一节　仓储工作计划管理 ······ 49

第二节　仓储作业 ······ 52

第三节　仓储设备设施管理 ······ 70

第四节　仓储资料管理 ······ 72

第五节　仓储安全管理 ······ 77

第六节　仓储运维标准化案例 ······ 83

第四章　特殊物资仓储管理 ······ 90

第一节　工程物资管理 ······ 90

第二节　应急物资管理 ······ 105

第三节　危险化学品管理 ······ 110

第五章　废旧物资管理 ······ 114

第一节　废旧物资管理概述 ······ 114

第二节　物资报废与移交保管 ······ 114

第三节　报废物资处置 ······ 121

第四节　特殊性报废物资管理 ······ 126

第五节　废旧物资档案管理 ······ 136

第六章　仓储管理信息化 ······ 137

第一节　仓储信息管理系统 ······ 137

第二节 仓库主数据及其编码规则 …… 137
第三节 智能化仓储管理系统建设 …… 139
第四节 智能化仓储管理系统操作流程 …… 143
第五节 无人值守仓建设及业务流程 …… 167
第六节 24h 无人值守仓应用案例 …… 172
第七章 仓储人员管理 …… 174
第一节 仓储管理组织架构 …… 174
第二节 仓储管理岗位职责 …… 174
第三节 仓储业务培训 …… 177
第八章 仓储管理效益 …… 181
第一节 仓储成本 …… 181
第二节 库存控制 …… 182
第三节 集团化模式下的库存规模控制 …… 192
第四节 仓储管理效益指标 …… 197
第五节 仓储管理效益分析方法 …… 201

附录 1 仓储管理制度模板 …… 206
附录 2 危险废物污染规范管理制度模板 …… 215
附录 3 抽水蓄能电站事故备品备件储备参考定额 …… 219
附录 4 抽水蓄能电站应急物资储备参考定额 …… 226
参考文献 …… 230

第一章　仓储标准化管理概述

第一节　仓　储　管　理

一、仓储管理的概念

仓储管理是指对仓库及其所存储的各类物品开展的一系列计划、组织、协调与控制的活动总称。现代仓储管理已经从基本的存储功能发展到包装、分拣、流通加工、简单装配等多项增值服务功能。

二、仓储管理的任务

（1）组建仓储管理机构。

（2）开展仓储作业活动。

（3）做好在库物资保管保养。

（4）提高仓储管理水平和员工素质。

（5）合理配置市场资源。

（6）降低仓储运营成本。

（7）确保仓库安全运营。

第二节　仓储标准化管理

一、仓储标准化管理的概念

仓储标准化管理是对物资仓储管理等活动制定统一标准并贯彻和实施标准的整个过程，包括仓储硬件标准化、仓储管理信息化、流程制度规范化和人员结构专业化四个方面的内容。

抽水蓄能电站仓储管理遵循“合理储备，加快周转，保质可用，永续盘存”的原则，并按照“定额储备、按需领用、动态周转、定期补库”模式运作。

二、仓储标准化管理的目标

仓储标准化管理有利于提高抽水蓄能电站整体管理效率，发挥集团化运作优势，节约集团采购、管理成本，带来整体经济效率的提升。仓储标准化的目标主要是：

（1）实现仓储硬件标准化。仓储硬件标准化是管理水平提升的基础，将从统一企业文化建设、降低集团化管理成本、提高纵向业务运作效率等方面提升管理水平。

（2）实现仓储管理信息化。仓储管理信息化是管理水平提升的核心，通过信息系统强大的信息处理与分析能力，可以极大降低仓储管理人员工作强度，减少劳动力需求，提高劳动效率，同时提高了信息的准确性和及时性，将为抽水蓄能电站灵活管理库存，有效盘活资金提供决策支持；物资储备定额研究是有效提高仓储管理效率的基础性工作；电站库存物资的种类、数量和使用频率都有较大差别，随着主要设备寿命周期的不同，储备定额和仓储管理方式都应随之调整，形成动态的平衡；信息化水平的提高，将推动储备定额的精确度，提高效益。

（3）实现流程制度规范化。流程制度规范化是实现以上目标的重要保障，只有统一标准和规范地执行，才能更好地达到预期结果。

（4）实现人员结构专业化。人员结构专业化是现代化仓储管理对仓储管理人员的知识、技能水平提出的要求，是推进仓储标准化的重要手段。

三、仓储标准化管理的意义

根据国家能源局发布的《抽水蓄能中长期发展规划（2021—2035）》，当前我国正处于能源绿色低碳转型发展的关键时期，构建以新能源为主体的新型电力系统对抽水蓄能发展提出更高要求，预计到2025年，抽水蓄能投产总规模达到6200万kW以上，到2030年抽水蓄能投产总规模达1.2亿kW左右，为适应这种开发需要，推广仓储标准化管理将为抽水蓄能电站建设与运营的跨越式发展提供强有力支撑。主要体现在以下几个方面：

（1）抽水蓄能电站的物力集约化管理包括物资计划管理、招标采购管理、物资合同管理、物资质量监督管理、供应商关系管理、物资仓储管理、应急物资管理、废旧物资管理和物资管理标准化信息化九大关键业务，仓储标准化管理是物力集约化、信息化的基础之一。

（2）做好仓储管理的标准化，是全面落实物力集约化，提升物资供应服务水平的关键；提高作业效率、充分利用仓储设施和设备的有效手段，是进一步实现信息化、自动化和智能化的重要基础。

（3）仓储管理标准化促使抽水蓄能电站内部各管理环节有机地联系、协调地运作，保证了物资供应体系的统一性和一致性，实现抽水蓄能电站仓储的标准化。

（4）仓储标准化也是加快资金周转，节约流通费用，降低物流成本和提高经济效益的有效途径。

（5）仓储标准化促进物资仓储管理精益化，持续优化管理制度、流程、标准，推动抽水蓄能电站仓储管理水平的总体提升。

第二章　仓储硬件标准化

建设安全可靠、空间利用率高、作业高效、功能齐全的标准化仓库能够有效提高抽水蓄能电站供应链管理水平，对抽水蓄能电站提质增效具有重要意义。本章主要介绍了仓储硬件标准化建设，包含仓库建设、仓库区域设置、仓库设备选择及配置原则、仓储标识管理等四部分内容。

第一节　仓　库　建　设

一、仓库建设内容

根据抽水蓄能电站物资供应特点及仓库建设与管理经验，抽水蓄能电站仓库一般包括恒温恒湿库、封闭库、棚库、露天堆场、特种仓库和附属用房等。

1. 恒温恒湿库

恒温恒湿库是指对环境温度、湿度有严格控制要求的封闭式储存建筑物，通过使用温湿度调节设备使库房保持恒定的目标温度、湿度，同时使用保温材料能够较少或避免外部气候条件的干扰。抽水蓄能电站恒温恒湿库用于储存对环境温湿度要求较高的物资设备，如精密仪器、高等级绝缘材料、数字电路板、光纤等，其温湿度根据存储设备要求不同有所差异。

2. 封闭仓库

封闭仓库是指设有屋顶，结构采用封闭式墙体（含门、窗）构造的储存性建筑物。抽水蓄能电站封闭仓库用于储存对环境温湿度要求一般但需阴凉干燥环境存储的物资设备，如密封备品备件、一般电气设备、专用工器具、普通电缆、阀门泵类、五金零件等。

3. 棚库

棚库是指设有屋顶，未设置墙体或局部设置墙体的开放式或半开放式存放建筑物。抽水蓄能电站棚库用于储存对环境温湿度要求低、体积大、临时存放或者不需在封闭仓库内储存的物资设备，如密封包装的大型设备、建筑材料、废旧物资等。

4. 露天堆场

露天堆场也叫平面堆场，是指用于露天堆放货物的平整场地。抽水蓄能电站露天堆场用于储存对温湿度无要求、价值低或者受储存空间限制并妥善保护的物资设备，如砂石料、临时存放的大型设备、户外一次设备、线杆、钢板、管线材等。

5. 特种仓库

按存储货物品类划分，用于存放易燃、易爆、有毒、有腐蚀性或污染性货物的仓库，通常可称为特种仓库。抽水蓄能电站的特种仓库主要有危险化学品仓库和危险废物贮存库。其中，危险化学品仓库是用于存储和保管易燃、易爆、有毒、有害等危险品的库房，如油漆、酒精等；危险废物贮存库是用于接收及临时存储危险废物的场所，如废透平油、废铅酸电池等。

抽水蓄能电站可根据实际需要设立特种仓库，该类仓库的设立和改造需按照法律法规履行所有程序。

6. 附属用房

仓库附属用房也叫配套用房，是保障仓库人员日常管理、仓储设备运行所需的建筑物，包含办公室（值班室）、保安室（监控室）、资料档案室、休息室、卫生间、工具室、车辆库、设备间等，抽水蓄能电站根据业务实际需要选择配置配套建筑。

二、各类仓库建筑面积标准

不同装机仓库建筑面积应根据抽水蓄能电站生产期物资储备需求测算，物资储备需求因电站机组数和容量而异。结合现行国网新源控股有限公司不同容量电站生产期物资储备需求，各类仓库建设面积标准可参照表 2-1-1。

表 2-1-1　容量蓄能电站库房及附属用房面积建设标准　（m^2）

装机容量	恒温恒湿仓库	封闭库	棚库	露天堆场	特种仓库
4×250～4×375MW	700～800	1000～1200	1000～1500	2000～4000	120～150
4×375MW 以上	800～1000	1200～1500	1200～1800	2000～5000	150～180

三、选址和规划

抽水蓄能电站一般位于山区，地形条件复杂，影响仓库选址因素较多，如地质条件、水文条件等，仓库建设投资较大、抽水蓄能电站库存物资价值较高，如果选址不当，会带来不可弥补的损失。

1. 选址原则

仓库建设选址需要综合考虑多种因素，从中选择出安全可靠、投资少、运营效率高的地址，应遵循以下原则：

（1）地质条件优良。仓库选址应考虑土壤的承载能力，如果地下存在淤泥层、流沙层、松土层等不良地质环境，则不宜建设仓库；仓库应建在地势高、地形平坦的地方，尽量避开陡坡地区，要收集选址地区的水文资料，远离自然流域和上溢的地下水区。

（2）交通便利。仓库选址应靠近进入电站厂区交通洞、电站厂内主干道，能够保证物资及时供应，提高物资保障能力，减少厂内运输成本，也有利于仓库本身应急处置。

（3）库址具有可扩展性。库址面积在满足物资保管需求下，具有一定可扩展面积，满足日后发展需要。

（4）安全环保。存放危化品、危险废物的库房应与其他建筑物或人员活动区域有一定安全距离，同时应远离水源。

2. 平面布局原则

仓库建筑物及设施宜归并整合、集中布置，建筑间距应符合 GB 50187—2012《工业企业总平面设计规范》和 GB 50016—2014《建筑设计防火规范》的规定，应利用地形、地势、工程地质以及水文地质条件，应满足物流操作流程、交通组织、消防和管线综合布置的要求，用于有污染性物品作业或存储的物流建筑，应布置在当地全年最小风向频率的上风侧。仓储区域的围墙至建筑物、构筑物以及道路等的最小间距见表2-1-2的规定。

表2-1-2　围墙至建筑物、构筑物以及道路等的最小间距　(m)

名称	间距
建筑物	5.0
排水明沟边沿	1.5
道路	1.0

3. 室外场坪规划

室外场坪铺面种类包括沥青铺面、水泥混凝土铺面、连锁块铺面、独立块铺面，应根据货物种类及装卸方式、地基条件等确定。地基条件较差、分期修建及临时或短期使用的场坪，宜选用沥青铺面、连锁块铺面或独立块铺面等适应土基变形的铺面种类；地基条件较好的场坪，宜使用水泥混凝土铺面；对于季节性冰冻地区，场坪铺面厚度应满足最小抗冻层厚度的要求；水泥混凝土场坪的分块可执行现行行业标准JTS 216—2021《港口道路与堆场施工规范》的规定；场坪排水应采用有组织排水，并应与场地总体排水系统相协调。

库房一侧或两侧应该设置操作场地，荷载设计值应满足装卸作业和车辆行驶的承载要求。汽车装卸场坪宽度应满足车辆调头、装卸作业要求。室外堆场的分区、堆垛规格等应满足物品安全储存的要求，堆场面积及其与建筑的距离应符合GB 50016—2014《建筑设计防火规范》的规定，宜采用明沟排水。

4. 竖向设计

仓库竖向设计是指对仓库区域平面进行高程确定的设计。抽水蓄能电站仓库区域内道路、场坪及堆场的竖向设计，应与电站厂区道路、排水系统及周围场地的高程相协调，应结合仓库区域地形、物流操作流程、运输方式等，选择竖向布置方式。

对于布置在丘陵地区、山区及受江、河、湖、海的洪水、潮水或内涝水威胁区域的仓库，其场地设计标高应高出计算洪水位0.5m以上，或采取相应的防洪、防内涝措施。

仓库区域出入口的路面标高宜高出区外路面标高；仓库场地设计标高宜高于该处自然地面标高；仓库室内地面标高应高出室外场地地面设计标高，且高差不应小于0.15m；位于不良地质条件地段的仓库、特种仓库或防水要求高的仓库，应根据需要适当加大仓库的室内外高差；仓库场地排水系统应满足雨水重力自流排出要求，并应设置必要的排除暴雨积水的措施；仓库场地坡度不宜小于0.3%，大于8%时宜分成台地，且台地连接处应设挡土墙和护坡。

5. 绿化布置

仓库场地宜进行绿化的地段包括办公区、主干路及仓库区域出入口、仓库区域围墙、仓库两端和无装卸平台一侧地坪。

仓库区域的出入口、内部道路交叉口等处的绿化种植，应防止遮挡交通行车视线；仓库区域内的绿化宜集中布置或呈隔离带状布置；停车场周围设置绿化时，乔木、灌木的分枝高度应满足车辆净高要求。

6. 管线综合布置

仓库的管线应与仓库区域的平面布局、竖向、绿化景观设计等统筹布置，并应使管线紧凑合理，管线布置应分布合理、近远期结合。仓库的管线之间的距离应符合 GB 50187—2012《工业企业总平面设计规范》；当采用地上管道敷设管线时，可采用高支架式、低支架式、地面式以及建筑物支撑式，且支架式架空管线的净空高度及基础位置，应满足交通净空及管线检修的要求。

7. 交通组织

仓库区域内的道路布置应合理利用地形，满足物流生产、运输、消防要求，应与电站厂区道路衔接方便、短捷；当用道路划分功能区时，宜与仓库区域主要建筑物轴线平行或垂直，并宜呈环形布置，当为尽端路时，应设置尽端回车场，回车场应满足 GB 50016—2014《建筑设计防火规范》的规定。

四、建筑标准

仓库建筑物体型设计应体现简洁、经济、适用和资源节约的原则，不宜有凸凹与错落，力求简洁大方，外形装修风格统一，体现国家电网有限公司的企业文化特征，坚持以人为本的设计理念，方便建筑施工、仓储操作。

仓库建筑物应满足夏季防热、遮阳、通风、防腐、防蚂鼠、防雨、防雷及防其他恶劣天气要求，抗震设计应符合属地设防要求，仓库的防火设计应满足现行消防规范要求，仓库建筑物室内外装修应采用节能、环保型建筑材料。

库房的建筑应按照《中华人民共和国工程建设标准强制性条文》、GB 50016—2014《建筑设计防火规范》、GB 50009—2012《建筑结构荷载规范》、GB 50223—2008《建筑工程抗震设防分类标准》、GB 50011—2010《建筑抗震设计规范（2016 版）》、GB 50010—2010《混凝土结构设计规范》、GB 50007—2011《建筑地基基础设计规范》等国家有关规程、规范进行设计建设。

1. 恒温恒湿库建设标准

恒温恒湿库建筑设计合理使用年限不低于 50 年，采用现浇钢筋混凝土框架结构、现浇梁板楼屋盖体系，建筑基础采用独立基础加连梁形式，建筑平面应为矩形，横向与纵向比在 1/3～1/2，主体结构耐火等级均为二级，屋面防水等级不低于Ⅱ级。

单层结构恒温恒湿库的有效使用净层高，按能够使用 3t 叉车或堆垛车设计，净层高可为 4.5～5.5m；当库址占地面积有限不能满足抽水蓄能电站仓储需求时，恒温恒湿库可采用两层结构，应设置步梯及人货两用电梯或 1.5～3t 电动升降平台设备，一层有效层高为可为 4.5～5.5m，二层有效层高可为 4m 或与一层保持一致。

墙体采用混凝土砖，外墙应做防止雨水灌漏渗透处理，外墙窗台、女儿墙顶等部位应做流水坡，所有产生滴水部位均应做滴水构造；外墙采用防水、防腐耐候涂料或真石漆，外墙下部采用 1.2m 高外墙面砖作外墙裙，内墙底部设置 10cm 高玻化砖踢脚线，内墙下部 1.2m 涂防腐、防霉、防水涂料作内墙裙。

屋面设置保温层，表面层为彩色水泥瓦，根据屋面横纵向比可选设为双坡、四坡或折腰式屋面，北方屋面坡度可设为 8%～10%，南方屋面坡度可设为 10%～15%；恒温恒湿库地坪根底采用钢筋混凝土结构，载荷设计根据抽水蓄能电站库存设备实际情况设计，在最大载荷下，地坪的沉降变形比例不低于 1/1000；地坪表面层推荐采用彩色金刚石（砂）固化剂一体化地坪，设计使用寿命不低于 20 年。

恒温恒湿库一层设置一个大门，便于较大型物资进出，可采用电动卷拉门，门洞宽 3.5～4m，门洞高 3.5～4m，门洞中轴线与库内主通道轴线在一个平面为宜；每层设置 2 个人员安全出口，也作为小型物资进出口，位置应分别靠着主通道两端；所有门防火等级不低于乙级；在满足采光需求下，窗户总面积不高于外墙面积 20%，窗玻璃采用遮阳、隔热中空玻璃，窗户设置防火阻燃手拉遮阳帘，一层窗户应加防盗网；在仓库门处安装挡鼠板，有效防止老鼠进入仓库。

2. 封闭库建设标准

封闭库推荐采用单层单跨钢筋混凝土柱加钢结构金属屋面的建筑形式，建筑基础采用独立基础加连梁形式，库内建议设置不小于 10t 桥式起重机且作业范围能够覆盖整个存储区和作业区；建筑平面应为矩形，横向与纵向比在 1/3～1/4；主体结构耐火等级均为二级，屋面防水等级不低于Ⅱ级。

封闭库层高根据库内桥式起重机轨顶标高和吊车净空要求确定，桥式起重机轨顶标高根据最大起升高度需求确定，起升高度需求为 9～12m，屋面最低点高度可为 12～15m。

墙体采用混凝土砖，外墙应做防止雨水灌漏渗透处理，外墙窗台、女儿墙顶等部位应做流水坡，所有产生滴水部位均应做滴水构造；外墙采用防水、防腐耐候涂料或真石漆，外墙下部采用 1.2m 高外墙面砖作外墙裙，内墙底部设置 10cm 高玻化砖踢脚线，内墙下部 1.2m 涂深色防腐、防霉、防水涂料作内墙裙。

屋面为双坡金属屋面，采用铝镁锰合金屋面板，设置保温层，北方屋面坡度可设为 8%～10%，南方屋面坡度可设为 10%～15%，采用有组织排水设计，排水天沟为不锈钢材质。

封闭库地坪根底采用钢筋混凝土结构，载荷设计根据抽水蓄能电站库存设备实际情况设计，在最大载荷下，地坪的沉降变形比例不低于 1/1000；地坪表面层采用彩色金刚石固化剂一体化地坪，设计使用寿命不低于 20 年。

封闭库建议设置“两大一小”三道门，大门采用电动卷拉门，大门门洞净宽（通车宽度）4～5m，门洞净高 4.5～5.5m，门洞中轴线与库内主通道轴线在一个平面为宜，两小门为人员安全出口，同时也作为小型物资进出口，位置应分别靠着主通道两端。所有门防火等级不低于乙级；在满足采光需求下，窗户总面积不高于墙面面积 20%，窗玻璃采用遮阳、隔热中空玻璃，窗户设置防火阻燃手拉遮阳帘，矮处窗户应加金属防盗网；在仓库门处安装挡鼠板，有效防止老鼠进入仓库。

3. 棚库建设标准

棚库推荐采用单层单跨钢结构形式，屋面推荐采用铝镁锰合金屋面板并设置采光板，库内设置 10t 桥式起重机，含钢结构吊车梁；库房基础采用独立基础加连梁形式；建筑平面应为矩形，横向与纵向比在 1/2～1/4，主体结构耐火等级均为二级，屋面防水等级不低于Ⅱ级；桥式起重机轨道顶高为 14～15m，屋面最低点高度为 16～17m；棚库地坪采用彩色钢筋混凝土结构，载荷设计根据抽水蓄能电站库存设备实际情况设计，在最大载荷下，地坪的沉降变形比例不低于 1/1000；棚库柱间可设置 2.2m 防侵入镀锌钢围栏，其中两个柱间设置为可开启围栏，作为进出口；进出口钢柱旁应设置防撞杆。

4. 室外堆场建设标准

室外堆场平面应比周围道路高出约 50mm，周边采用明沟排水；露天堆场周边安装可活动的围栏围挡或设置标识线；堆棚库地坪采用彩色钢筋混凝土结构，载荷设计根据抽水蓄能电站库存设备实际情况设计，在最大载荷下，地坪的沉降变形比例不低于 1/1000。

5. 危险化学品仓库建设标准

抽水蓄能电站根据实际需求建设危险化学品仓库，其建设应履行环保、安全、危化品管理有关规定的审批程序。

危险化学品仓库的墙体应采用砌砖墙、混凝土墙及钢筋混凝土墙；危险化学品仓库应设置高窗，窗上应安装防护铁栏，窗的外边应设置遮阳板或雨搭；窗户上的玻璃应采用毛玻璃或涂白色漆；仓库门应根据危险化学品性质相应采用具有防火、防雷、防静电、防腐、不产生火花等功能的单一或复合材料制成，门应向疏散方向开启（外开式）；存放有爆炸危险的库房应设置泄压设施，泄压设施采用轻质屋面板、轻质墙体和易于泄压的门、窗等，不得采用普通玻璃；危险化学品仓库应独立设置，为单层建筑，并不得设有地下室；危险化学品仓库建设还应符合 GB 50016—2014《建筑设计防火规范》《危险化学品管理条例》（国务院令第 344 号）中的有关规定。化学品仓库内应设有排液槽，地面应设置成斜坡，使泄漏之液体收集到排液槽内；排液槽宜设置一定的坡度，其末端应设有容量为一立方米的防渗漏集液池；集液池要尽量密封，防止收集的液体挥发到空气中，对环境造成危害，同时产生火灾隐患。

6. 危险废物贮存库（间）建设标准

危险废物贮存库（间）应满足防风、防雨、防雷、防晒、防渗漏要求，有完善的防渗措施和渗漏收集措施，满足 GB 18597—2001《危险废物贮存污染控制标准》相关标准要求；地面与裙脚要用坚固、防渗的材料建造，建筑材料必须与危险废物相容；必须有泄漏液体收集装置、气体导出口及气体净化装置。设施内要有安全照明设施和观察窗口；用以存放装载液体、半固体危险废物容器的地方，必须有耐腐蚀的硬化地面，且表面无裂隙；应设计堵截泄漏的裙脚，地面与裙脚所围建的容积不低于堵截最大容器的最大储量或总储量的五分之一；不相容的危险废物必须分开存放，并设有隔离间隔断。

7. 附属用房建设标准

仓库附属用房采用钢筋混凝土框架结构，与恒温库、封闭库等建筑风格保持一致，抽水蓄能电站根据实际需求选择附属用房的类型和面积；除门卫房外，为节约占地面积，附属用房与恒温恒湿库或封闭库可设计为一体建筑。

8. 仓库建筑色彩应用

标准化仓库建设需统一色彩应用，仓库建筑和办公楼外墙配色应与电站建筑物整体色彩保持和谐、统一。当仓库独立布局时，推荐墙体主色调采用浅灰色（PANTONE 413C），辅以深绿色（PANTONE 3292C）水平条带（从库房的地平面起，彩钢结构库房应以基础及砖墙宽度为准，砖混结构库房基本以窗台下沿为准，没有参照尺寸的按建筑物总高的 1/10 设置，同一库区所有库房原则上宽度一致）。

门窗色彩，大门颜色应与建筑物主体同色，当仓库独立布局时，库房窗户颜色采用深绿色（PANTONE 3292C）。库房建筑地面宜采用颜色宜采用深绿色（PANTONE 3292C）。仓库建筑色彩示意图如图 2-1-1 所示。

图 2-1-1　仓库建筑色彩示意图

五、仓库配套设施

功能完善的配套设施对抽水蓄能电站仓库的安全高效运转具有重要作用，抽水蓄能电站仓库主要配套设施包括给排水、电气与照明、暖通系统、防雷设施、通信和信息网络、消防、安全防护等。

1. 给水排水设施

抽水蓄能电站仓库的库区应设计完善的给排水系统，仓库的给水系统接入电站厂区地面供水系统，给水系统包括生产生活给水系统、消防给水系统，排水系统包括生活污水、雨水排放系统。抽水蓄能电站给水排水设施设计参考规范见表 2-1-3。

表 2-1-3　　抽水蓄能电站仓库给水排水设施设计参考规范

序号	标准名称	标准编号
1	《地下工程防水技术规范》	GB 50108—2008
2	《给水排水管道工程施工及验收规范》	GB 50268—2008
3	《给水排水工程管道结构设计规范》	GB 50332—2002
4	《污水综合排放标准》	GB 8978—1996
5	《饮用净水水质标准》	CJ 94—2005
6	《埋地硬聚氯乙烯给水管道工程技术规程》	CECS 17—2000

2. 电气与照明设施

仓库的电源应设总闸和分闸，宜有独立的配电间或配电箱；库房电源应与道路照明、生产和生活等其他电源分闸控制，仓库的电气配置必须符合 GB 51348—2019《民用建筑电气设计标准》。

根据 GB 50034—2013《建筑照明设计标准》的有关规定，仓库应配置照明系统，分为一般照明、消防应急照明两种系统。其中，一般照明采用单电源方式供电，应采用防爆灯具；消防应急照明采用自带蓄电池的应急灯具，应急时间不小于 30min；照明和插座由不同的馈电支路供电，照明、插座配线为单相三线；仓库出入口、库房外围、道路等区域需配置室外照明设施；库区和检测中心内的疏散通道均设置事故及火灾应急照明、疏散指示及安全出口照明。

危险化学品仓库内照明、事故照明设施、电气设备和输配电线路应采用防爆型。危险化学品仓库内照明设施和电气设备的配电箱及电气开关应设置在仓库外，并应可靠接地，安装过压、过载、触电、漏电保护设施，采取防雨、防潮保护措施。储存有爆炸危险的危险化学品仓库内电气设备应符合 GB 50058—2014《爆炸危险环境电力装置设计规范》的要求。电气照明设施设计参考规范标准见表 2-1-4。

表 2-1-4　　电气照明设施设计所参考的相关设计规范

序号	标准名称	标准编号
1	《供配电系统设计规范》	GB 50052—2009
2	《20kV 及以下变电所设计规范》	GB 50053—2013
3	《低压配电设计规范》	GB 50054—2011
4	《通用用电设备配电设计规范》	GB 50055—2011
5	《电热设备电力装置设计规范》	GB 50056—1993
6	《电力装置的继电保护和自动装置设计标准》	GB/T 50062—2008
7	《电气装置安装工程电气设备交接试验标准》	GB 50150—2016
8	《电气装置安装工程电缆线路施工及验收标准》	GB 50168—2018
9	《电气装置安装工程接地装置施工及验收规范》	GB 50169—2016
10	《电气装置安装工程旋转电机施工及验收规范》	GB 50170—2018
11	《电气装置安装工程盘、柜及二次回路接线施工及验收规范》	GB 50171—2012
12	《建设工程施工现场供用电安全规范》	GB 50194—2014
13	《电力工程电缆设计标准》	GB 50217—2018
14	《电气装置安装工程低压电器施工及验收规范》	GB 50254—2014
15	《电气装置安装工程　电力变流设备施工及验收规范》	GB 50255—2014
16	《建筑电气工程施工质量验收规范》	GB 50303—2015
17	《民用建筑电气设计标准》	GB 51348—2019
18	《建筑照明设计标准》	GB 50034—2013

3. 暖通系统

通风和空气调节系统应符合 GB 50016—2014《建筑设计防火规范》、GB 15603—1995《常用化学危险品贮存通则》以及 GB 50019—2015《工业建筑供暖通风与空气调节设计规范》等，详见表 2-1-5。

抽水蓄能电站仓库的通风方式有自然通风、机械通风、空气调节系统通风等。恒温恒湿库采用空气调节系统通风，安装除湿机设备，除湿机应具有空气温湿度自由设定、自动控制功能，并采用环保冷媒，除湿机的台数和功率根据仓库面积、环境、目标温湿度确定；在恒温恒湿库进出频繁的出口、入口可设置空气幕设备，隔绝与外部空气交换，北方寒冷地区封闭库进门、出门也可考虑设置空气幕，隔绝外部冷空气进入库内。封闭库以机械通风方式为主，设置防爆型风机，风机的选型和数量根据库房尺寸、面积、环境确定，并确保空气交换范围能覆盖所有区域，在南方湿度较大的地区，封闭库可采用通风机和除湿机相结合的方式。棚库采用自然通风方式。

北方较寒冷地区恒温恒湿库和封闭库应设供暖系统，适合电站仓库供暖方式包括热水供暖、热风供暖或热水风混合供暖三种方式。供暖方式的选择、供暖设备的选型和布置应根据仓库尺寸面积、内部布局、冬季环境和热负荷确定。

贮存化学危险品的仓库通排风系统应设有导除静电的接地装置；通风管应采用非燃烧材料制作；通风管道不宜穿过防火墙等防火分隔物，如必须穿过时应用非燃烧材料分隔，排风、送风设备应有独立分开的风机室，使用的通风机和调节设备应防爆，设备的一切排气管都应伸出屋外，高出附近屋顶，排气不应造成负压，也不应堵塞。仓库通风和空气调节设施设计参考规范见表2-1-5。

表2-1-5 仓库通风和空气调节设施设计参考规范

序号	标准名称	标准编号
1	《工业建筑供暖通风与空气调节设计规范》	GB 50019—2015
2	《地面辐射供暖技术规程》	DB21/T 1686—2008
3	《建筑给水排水及采暖工程施工质量验收规范》	GB 50242—2002
4	《通风与空调工程施工质量验收规范》	GB 50243—2016
5	《制冷设备、空气分离设备安装工程施工及验收规范》	GB 50274—2010

4. 防雷设施

抽水蓄能电站仓库应采取有效的防雷装置，防雷装置宜利用钢结构或混凝土结构仓库的结构主钢筋、钢柱和建筑基础钢筋做防雷装置的组成部分，易产生静电危害的设备和管道应做好防静电接地。防雷装置的设计和配置必须按照现行国家标准有关规定进行，仓库防雷接地设施参考技术规范见表2-1-6。

表2-1-6 仓库防雷接地设施参考技术规范

序号	标准名称	标准编号
1	《建筑物防雷设计规范》	GB 50057—2010
2	《建筑物电子信息系统防雷技术规范》	GB 50343—2012

5. 通信和信息网络设施

抽水蓄能电站仓库应配置满足信息设备、智能设备运行所需的网络设备或配线设备，采用24芯多模光缆作为数据主干、大对数电缆作为语音主干，分别接入电站综合配线柜和音频总配线架；仓库应设置独立综合配线箱，管理仓库信息点，线缆经电缆井、电缆沟以及预埋管接至各信息接口，如有智能仓储、视频监控、火灾报警、门禁系统或其他智能设备与电站级相关系统联动或接入网络的规划，应在各需接入设备布置处预留有信息接口或布线；仓库除配置内线电话外，结合实际需求可增加外网接入功能。

6. 消防设施

仓库应按 GB 50016—2014《建筑设计防火规范》的有关规定，合理设置库区防火间距，应设置火灾自动报警系统并与电站火灾报警系统联动，同时依据 GB 50140—2005《建筑灭火器配置设计规范》的有关规定，配备足够的消防设施和器材。仓库消防设施和器材设计和配置规范参见表 2-1-7。

表 2-1-7　　消防设施和器材设计、配置规范

序号	标准名称	标准编号
1	《建筑设计防火规范》	（GB 50016—2014（2018 年版））
2	《汽车库、修车库、停车场设计防火规范》	GB 50067—2014
3	《自动喷水灭火系统设计规范》	GB 50084—2017
4	《火灾自动报警系统设计规范》	GB 50116—2013
5	《建筑灭火器配置设计规范》	GB 50140—2005
6	《火灾自动报警系统施工及验收标准》	GB 50166—2019
7	《水喷雾灭火系统技术规范》	GB 50219—2014
8	《电气装置安装工程爆炸和火灾危险环境电气装置施工及验收规范》	GB 50257—2014
9	《自动喷水灭火系统施工及验收规范》	GB 50261—2017
10	《气体灭火系统施工及验收规范》	GB 50263—2007
11	《消防通信指挥系统设计规范》	GB 50313—2013
12	《固定消防炮灭火系统设计规范》	GB 50338—2003
13	《气体灭火系统设计规范》	GB 50370—2005
14	《消防联动控制系统》	GB 16806—2006

建筑占地面积大于 300m^2 的仓库应设置室内消火栓系统，库区应有可靠的消防水源，独立设置消防给水管道；仓库周围应设置室外消火栓系统，消火栓的间距不应大于 80m，且应设置消防水喉。

仓库的存储区、作业区及其他重要部位属消防安全重点部位，应当设置明显的防火标志牌，在仓库的库房中配备消火栓、防火门、消防安全疏散指示标志、应急照明、机械排烟送风等各类消防器材设备和防火设施；消防设施和器材的放置点应防雨、防水、与火源、水源、震动源等有 1m 以上的距离；消防设施要设置要科学合理，灭火器材一般放置在门口附件或重点防护设备附件的显眼位置。

7. 安全防护设施

抽水蓄能电站仓库是电站安全防范的重点部位，单靠人防远远不够，配置有效的物防、技防设施能够有力保障仓库安全，适合抽水蓄能电站仓库的防范设施有电子围栏、

智能型视频监控、门禁系统等。

电子围栏是一种周界防范报警系统，由围栏主机和前端探测围栏组成，前端探测围栏由杆及金属导线安装于仓库围墙上并构建组成有形的周界，当有非法入侵触碰围栏时，系统自动报警，也可以将入侵信息发送至安保人员值班室或手机上。

配置智能型视频监控系统是仓库安全防范的一种重要手段。将重点物资存储区、仓库大门、库房出入口、通道、围墙设置为重点监控区并安装高清晰度监视摄像头实施监控，当发生异常时，系统会实时发出报警信息、跟踪目标规矩并自动录像。

仓库设置门禁系统可以有效阻挡不相关人员擅入，在仓库的院区大门、库房进出门、办公区域均可设置电子门禁，自动记录人员进出情况，能够有效规范人员进出管理。

设置保安房的仓库，可在保安房配置防爆盾牌、钢叉、警棍等常用防爆反恐器材，防止暴力事件的发生。

六、仓库建设典型案例

以某总装机容量1200MW生产期抽水蓄能电站仓库建设为例，说明建设的仓库类型、仓库规划选址及仓库设施选择情况。

1. 仓库配置

该电站建设的仓库均为普通仓库，其中，恒温恒湿仓库1座、封闭仓库2座、封闭棚库1座，无室外堆场及特种仓库，某电站仓库布置情况如图2-1-2所示。

图2-1-2　某电站仓库布置情况

2. 仓库规划建设情况

(1) 恒温恒湿仓库。恒温恒湿仓库建设在业主营地内，为一层框架结构，建筑面积800m²，结构尺寸为40m×20m×7.6m，距离地下厂房、副厂房均在2km内；建设场地土类型为Ⅱ类，仓库建筑结构安全等级为二级，抗震烈度为7度；仓库主要存放对环境要求较高的电气类备品备件。

恒温仓库基础为地下钢筋混凝土条形基础，主体为钢筋混凝土框架结构，外围及室内填充墙均采用190mm×190mm×90mm空心砖砌筑；装饰部分内墙为中级抹白灰并用乳胶漆涂饰，外墙全部白色乳胶漆，地面为防尘环氧地面；屋面为混凝土基层上喷防水剂，加防水卷材后盖瓦结构；室内无给水，仓库周围设置排水沟。

（2）封闭仓库1。封闭仓库1建设在电站下库大坝左坝头109平台，建筑面积约1300m²，为一层框架及钢结构形式，结构尺寸为60m×22m×13.5m（长×宽×高），距离地下厂房、副厂房均在1km内；建设场地土类型为Ⅱ类，仓库建筑类别为丁类，耐火等级为二级，设计使用年限50年，抗震烈度为6度；仓库毗邻厂区交通公路，有利于大件备件的运输及存放。

封闭仓库1基础为地下钢筋混凝土条形基础，主体为框架及钢结构形式，墙体为240mm厚混凝土空心砖砌筑；装饰部分内墙为中级抹白灰并用乳胶漆涂饰，外墙下1m为仿蘑菇石饰面，上部选用白色乳胶漆涂料，地面为防尘环氧地面；屋面为金属板材屋面，覆盖专门设计、制作安装的彩钢屋盖；室内无给水，仓库周围设置排水沟。

（3）封闭仓库2。封闭仓库2位于副厂房GIS室一侧，由空余空间改造而来，面积约300m²，为钢筋混凝土框架结构，各项建筑指标均优于单独仓库；主要存放大件备件及应急物资。

（4）封闭棚库。封闭棚库建设在业主营地内，棚库设计建筑面积500m²，单层钢结构彩钢瓦屋顶型式，棚库周围采用砖砌体隔断加彩钢隔断，棚库高度为6.6m，距离地下厂房、副厂房均在2km内；仓库建筑抗震设防类别为乙类，建筑结构安全等级为二级，抗震烈度为7度、抗震等级为三级；主要存放代保管及废旧物资。

封闭棚库下部分为高2m的砖砌体结构，上部高4.6m彩钢隔断，地面为水泥地面，室内无给水，仓库周围设置排水沟。

3. 仓库设施配置情况

（1）恒温恒湿仓库。恒温恒湿仓库设置有仓储值班室一间，仓库安装2扇电动卷闸门和1扇防盗门；仓库消防系统主要配置有2套消防栓，按区域布置了二氧化碳和干粉灭火器及呼吸器等应急逃生器材，消防报警设备方面布置有感烟探头及手动声光报警装置，并接入全厂消防报警系统；仓库暖通采用2台格力多联式空调机组制冷及供热，2台主机、14台天井式室内机组成，制冷量78500W，供热量87500W；照明系统布置有15盏150W工厂吊灯，满足仓库日常运维照明度需求；仓位因不放置大件物资，未设置单梁桥式起重机，配置有一台5t柴油叉车。

（2）封闭仓库1。封闭仓库1安装2扇4m×5m电动卷闸门和1扇防盗门；消防系统配置有4套消防栓，按区域布置了二氧化碳和干粉灭火器及呼吸器等应急逃生器材，消防报警设备方面布置有2套红外对射感烟探头及手动声光报警装置，并接入全厂消防报警系统；照明系统布置有28盏150W工厂吊灯，满足仓库日常运维照明度需求；为满足大件设备起吊，配置有10t电动单梁的控式桥式起重机。

（3）封闭仓库2。封闭仓库2由副厂房空余空间改造，设置有1扇4m×5m电动卷闸门，消防系统按照生产区域消防要求布置，设置有消防栓、移动灭火器材及红外对射感温报警和手动声光报警；照明布置有工厂吊灯和普通日光灯；与电站GIS室共用一台10t电动单梁地控桥式起重机。

（4）封闭棚库。封闭棚库设置有1扇4m×5m电动卷闸门和1扇电动卷闸门；仓库消防系统主要配置有2套消防栓，按区域布置了二氧化碳和干粉灭火器及呼吸器等应急逃生器材，消防报警设备方面布置有感烟探头及手动声光报警装置，并接入全厂消防报警系统；照明系统配置有10盏工厂吊灯，并设置电动叉车专用充电箱；未设置单梁桥式起重机，配置2t电动叉车和手动叉车。

第二节　仓库区域设置

仓库区域设置按照抽水蓄能电站仓库不同功能区域，设置仓储区、作业区、办公区和作业通道等配套区域。

一、仓储区

抽水蓄能标准化仓库仓储区设置在封闭仓库、恒温恒湿库和棚库内，根据物资属性种类划分为电气备品区、机械备品区、工器具区、仪器仪表区、应急与防汛物资区五个区域；按物资所属设备系统，可分为发电电动机及其附属设备区、水轮机及其附属设备区等十九个区域。若根据物资属性种类划分较为简单，实施难度不大；若根据物资所属设备系统划分，由于设备系统较多，管理更精细，专业要求更高，实施难度也较大。

1. 按物资属性种类分类

（1）电气备品区。电气备品区包括电气一次区和电气二次区。其中，电气一次区用于存储发电机及其备品备件、变压器、断路器、隔离开关、接触器、母线、输电线路、电力电缆、电抗器、电动机、接地装置、避雷器、滤波器、绝缘子等；电气二次区用于存储熔断器、控制开关、继电器、控制电缆、仪表、信号设备、自动装置等。

（2）机械备品区。机械备品区用于存储闸门、阀门、密封件、螺栓、排水泵、水力监视测量设备等。

（3）工器具区。工器具区用于存储安全带、安全绳等安全工器具，电动扳手等电动工器具、葫芦、吊绳等起重工器具、绝缘梯等登高工器具以及根据专业不同所配备的相应工器具。

（4）仪器仪表区。仪器仪表区用于存储钳形电流表、绝缘电阻表、继电保护试验仪、电阻测试仪、压力校验仪等仪器。

（5）应急与防汛物资区。应急与防汛物资区用于存储正压式呼吸器、防毒面具、消防专用救生衣、潜水泵（污水泵）及配管、冲锋舟等应急物资、防汛物资。

2. 按物资所属设备系统分类

（1）发电电动机及其附属设备区。发电电动机及其附属设备区用于存储磁轭键、磁极、定子线棒、制动系统控制阀门及各附件、发电机中性点设备、推力瓦及支撑件、空气冷却器、集电环等。

（2）水泵水轮机及其附属设备区。水泵水轮机及其附属设备区用于存储剪断销、止漏环、水导轴承冷却器、控制环抗磨板、各种规格型号的密封组件、每种型号电磁阀的线圈等。

（3）调速器及其附属设备区。调速器及其附属设备区用于存储调速器控制系统、调速器接力器系统、自动补气装置、压力油罐进人门密封、各种规格型号的密封组件等。

（4）进水阀及其附属设备区。进水阀及其附属设备区用于存储进水阀工作密封、进水阀枢轴轴承、进水阀压力油泵控制柜、各种规格型号的密封组件、每种型号电磁阀、电动阀液压阀等自动控制的阀门等。

（5）压缩空气系统区。压缩空气系统区用于存储各种规格型号的空气压缩机活塞环和阀瓣、皮带、空滤机止回阀和减压阀、安全阀等。

(6) 水力监视测量系统区。水力监视测量系统区用于存储水位计、水位测量控制模块等。

(7) 供排水系统区。供排水系统区用于存储各种规格型号的过滤器电机、水泵叶轮、轴承、电机、密封件等。

(8) 机组尾水事故闸门及启闭设备区。机组尾水事故闸门及启闭设备区用于存储每种型号电磁阀、电动阀、液压阀等自动控制的阀、油压装置油泵及电机、液压缸密封件控制系统(电源模块、主控制器、输入输出板、通信模块、背板)等。

(9) 主变压器系统区。主变压器系统区用于存储主变压器高压套管、低压套管、中性点套管、潜油泵、气体继电器等。

(10) 高压输电设备区。高压输电设备区用于存储电缆终端、电缆外护层接地保护器、电流互感器、电压互感器、出线套管、断路器操动机构等。

(11) 厂用电设备区。厂用电设备区用于存储低压厂用母联断路器、厂变低压断路器、分/合闸线圈等。

(12) 静止变频器(static frequency converter，SFC)及启动母线系统区。SFC及启动母线系统区用于存储整流桥臂、逆变桥臂、整流侧电压互感器、逆变侧电压互感器、控制板(包括系统触发联络板、主处理板、总线管理接口板、整流控制接口板、逆变接口板等)。

(13) 计算机监控系统区。计算机监控系统区用于存储开关量输入、输出模件、模拟量输入、输出模件、同期装置、交换机、UPS整流模块等。

(14) 通风空调系统区。通风空调系统区用于存储各种型号的电动阀、皮带、轴承等控制器插接板(各类电源模块、输入输出模块、CPU模块、通信模块、网卡、接口卡、存储器等)。

(15) 消防报警系统区。消防报警系统区用于存储雨淋阀隔膜、风洞探测器、监控单元、信号灯、控制模块、声光警报器等。

(16) 继电保护区。继电保护区用于存储故障录波装置、绝缘监测装置、输入输出模块、通信模块、电源模块、出口继电器等。

(17) 直流系统区。直流系统区用于存储充电模块、绝缘监测装置、逆变装置、馈线互感器等。

二、作业区

作业区是指仓库中用于物资装卸、检验、暂存等作业的区域。按照功能，作业区可划分为装卸区、入库待检区(入库暂存区)、收货暂存区、不合格品暂存区、出库(配送)暂存区、仓储装备区等。作业区划分、面积及位置规划，可根据仓库类型、物资种类、库房结构及面积不同，按照空间布局科学合理、便于仓储作业的原则，进行灵活选配。当作业区受限于库房面积，且该区暂存物资数量不大、作业不频繁时，可考虑将相关作业区合并使用，但需做出明确标识。

1. 装卸区

装卸区(如图2-2-1所示)用于物资交接、装卸，一般规划在仓库大门内侧或外侧，方便装卸车辆通行及仓储作业。

2. 待检入库区

待检入库区（如图 2-2-2 所示）用于存放已完成收货交接，尚未通过验收的物资。

图 2-2-1　装卸区示意图

图 2-2-2　待检入库区示意图

3. 出库（配送）暂存区

出库（配送）暂存区（如图 2-2-3 所示）用于存放已办理出库手续，尚未装车配送的物资。

4. 收货暂存区

收货暂存区（如图 2-2-4 所示）用于存放已通过验收，因各种原因尚未进入货位的物资。

图 2-2-3　出库（配送）暂存区示意图

图 2-2-4　收货暂存区示意图

5. 不合格品暂存区

不合格品暂存区（如图 2-2-5 所示）用于存放未通过验收的物资；不合格品由供货商返厂更换。

图 2-2-5　不合格品暂存区示意图

6. 仓储装备区

仓储装备区（如图 2-2-6 所示）用于存放各类仓储作业工具。仓储装备区主要存放吊车、叉车、堆垛机、登高台、手推车、吸尘器、托盘、拆箱工具、钢丝绳、篷布等装备。

图 2-2-6　仓储装备区示意图

三、办公区

办公区是指按照办公人数设置工作间，用于进行收发货业务单据受理及业务处理，办公区配置电脑、打印机、内网网络、PDA等设备，配置必要安全防护用品和信息系统网络。办公区需配备必要生活设施，如卫生间、洗漱台、涮洗清洁用具等。

四、作业通道

作业通道是指供作业人员存取搬运物品的通道。仓储区域的作业通道尺寸设置应与作业装备相互匹配，搁板式货架之间，宜采用人工拣货作业时，通道宽度以 1～1.5m 为宜；采用液压手推车、平板手推车时，通道宽度以 2～2.5m 为宜；采用电动托盘堆垛叉车时，通道宽度以 2.8～3.3m 为宜；采用平衡重式叉车时，通道宽度以 4～4.5m 为宜；采用大型叉车等作业时，考虑机械转弯半径及安全因素，预留足够通道空间。

第三节　仓库设备设施选择及配置

抽水蓄能电站仓库以安全实用为原则，在仓库内配置必要的存储类设备设施、装卸搬运类设备设施、计量设备及其他辅助工器具，以满足专业仓储管理需求。

一、存储类设备设施

1. 存储类设备设施参考种类

存储类设备设施是指用于存放、盛装物品，包括各类货架和周转设施，如搁板式货架、横梁式货架、悬臂式货架、线缆盘贮存货架、四向车货架、料箱机器人、托盘、网格料箱、零件盒及周转箱等。

（1）搁板式货架。搁板式货架宜采用型材材质，整体采用组合式结构，并采用两排背靠背布局，空间不足时，也可单排靠墙布局，适合于人工存取；每组货架尺寸为 2000mm×500mm×2000mm（长×宽×高）或 2000mm×600mm×2000mm（长×宽×高），每层承重不低于 500kg；立柱截面 55mm×47mm（长×宽），厚 2.0mm；横梁截面 80mm×50mm（长×宽），厚 1.5mm P 型梁，层板为 1.0mm 厚，加强筋 6 根。货架整体采用浅灰色 PANTONE 413C，如图 2-3-1 所示。

（2）重型横梁式货架。重型横梁式货架材质为冷轧钢 Q235，柱片（立柱）、横梁整体采用框架组合式，并采用两排背靠背布局；每组货架内径尺寸为 2300mm×1000mm×4500mm（长×宽×高），每个货格设置两个托盘或料箱位，承重不低于 3000kg；立柱截面 100mm×70mm（长×宽），厚 2.5mm；横梁截面 120mm×50mm（长×宽），厚 1.5mm 抱焊梁，配护栏、护角及工字隔挡等安全措施，工字隔挡一层配两个。货架立柱及附件浅蓝色 PANTONE 3015C，横梁采用橘红色 PANTONE 1655C，重型横梁式货架示例图如图 2-3-2 所示。

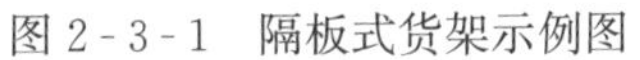

图 2-3-1　隔板式货架示例图

图 2-3-2　重型横梁式货架示例图

(3) 悬臂式货架。悬臂式货架采用冷轧钢 Q235 材质，整体采用框架组合式，可采用两排背靠背布局，空间不足时，也可单排靠墙布局；货架设计立柱高度不大于 2.5m；货架为层高可调的组合式结构。每组货架尺寸为 1000mm（臂间距）×1000mm（单臂长）×2500mm（高度），每臂承重不小于 1000kg；立柱、底座截面 300mm×90mm（长×宽），厚 3.0mm；悬臂截面（140，80）×90mm 大小头，厚 2.5mm。立柱及附件浅蓝色 PANTONE 3015C，悬臂采用橘红色 PANTONE 1655C，悬臂式货架示例图如图 2-3-3 所示。

(4) 线缆盘存储架。线缆盘存储架的存储架采用冷轧钢 Q235 材质，整体框架组合式，并采用两排布局，宜设计为 2 层，上层以整存整取为主，下层根据需要，按整取或零取的不同方式选择不同的货架支撑方式。每组包含 4 个电缆盘位，规格每组货架尺寸为 1500mm×3000mm×4000mm（双面），每组存放直径不小于 1.6m，每组挂 4 盘；电缆盘尺寸：直径不超过 1.6m，盘高约 1m；每线缆盘为承重不小于 3000kg。货架立柱及附件采用浅蓝色 PANTONE 3015C，承重台采用橘红色 PANTONE 1655C，线缆盘存货架示例图如图 2-3-4 所示。

图 2-3-3　悬臂式货架示例图

图 2-3-4　线缆盘存货架示例图

(5) 四向车货架。四向车货架以托盘、网格料箱为载体，存储质量较重的物资。四向车（四向穿梭机器人）是集四向行驶、路径自主规划、路径交叉管理、自动搬运以及智能监控等多功能于一体的智能搬运设备；可在交叉轨道上沿纵向或横向轨道方向行驶，到达仓库任意一个指定货位，不受场地限制，适用多种工作环境，终端自由调度，实现全自动无人值守；通过AI智能算法可实现穿梭车路径规划、交叉管理、任务管理等功能。存储区采用四向车作为存取货工具，可实现密集存储，含有效托盘储位，最大限度地利用存储空间和提升作业效率；可与订单系统、ERP等实现数据互通，通过智能输送、调度系统，实现自动存货、取货。密集存储货物，适用于多种场景业务，可实现对某个品种或者批次的快速出货。

四向车货架主要配置穿梭式货架、四向车、提升机、链条输送机、滚筒输送机、移载机、仓库控制系统（Warehouse Control System，WCS）、仓库管理系统（Warehouse Management System，WMS）及硬件设备等。托盘尺寸120mm×1000mm×750mm（长×宽×高），载重1500kg，运行速度1.2m/s，含所有主副通道；配备1台提升机，2台四向穿梭车，6台链条输送机（出入库口一台、提升机内一台，提升机接驳4台）外形检测一套。货架立柱及附件采用浅蓝色PANTONE 3015C，采用橘红色PANTONE 1655C，四向车货架示例图如图2-3-5所示。

(a)

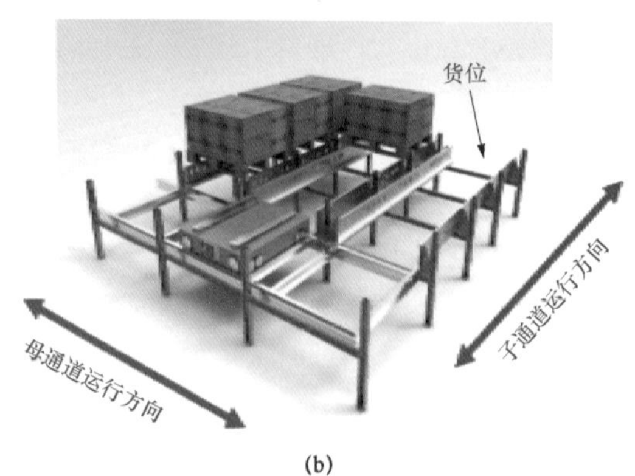

(b)

图2-3-5　四向车货架示例图

（a）四向穿梭车立体库；（b）四向穿梭车交叉轨道

（6）料箱机器人。料箱机器人以周转箱为载体，用于存放小件物资，采用多传感器融合定位，取放控制精度±3mm，实现智能拣选与搬运、自主导航、主动避障和自动充电等功能，具有高稳定性和高精度作业的特点；多功能操作台可配置包括机械臂、灯光拣选系统、输送线在内的多种设备，满足各式场景需求，实现无人化操作。

料箱机器人的规格是每组货架尺寸为2150mm（内）×600mm×5100mm（长×宽×高），10层横梁10层货，承重200kg/层；料箱机器人系统中含货架和周转设施（含立库箱、系统、机器人及配套部分）。货架整体采用浅灰色PANTONE 413C，料箱机器人示例图如图2-3-6所示。

（7）托盘。托盘适用在运输、搬运和存储过程中，将物品归整为货物单元，作为承载面并包括承载面上辅助结构件的装置。托盘的规格尺寸需与货架配套，采用塑料或钢制，北方冬夏温差大，多采用钢制托盘；选用尺寸规格为1200mm×1000mm×150mm（长×宽×高）或1200mm×1000mm×170mm（长×宽×高）；托盘布局为有四面进叉

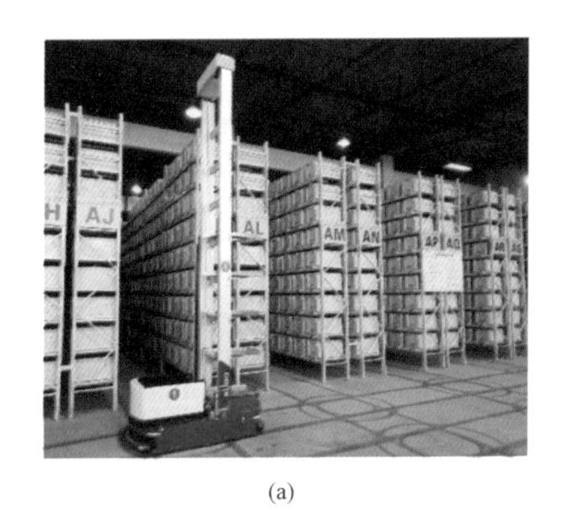

(a)

(b)

图 2-3-6　料箱机器人示例图

（a）料箱式货架；（b）智能料箱拣货机器人

型和两面进叉型，载重量静载不小于 4t，动载不小于 1t。整体颜色为浅蓝色 PANTONE 3015C，托盘示例图如图 2-3-7 所示。

(a)

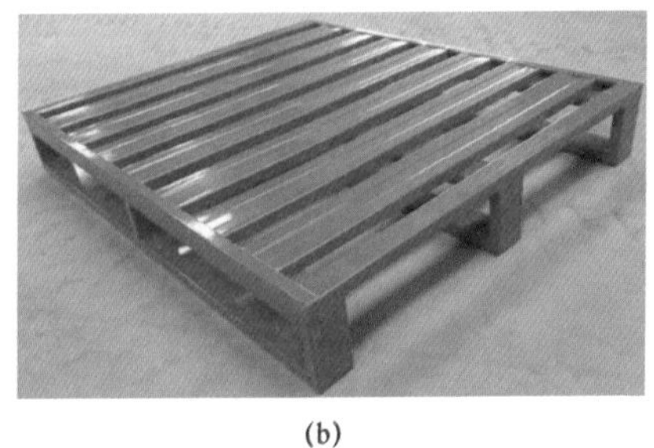

(b)

图 2-3-7　托盘示例图

（a）两面进叉型托盘；（b）四面进叉型托盘

（8）网格料箱。网格料箱用于较重或大物品的存放，适合于机械化周转，具有规格统一、容量固定，易于清点。用于横梁货架的网格料箱，规格需与货架的规格配套。料箱规格为 W1000（进叉）×D1200×H625mm（宽×深×高），整体采用冷轧钢 Q235，颜色为浅蓝色 PANTONE 3015C，单开门，承重不小于 1500kg。网格料箱示例图如图 2-3-8 所示。

（9）零件盒。零件盒用于小件物资整理和存储用，塑料零件盒作人工零星拣选物资用，一侧有开口。零件盒为塑料材质，尺寸为 450mm × 300mm × 170mm（长 × 宽 × 高），承受质量 30kg。零件盒示例图如图 2-3-9 所示。

（10）周转箱。周转箱用于存放物品，可重复、循环使用的小型集装器具。周转箱为塑料材质，尺寸为 600mm×400mm×280（250,220）mm（长×宽×高），承重 50kg。

图 2-3-8　网格料箱示例图

周转箱示例图如图 2-3-10 所示。

图 2-3-9 零件盒示例图

图 2-3-10 周转箱示例图

2. 存储类设备设施编号原则

存储类设备设施编号遵循从左到右、从前到后、从下到上的原则，数字递增进行编号。

（1）货架分列编号。货架编号以进入仓库大门为参考，进入仓库后，货架纵向排列的，货架的列号自左向右，从小到大排列，货架纵向排列编号示意图如图 2-3-11 所示。

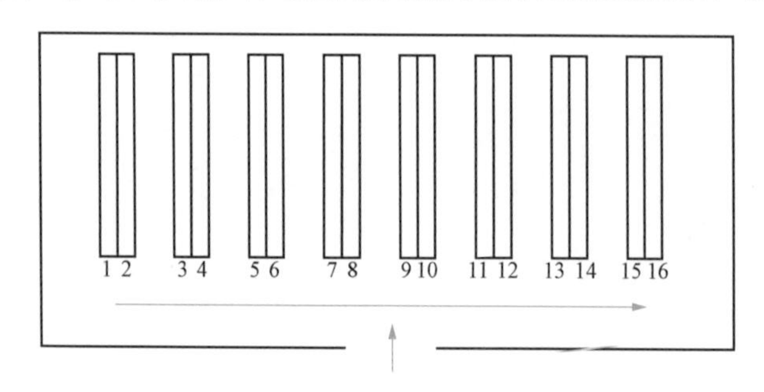

图 2-3-11 货架纵向排列编号示意图

货架横向排列的，库房货架布局为单侧的，货架列号由进门方向自前向后，从小到大排列，如图 2-3-12（a）所示，库房货架布局为双侧的，货架列号左侧由进门方向开始自前向后从小到大排列，右侧则按顺时针方向转折回来后自后向大门侧从小到大排列，如图 2-3-12（b）所示。

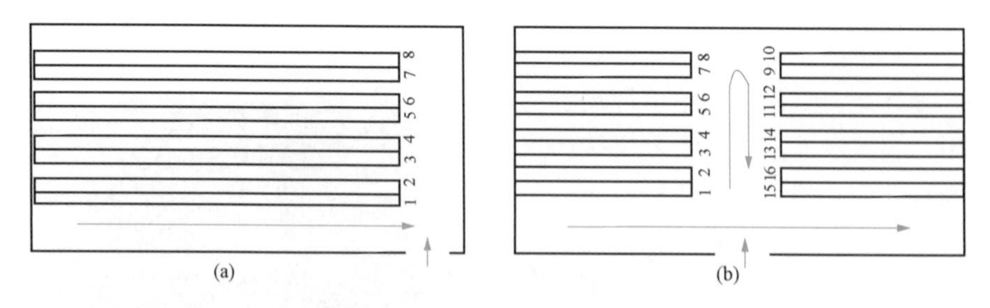

图 2-3-12 货架横向排列编号示意图

（a）一列货架编号示意；（b）多列货架编号示意

（2）货架分层编号。每个货架的分层编号原则是从下到上数字递增进行编号，落地层为第一层，货架分层编号示意图如图 2-3-13 所示。

(3) 货架各层仓位编号。货架各层仓位编号原则是从货架最外侧（即张贴货架号侧）开始按照8位仓位码编码原则从小到大进行编码，货架各层仓位编号示意图如图2-3-14所示。

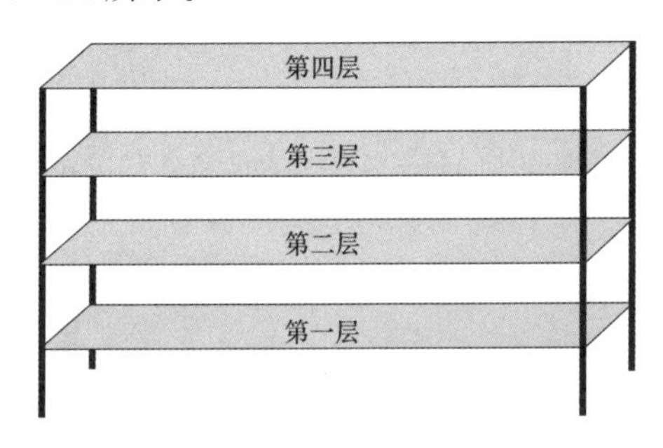

图2-3-13　货架分层编号示意图

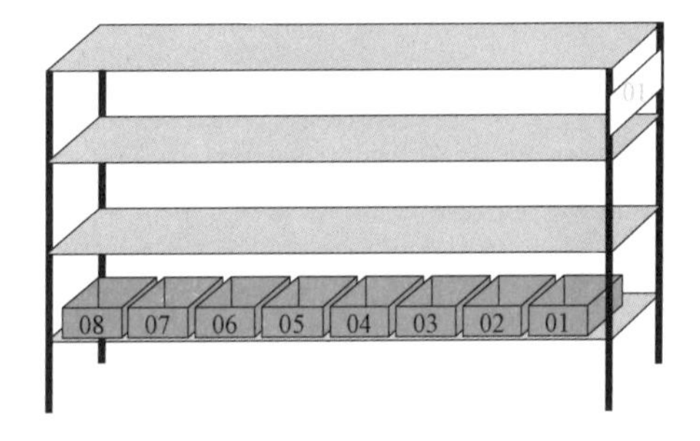

图2-3-14　货架各层仓位编号示意图

3. 存储类设备设施配置标准

存储类设备设施配置取决于存储货物的种类与数量，应优先选取存储数量和体积较大的物资适用货架种类，并合理为存储物资规划选择货架、托盘、零件盒等。不同仓库规模配置存储设备设施种类和数量可参照见表2-3-1。

表2-3-1　不同仓库规模配置存储设备设施参照表

仓库规模（m^2）	横梁式货架（组）	悬臂式货架（组）	线缆盘架（组）	搁板式货架（组）	托盘（个）	周转箱（个）	网格料箱（个）	料箱机器人（台）
2000	50	12	6	100	400	500	200	2
1000	30	5	5	80	240	700	120	2
500	10	2	2	30	80	100	0	2

注　1. 各电站可根据现场实际情况对货架尺寸、选择和数量进行调整。
2. 专业仓储点结合仓库规模、存储物资特点等选择使用存储设施。

二、装卸搬运类设备设施

1. 装卸搬运类设备设施参考种类

装卸搬运类设备设施指用来搬移、升降、装卸和短距离输送物资的设备，包括平板手推车、液压手推车、起重机（行车）、内燃叉车、电动托盘堆垛车、电动叉车、电动长物料四向叉车、巷道叉车、配套载人取货车、电动电缆盘全向叉车等。

(1) 平板手推车。平板手推车是进行水平搬运、装/卸货物的基本工具之一，具有自重轻、移动灵活的特点，额定承载能力300kg。平板手推车示例图如图2-3-15所示。

图2-3-15　平板手推车示例图

(2) 液压手推车。液压手推车属于叉车的一种，采用液压系统进行轻载快速提升，具有转动灵活、操作方便的特点，用于进行水平搬运、装/卸货物。额定承载能力 2t，提升高度（120＋85）mm，转弯半径 1.4m。液压手推车示例图如图 2-3-16 所示。

（3）桥式起重机（行车）。

桥式起重机（行车）起吊质量在 5～20t 之间，起重机按照仓库内物资最大起吊质量确定规格。起重机（行车）示例图如图 2-3-17 所示。

图 2-3-16　液压手推车示例图

图 2-3-17　起重机（行车）示例图

（4）内燃叉车。内燃叉车适用于大件物资的存储，用于装卸较重的物资，适合在室外使用。内燃叉车根据本单位存储大件物资质量而定，一般采购 5～10t 平衡重燃油叉车，内燃叉车示例图如图 2-3-18 所示。

（5）电动托盘堆垛车。电动托盘堆垛车是站驾式电动叉车，具备灵活方便，操作简便的特点，适合于在横梁式货架区使用；电动堆高车宜选用 2t，提升高度不低于 4.5m，转弯半径 1.5m，过道宽度 2.8～3.3m。电动托盘堆垛车示例图如图 2-3-19 所示。

图 2-3-18　内燃叉车示例图

图 2-3-19　电动托盘堆垛车示例图

（6）电动叉车。电动叉车是坐驾式平衡重叉车，用来配套高位货架区使用适用于库内使用，可大大节省货架之间的距离；根据货架或室内堆放大件物资质量可选用 3t 或 5t 电动叉车，起升高度不低于 4.5m，转弯半径不大于 2m，通道 4.5～5.5m。电动叉车示例图如图 2-3-20 所示。

（7）电动长物料四向叉车。电动长物料四向叉车前轮换向时，不需调转车身即可改变行驶方向，主要用于长物料，解决了货物超长，通道偏小的仓储要求，增加了仓储面积，常用于长形钢材、木材、铝材等搬运及堆垛。电动长物料四向叉车最大载重2500kg，最大起升高度7200mm，如图2-3-21所示。

图2-3-20　电动叉车示例图

图2-3-21　电动长物料四向叉车示例图

（8）巷道叉车。巷道叉车是一种新型的仓储机械设备，不仅可以纵向堆垛作业，而且能侧向堆垛作业，整车不需要直角转向，就能在三个互相垂直的方向上进行货物的出入库作业，在相同的空间内能提高25%～40%的存储率；额定起质量一般为0.5～2t，最大起升高度6～9m。巷道叉车示例图如图2-3-22所示。

图2-3-22　巷道叉车示例图

（9）配套载人取货车。配套载人取货车可以有效提高空间取件的效率，降低库房取货作业难度，方便库房的整体管理，载重宜选用300kg以内，配套载人取货车示例图如图2-3-23所示。

（10）电动电缆盘全向叉车。电动电缆盘全向叉车可以实现多模式的行走，直线后轮转弯行驶、侧向前轮转弯行驶、原地打转模式（360°旋转）、斜向行驶等。电动电缆盘全向叉车在狭窄通道里运输长物料（比如6000～10000mm）可以自由通行，即只需要很小的堆垛通道和主通道，载重4000kg，最大起升高度7m，电动电缆盘全向叉车示例图如图2-3-24所示。

图2-3-23　配套载人取货车示例图

图2-3-24　电动电缆盘全向叉车示例图

2. 装卸搬运设备配置参照表

结合存储物资类型及库存量，配置不同装卸搬运设备，不同仓库规模配置装卸搬运设备种类可参照表2-3-2。

表2-3-2　　不同仓库规模配置装卸搬运设备种类参照表

仓库规模（m^2）	行车10t（台）	行车5t（台）	内燃叉车5t（台）	内燃叉车3t（台）	电动叉车2t（台）	堆垛车1.6t（台）	手动推车2t（台）
2000	1	0	1	1	1	1	2
1000	1	0	0	1	1	1	2
500	0	1	0	0	1	0	1

注　表中计列设备配置数量为参考，各电站根据实际需求可进行调整。

三、计量设备及配置标准

1. 计量设备配置种类

计量设备包括地磅、电子秤（台式）、电子叉车秤等，结合存储物资类型及库存量配置不同计量设备。

图2-3-25　地磅示例图

（1）地磅。地磅主要有承重传力机构（称体）、高精度称重传感器、称重显示仪表三大组件组成，由此即可完成地磅基本的称重功能，也可根据现场需要选配打印机、大屏幕显示器等完成传输的需要。地磅示例图如图2-3-25所示。

（2）电子秤（台式）。电子秤（台式）用于对较小的物体进行称重，数字化显示直观、减少人为误差，精确性较高。电子秤（台式）最大称量宜选用15、30、60kg。电子秤（台式）示例图如图2-3-26所示。

（3）电子叉车秤。电子叉车秤是为装载设备在装载过程中称量装载物料的一种称重计量器具，可以提供被称物料的累计值和打印清单，有目标模式和累加模式两种不同的购置方式。电子叉车秤所使用的称重最大范围宜选用1000、1500、2000kg。电子叉车秤示例图如图2-3-27所示。

图2-3-26　电子秤（台式）示例图

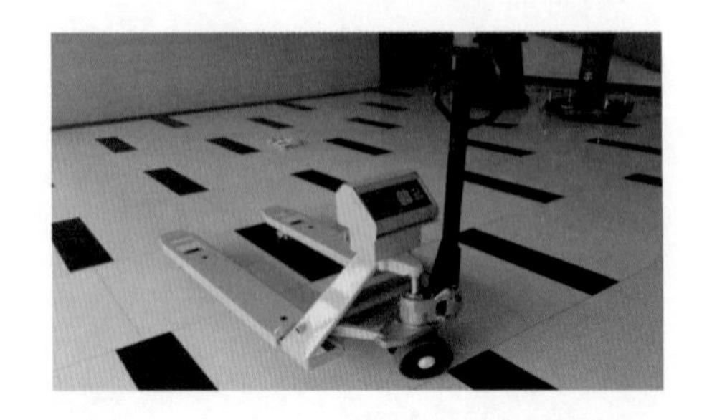

图2-3-27　电子叉车秤示例图

2. 计量设备配置参照表

计量设备用于物资进出时的计量、点数，以及货存期间的盘点、检查等，结合仓库作业特点和所储存的种类，计量设备配置种类及数量可参照见表 2-3-3。

表 2-3-3　　不同规模的仓库配置计量设备种类及数量参照表

仓库规模（m^2）	地磅 3t	电子秤（台式）	电子叉车秤
2000	1	2	2
1000	0	1	1
500	0	1	1

注 1. 表中计列设备配置数量为参考，各电站根据实际需求可进行调整。
2. 专业仓储点结合仓库规模、存储物资特点等选择配置计量设备。

四、辅助工器具

辅助工器具主要有苫垫用品、装卸搬运类配套工器具及其他常备工器具，苫垫用品包括苫布、苫席、枕木、石条等。通常用来起到遮挡雨水和隔潮、通风及阳光照射等作用；装卸搬运类配套工器具主要包括起重配套用的不同规格的吊装带、钢丝绳、吊环螺钉及不同型号卸扣等；其他常备工器具主要有断线钳、大剪刀、拆箱工具、电缆切断钳、角钢切断器、手锯、工具箱（内含锤子、钳子、改锥、电钻、卷尺、螺钉旋具、尼龙绳等）等。

第四节　仓储标识管理

抽水蓄能电站仓库中，仓库标识的使用有利于仓库区域、空间的划分，便于有针对性地管理仓储管理人员。仓库标识的使用有警示、提醒、规范仓库作业人员的行为的作用，有利于保障仓库的安全。仓库标识应标示明确、风格统一、简单明了，布置井井有条，方便仓储管理人员区分。

一、仓库标识分类

仓库标识主要包括引导定位标识、安全警示标识、文字说明标识三类。

1. 引导定位标识

引导定位标识主要包括仓库铭牌、库区引导牌、仓库总体布局图、仓库内部定置图、库房编号、区域标线、区域标识牌、货架编码牌、物料卡片等。

2. 安全警示标识

安全警示标识主要包括禁止标识、警告标识、指令标识、提示标识、局部信息标识、辅助标识、组合标识、多重标识、安全警示线、安全防护设施、交通标识、消防安全标识等。

3. 文字说明标识

文字说明标识主要包括岗位职责、值班制度、巡视制度、安全保卫制度、验收制度、出入库制度、维护保养制度、消防制度、安全操作规程及流程等展示牌。

二、仓库标识配置原则

抽水蓄能电站根据实际情况配置和制作仓库标识，仓库标识配置表可参照见表 2-4-1。

表 2-4-1 仓库标识配置表

使用区域	类别	名称	制作需求
库区	引导定位标识	仓库铭牌	必做
	引导定位标识	库区引导牌	必做
	引导定位标识	仓库总体布局图	可选（分为多个库区，包括库房、料棚、堆场等为必做）
	引导定位标识	室外区域标识牌	可选（分为多个库区，包括库房、料棚、堆场等为必做）
	引导定位标识	停车场标识牌	库区如有停车场，必做
	引导定位标识	地面划线	必做
	安全警示标识	安全帽	必做
	安全警示标识	禁止标识	必做
	安全警示标识	警告标识	必做
	安全警示标识	指令标识	必做
	安全警示标识	提示标识	必做
	安全警示标识	局部信息标识	必做
	安全警示标识	辅助标识	必做
	安全警示标识	组合标识	必做
	安全警示标识	多重标识	必做
	安全警示标识	安全警示线	必做
	安全警示标识	安全防护设施	必做
	安全警示标识	交通标识	必做
	安全警示标识	消防安全标识	必做
	文字说明标识	企业宣传栏	必做
库房	引导定位标识	库房编号	必做
	引导定位标识	料棚、堆场编号牌	必做
	引导定位标识	仓库内部定置图	必做
	引导定位标识	室内区域标识牌	必做
	引导定位标识	货架编码牌	必做
	引导定位标识	物料卡片	必做
	引导定位标识	地面划线	必做
	安全警示标识	安全帽	必做
	安全警示标识	禁止标识	必做
	安全警示标识	警告标识	必做
	安全警示标识	指令标识	必做
	安全警示标识	提示标识	必做

续表

使用区域	类别	名称	制作需求
库房	安全警示标识	局部信息标识	必做
	安全警示标识	辅助标识	必做
	安全警示标识	组合标识	必做
	安全警示标识	多重标识	必做
	安全警示标识	安全警示线	必做
	安全警示标识	安全防护设施	必做
	安全警示标识	交通标识	必做
	安全警示标识	消防安全标识	必做
	文字说明标识	管理制度（验收制度、出入库制度、维护保养制度、消防制度、安全操作规程等）及流程展示牌	必做
办公区	引导定位标识	门牌	必做
	引导定位标识	岗位牌	必做
	引导定位标识	防撞条	可选（办公区为玻璃门的为必做）
	文字说明标识	展示看板（学习看板、办公区制度等）	必做
	文字说明标识	管理制度（岗位职责、值班制度、巡视制度、安全保卫制度、验收制度、出入库制度、维护保养制度）及流程展示牌	必做

注　1. 仓储点结合仓库规模，专业要求选择配置仓库标识标牌。

2. 安全警示标识可借鉴 Q/GDW434.4—2012《国家电网公司安全设施标准　第 4 部分：水电厂》。

三、仓库标识及设置规范

1. 引导定位标识及设置规范

引导定位标识的基本型式是长方形或圆形，辅助文字或数字，标识为白（或绿 - C100 M5 Y50 K40）字、黑体字，字号根据标识牌尺寸、字数调整。

（1）仓库铭牌。仓库铭牌设置在仓库正门墙体醒目位置，采用不锈钢板（壁厚大于或等于 1.2mm）腐蚀浊刻上色，表面拉丝，氨基烤漆，侧面洗槽折边处理，尺寸 600mm×400mm×20mm，可根据实际情况按比例放大至 900mm×600mm×20mm，仓库铭牌示例如图 2 - 4 - 1 所示。

××抽水蓄能有限公司仓库

图 2 - 4 - 1　仓库铭牌示例

（2）库区引导牌。库区引导牌设置在仓储区域大门入口醒目处，宜采用竖立固定放置形式，分别注明不同库区、办公室的名称和方向；采用不锈钢（壁厚大于或等于 1.2mm）腐蚀烤漆工艺，尺寸 660mm×1500mm，侧边厚 30～60mm，库区引导牌示例如图 2-4-2 所示。

（3）仓库总体布局图。仓库总体布局图设置在仓库内醒目位置或置于仓库文化宣传栏内，采用不锈钢板、铝板或泡沫板，尺寸大于或等于 1000mm×600mm，各区域建议颜色组成：库房，PANTONE 3278C 绿色；货棚，PANTONE 186C 红色；堆场，PANTONE 109C 黄色；办公区，PANTONE 151C 深黄色，仓库总体布局图示例如图 2-4-3 所示。

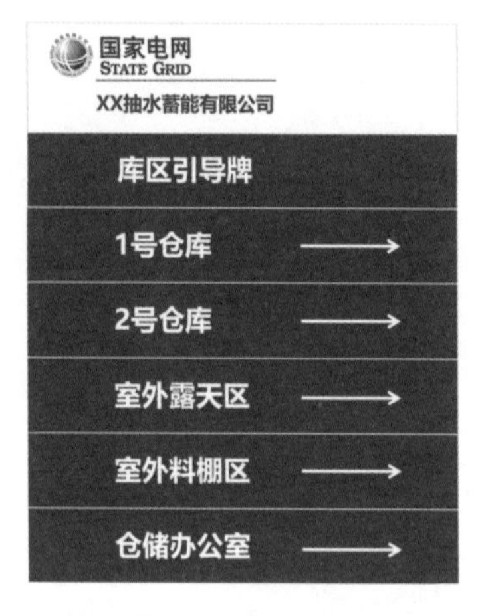

图 2-4-2　库区引导牌示例

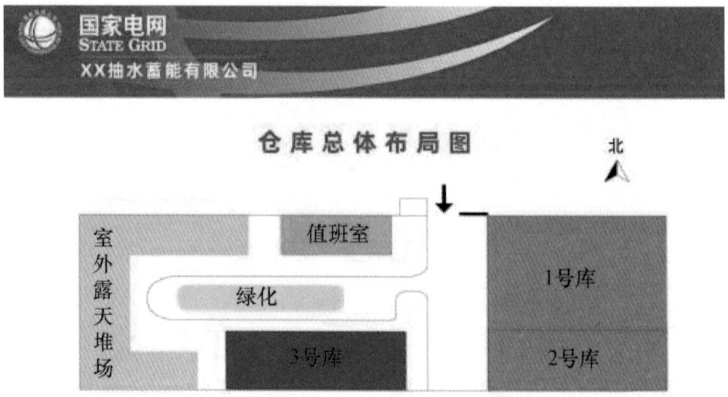

图 2-4-3　仓库总体布局图示例

（4）仓储区域标识牌。仓储区域标识牌设置在仓储区域正立面醒目位置，采用不锈钢板或铝板，尺寸 1000mm×600mm，仓储区域标识牌示例如图 2-4-4 所示。

图 2-4-4　仓储区域标识牌示例

（5）库房编号牌。库房编号牌设置在库房、料棚、堆场的正立面醒目位置，采用不锈钢板（壁厚大于或等于 1.2mm）腐蚀浊刻上色，表面拉丝，氨基烤漆，侧面洗槽折边处理，尺寸按照建筑物的总高确定，宜采用直径为 600～1500mm，库房编号牌示例如图 2-4-5 所示。

（6）货架编码牌。货架编码牌设置在每列货架靠近主通道处设置，同一库房内标识编号应按顺序排列。货架编码牌采用亚克力板或其他材料，货架编号使用两位数字序号表示，尺寸参照货架宽度合理制作，货架编码牌示例如图 2-4-6 所示。

图 2-4-5　库房编号牌示例

图 2-4-6　货架编码牌示例

（7）物料卡片。物料卡片设置在货架物资上，做到一货一卡；采用带磁性标准物料卡，参照卡槽尺寸合理制作；未上线 WMS 单位采用建议格式一，WMS 上线单位建议采用格式二，如图 2-4-7 所示。

货位号		物料编码	
物料描述			
厂内描述			
规格型号			
单位		数量	
批次号		库存地点	
备注			

(a)

物料编码	样本文本	批次号	样本文本
物料名称	样本文本		
厂内描述	样本文本		
规格型号	样本文本	计量单位	样
		货位号	样本文本

(b)

图 2-4-7　物料卡片示例

（a）格式一；（b）格式二

（8）存储类型标识牌。存储类型标识牌根据仓储管理信息系统仓库主数据编码规则，结合存储设施种类不同，划分物资存储类型区，在区域靠近主通道侧应设置区域标识牌，标识牌应注明区域号和区域名称，设置方式采用固定竖立或悬挂方式。存储类型标识牌采用铝板或亚克力板等，尺寸：竖立式，400mm×300mm×800mm；悬挂式，400mm×300mm。存储类型标识牌示例如图 2-4-8 所示。

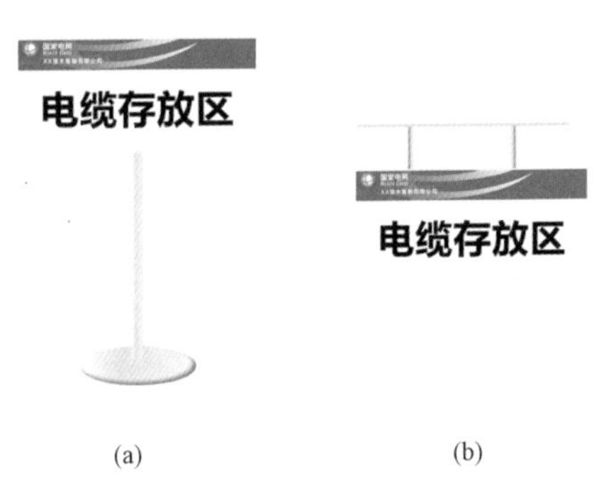

(a)　(b)

图 2-4-8　存储类型标识牌示例

（a）立地式；（b）悬挂式

（9）仓库定置图。仓库定置图设置在库房室内大门入口醒目位置。仓库定置图采用亚克力板或其他材料。尺寸为 1200mm×900mm。定置图各区域建议颜色组成：存储区，PANTONE 3278C 绿色；不合格品暂存区，PANTONE 186C 红色；办公区、装卸区、仓储装备区，PANTONE 151C 深黄色；入库待检区、收货暂存区、出库（配送）暂存区，PANTONE 109C 黄色。仓库定置图示例如图 2-4-9 所示。

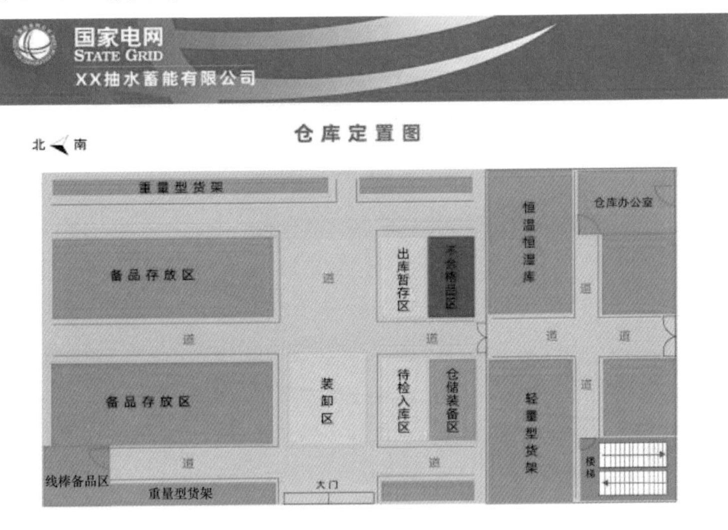

图 2-4-9　仓库定置图示例

（10）地面区域标线。地面区域标线是指仓位区域界定线，应用 PANTONE 3945C 黄色，线宽 100mm 喷漆（或同规格粘贴带）线条划分，地面区域标线示例如图 2-4-10 所示。

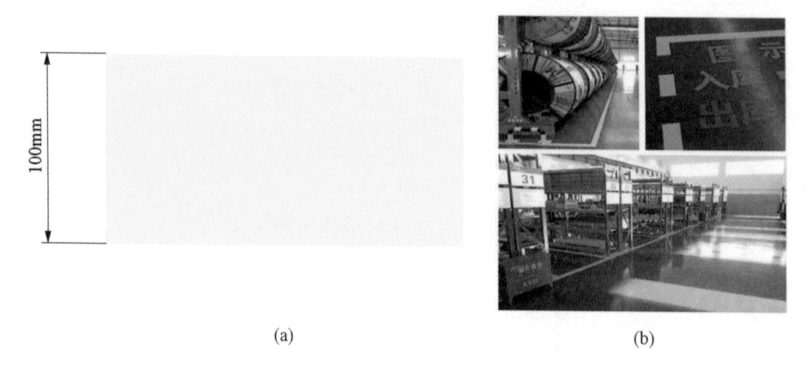

图 2-4-10　地面区域标线示例
（a）地面区域标线尺寸颜色示例；（b）地面区域标线尺寸颜色现场应用示例

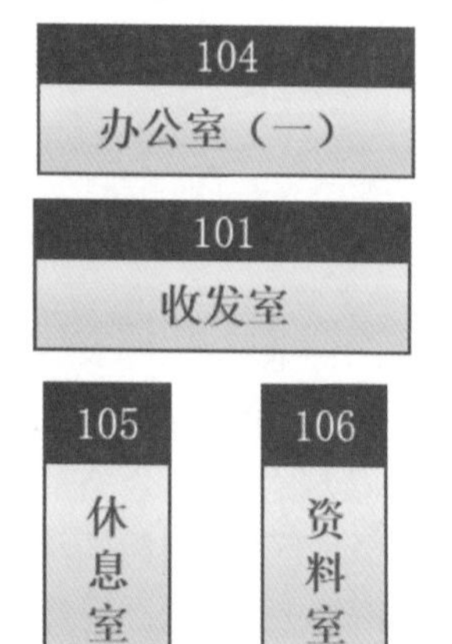

图 2-4-11　门牌示例

（11）门牌。门牌设置在仓库办公室、资料室等辅助房间门楣位置；采用铝合金，丝印或烤漆，尺寸320×120mm，参见国家电网公司统一标识，门牌示例如图 2-4-11 所示。

（12）区域隔离带。区域隔离带为防止工作人员和非工作人员随意出入相应库存区域，应在区域分界处除设立出入口外，另设置区域隔离带（隔离带柱高 80cm，隔离带颜色 PANTONE 3292C），区域隔离带示例如图 2-4-12 所示。

2. 安全警示标识及设置规范

安全警示标识是提醒人们注意的各种标牌、文字、符号等，主要包括禁止标识、警告标识、指令标识、交通标识、消防应急安全标识、安全警示线。

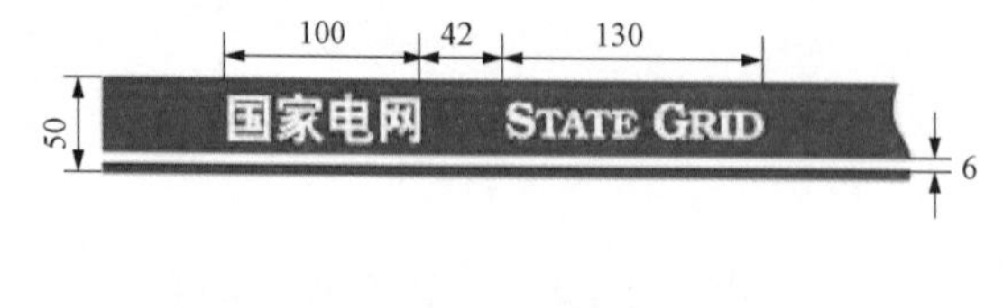

图 2-4-12　区域隔离带示例

(1) 禁止标识及设置规范。

1) 禁止标识牌的基本形式是一长方形衬底牌，上方是圆形带斜杠的禁止标识，下方为矩形补充标识，图形的上、中、下间隙相等。

2) 禁止标识牌长方形衬底色为白色，圆形斜杠为红色，禁止标识符号为黑色，补充标识为红底黑字、黑体字，字号根据标识牌尺寸、字数调整，禁止标识的基本形式与标准色如图 2-4-13 所示。

3) 禁止标识牌的制图标准如图 2-4-14 所示，禁止标识牌的制图参数见表 2-2，可根据现场情况采用。

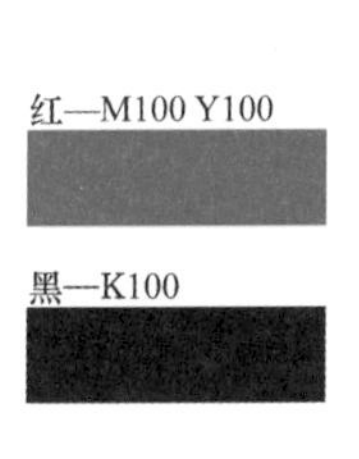

图 2-4-13　禁止标识的基本形式与标准色

图 2-4-14　禁止标识牌的制图标准

表 2-4-2　　**禁止标识牌的制图参数（α=45°）**　　(mm)

型号	参数					
	A	B	A_1	$D(B_1)$	D_1	C
1	500	400	115	305	244	24
2	400	320	92	244	195	19
3	300	240	69	183	146	14
4	200	160	46	122	98	10
5	80	65	18	50	40	4

注　局部信息标识牌设 5 型、4 型或 3 型；车间内设 2 型或 1 型；仓库入口处、油库内和危险化学品仓库内宜设多重标识牌，型号根据现场情况选择 5 型或 4 型；尺寸允许有 3%的误差。

4) 常用禁止标识及设置规范，见表 2-4-3。

表 2-4-3　　**常用禁止标识及设置规范**

序号	图形标识示例	名称	设置范围和地点
1	禁止吸烟	禁止吸烟	规定禁止吸烟的场所

续表

序号	图形标识示例	名称	设置范围和地点
2	 禁止烟火	禁止烟火	仓库、堆场、易燃易爆品存放点、油库（油处理室）、加油站等处
3	 禁止用水灭火	禁止用水灭火	油库等处（有隔离油源设施的室内油浸设备除外）
4	 禁止带火种	禁止带火种	油库（油处理室）、易燃易爆品存放点等处
5	 未经许可 不得入内	未经许可不得入内	易造成事故或人员伤害的场所入口处，如仓库、油库大门等处
6	 禁止停留	禁止停留	对人员可能造成危害的场所，如仓库吊物孔、吊装作业现场等处
7	 禁止跨越	禁止跨越	安全遮栏（围栏、护栏、围网）等处，仓库吊物孔
8	 禁止通行	禁止通行	有危险的作业区域入口或安全遮栏等处，如起重作业现场

续表

序号	图形标识示例	名称	设置范围和地点
9	禁止堆放	禁止堆放	消防器材存放处、消防通道、逃生通道及巡视通道等处
10	禁止开启无线移动通信设备	禁止开启无线移动通信设备	易发生火灾、爆炸场所，如：加油站、油库以及其他需要禁止使用的地方
11	禁止乘人	禁止乘人	乘人易造成伤害的设施，如室外运输吊篮，禁止乘人的升降吊笼、升降机入口门旁，外操作的载货电梯框架等
12	禁止穿带钉鞋	禁止穿带钉鞋	有静电火花会导致灾害或有触电危险的作业场所，如油库等
13	禁止倚靠	禁止倚靠	不允许倚靠的安全遮栏（围栏、护栏、围网）等处，如仓库吊物孔、双层库房护栏
14	国家电网 STATE GRID 进入库房请注意!	多重标志牌	库区入口醒目位置应设置多重标志牌

注 库区入口醒目位置多重标识牌应包括“未经许可不得入内”“不得擅入”“禁止烟火”“限制高度”“限制宽度”“限制速度”“禁止鸣喇叭”“必须戴安全帽”等标志牌。多重标识牌应按安全信息重要性的顺序排序。

（2）警告标识及设置规范。

1）警告标识牌的基本型式是一长方形衬底牌，上方是警告标识（正三角形边框），下方是文字辅助标识（矩形边框）；图形上、中、下间隙相等，左、右间隙相等。

2）警告标识牌长方形衬底色为白色，正三角形边框底色为黄色，边框及标识符号为黑色，文字辅助标识为白底黑框黑字、黑体字，字号根据标识牌尺寸、字数调整。警告标识的基本形式与标准色如图 2-4-15 所示。

3）警告标识牌的制图标准如图 2-4-16 所示，制图参数见表 2-4-4，可根据现场情况采用。

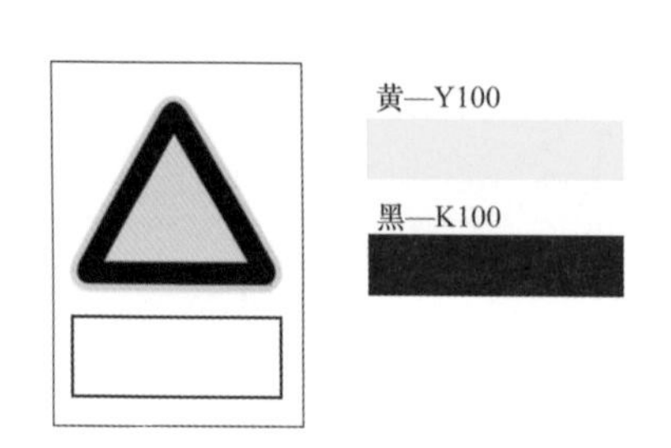

图 2-4-15　警告标识的基本形式与标准色

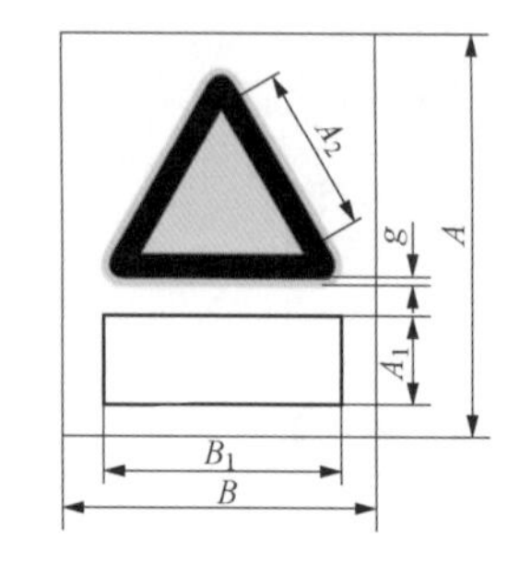

图 2-4-16　警告标识牌的制图标准

表 2-4-4　　**警告标识牌的制图参数**　　（mm）

型号	参数					
	A	B	B_1	A_2	A_1	g
1	500	400	305	115	213	10
2	400	320	244	92	170	8
3	300	240	183	69	128	6
4	200	160	122	46	85	4

注　边框外角圆弧半径 $r=0.080A_1$；局部信息标识牌设 4 型、3 型或 2 型；车间内设 2 型或 1 型；仓库入口处、油库内和危险化学品仓库内宜设多重标识牌，型号根据现场情况选择 4 型或 3 型；尺寸允许有 3%的误差。

4）常用警告标识及设置规范，见表 2-4-5。

表 2-4-5　　**常用警告标识及设置规范**

序号	图形标识示例	名称	设置范围和地点
1	注意安全	注意安全	易造成人员伤害的场所及设备等处
2	当心火灾	当心火灾	易发生火灾的危险场所，如仓库、档案室及有易燃易爆物质的场所
3	当心爆炸	当心爆炸	易发生爆炸危险的场所，如易燃易爆物质的使用或受压容器等场所

续表

序号	图形标识示例	名称	设置范围和地点
4	当心中毒	当心中毒	会产生有毒物质场所，如危险化学品仓库
5	当心腐蚀	当心腐蚀	有腐蚀性物质的地点，如储放废旧蓄电池室
6	当心车辆	当心车辆	生产场所内车、人混合行走的路段，道路的拐角处、平交路口，车辆出入较多的生产场所出入口处

（3）指令标识及设置规范。

1）指令标识牌的基本型式是一长方形衬底牌，上方是指令标识（圆形边框），下方是文字辅助标识（矩形边框）。图形上、中、下间隙相等，左、右间隙相等。

2）指令标识牌长方形衬底色为白色，圆形边框底色为蓝色，标识符号为白色，文字辅助标识为蓝底白字、黑体字，字号根据标识牌尺寸、字数调整。指令标识的基本形式与标准色如图 2-4-17 所示。

3）指令标识牌的制图标准如图 2-4-18 所示，制图参数见表 2-4-6，可根据现场情况采用。

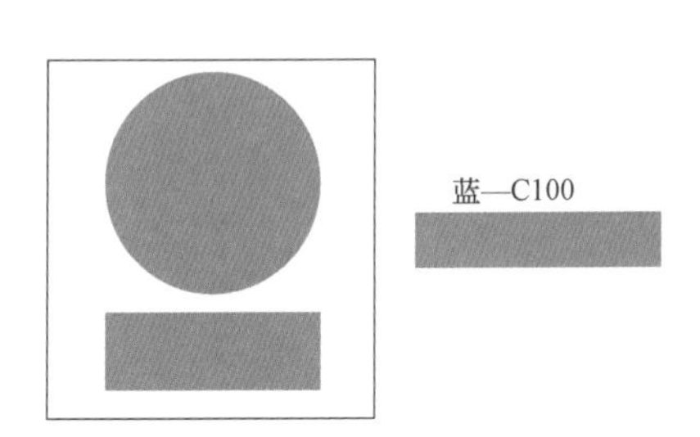

图 2-4-17　指令标识的基本形式与标准色

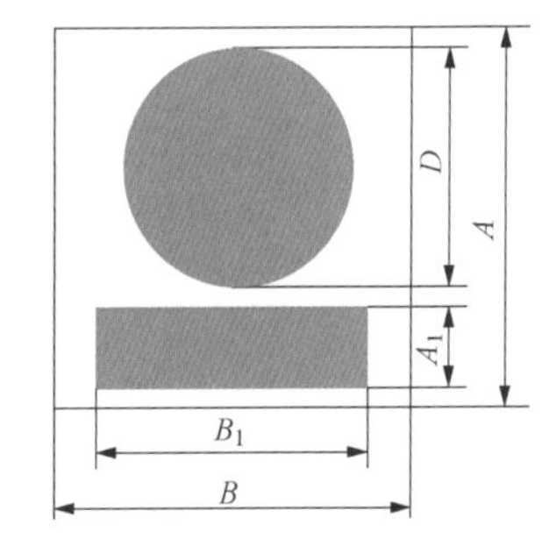

图 2-4-18　指令标识牌的制图标准

表 2-4-6　　指令标识牌的制图参数　　（mm）

型号	参数			
	A	B	A_1	D（B_1）
1	500	400	115	305
2	400	320	92	244

续表

型号	参数			
	A	B	A_1	D（B_1）
3	300	240	69	183
4	200	160	46	122

注 局部信息标识牌设 4 型、3 型或 2 型；车间内设 2 型或 1 型；仓库入口处、油库内和危险化学品仓库内宜设多重标识牌，型号根据现场情况选择 4 型或 3 型；尺寸允许有 3%的误差。

4）常用指令标识及设置规范，见表 2-4-7。

表 2-4-7　　常用指令标识及设置规范

序号	图形标识示例	名称	设置范围和地点
1		必须戴安全帽	生产现场入口处

（4）交通标识及设置规范。厂内交通标识包括禁令标识、警告标识、指示标识和其他道路标识。厂内交通标识的配置、位置、型式、尺寸、图案和颜色等应符合 GB 5768.2—2009《道路交通标志和标线　第 2 部分：道路交通标志》、GB 5768.3—2009《道路交通标志和标线　第 3 部分：道路交通标线》、GB 4387—2008《工业企业厂内铁路、道路运输安全规程》、GB 5863—1993《内河助航标志》和 GB 5864—1993《内河助航标志的主要外形尺寸》的规定。

1）交通禁令标识。禁令标识是禁止或限制车辆、行人、船舶交通行为的图形标识。禁令标识牌的颜色除个别标识外，为白底、红圈、红杠、黑图案，图案压杠。常用交通禁令标识及设置规范，见表 2-4-8。

表 2-4-8　　常用交通禁令标识及设置规范

序号	图形标识示例	名称	设置范围和地点
1		限制高度	有高度限制的位置，高度可根据道路交通情况选择
2		限制宽度	最大容许宽度受限制的地方，宽度可根据道路情况选择

续表

序号	图形标识示例	名称	设置范围和地点
3		限制速度	有限速要求的位置，速度可根据道路交通情况选择
4		停车检查	仓库、油库大门门卫等需要机动车停车受检的地点
5		禁止驶入	禁止驶入的路段入口或单行路的出口处
6		禁止机动车通行	禁止机动车通行的地方
7		禁止车辆临时或长时停放	禁止车辆临时或长时停放的位置

2）交通警告标识。交通警告标识是警告车辆、行人、船舶注意危险地点的图形标识。警告标识牌的基本形式为等边三角形，顶角朝上。警告标识牌的颜色为黄底、黑边、黑图案，图案压杠。电厂常用交通警告标识及设置规范，见表2-4-9。

表2-4-9　　常用交通警告标识及设置规范

序号	图形标识示例	名称	设置范围和地点
1		交叉路口	各种相应的岔道路口
2		注意行人	人行横道线两端的适当位置

续表

序号	图形标识示例	名称	设置范围和地点
3		连续弯路	计算行车速度小于60km/h，连续有三个或三个以上小于道路技术标准规定的一般最小半径的反向平曲线，且各曲线间的距离等于或小于最短缓和曲线长度或超高缓和段长度的连续弯路起点的外面；当弯路总长度大于500m时，应重复配置
4		陡坡	设在纵坡度在7%的陡坡道路前适当位置
5		慢行	前方需要减速慢行路段以前的适当位置
6		注意危险	提示车辆驾驶人谨慎驾驶的路段以前的适当位置

3）交通指示标识。交通指示标识是指示车辆、行人、船舶行进的图形标识。指示标识牌的基本形式为圆形、长方形、正方形。指示标识牌的颜色为蓝底、白图案。常用交通指示标识及设置规范，见表2-4-10。

表2-4-10　　　　常用交通指示标识及设置规范

序号	图形标识示例	名称	设置范围和地点
1		直行标识	提示直行的路口以前的适当位置
2		向左（向右）转弯	提示向左（向右）转弯的路口以前的适当位置

续表

序号	图形标识示例	名称	设置范围和地点
3		直行或向右（向左）转弯	提示直行和向右（向左）转弯的路口以前的适当位置
4		环岛行驶	环岛面向路口来车方向的适当位置
5		线形诱导	有需要引导驾驶员转弯行驶的位置（如厂区内施工现场），用支架架起，下边缘距地面1200～1500mm

4）其他道路标识。

a. 路沿警示标识设置在厂内急转弯处的外路沿以及深沟旁边的路沿，以防事故发生；路沿警示标识设置颜色为红白相间。

b. 车位线标识应设置在停车场地面上，应满足车辆停入，颜色为黄色；车位线内不能有电缆盖板。

c. 道路交通标线设置在厂区及外围的道路、停车场。

d. 反光镜应配置在影响驾驶员观察视线的转弯地段。

（5）消防应急安全标识及设置规范。消防应急安全标识按照主题内容与适用范围，分为火灾报警及灭火设备标识、火灾疏散途径标识和方向辅助标识，其设置场所、原则、要求和方法等应符合 GB 13495.1—2015《消防安全标志　第 1 部分：标志》、GB 15630—1995《消防安全标志设置要求》的规定。

1）消防、应急安全标识表明下列内容的位置和性质。

a. 火灾报警和手动控制装置。

b. 灭火设备。

c. 具有火灾、爆炸危险的地方或物质。

d. 应急疏散途径。

e. 紧急集合点。

2）仓储区应有逃生路线的标识，疏散通道中“紧急出口”标识宜设置在通道两侧及拐弯处的墙面上，疏散通道出口处“紧急出口”标识应设置在门框边缘或门的上部。方向辅助标识应与其他标识配合使用。

3）常用消防、应急安全标识及设置规范，见表 2-4-11。

表 2-4-11　　　　常用消防安全、应急标识及设置规范

序号	图形标识示例	名称	设置范围和地点	备注
1	消防手动启动器	消防手动启动器	根据现场环境，设置在适宜、醒目的位置	图形标识与名称文字组合使用
2	消火栓 火警电话：119 厂内电话：*** A001	消火栓箱	生产场所构筑物内的消火栓处	
3	灭火器箱 火警电话：119 厂内电话： K001	灭火器箱	灭火器箱前面部示范：灭火器箱、火警电话、厂内火警电话、编号等字样	泡沫灭火器箱上应在其顶部标识“不适用电火”字样
4	地上消火栓 编号：XXX	地上消火栓	距离地上消火栓 1m 的范围内，不得影响消火栓的使用	组合标识
5	地下消火栓 编号：XXX	地下消火栓	距离地下消火栓 1m 的范围内，不得影响消火栓的使用	组合标识
6	灭火器 灭火器 编号：XXX	灭火器	灭火器、灭火器箱的上方或存放灭火器、灭火器箱的通道上	组合标识，泡沫灭火器器身上应标注“不适用于电火”

续表

序号	图形标识示例	名称	设置范围和地点	备注
7	消防水带	消防水带	指示消防水带、软管卷盘或消防栓箱的位置	图形标识与名称文字组合使用
8		灭火设备或报警装置的方向	指示灭火设备或报警装置的方向	方向辅助标识
9	2号消防水池	消防水池	消防水池附近醒目位置，并应编号	
10	2号消防沙箱	消防沙池（箱）	消防沙池（箱）附近醒目位置，并应编号	消防沙池（箱）形状为方形，容积不小于 $1m^3$
11	防火重点部位 名称： 责任部门： 责任人：	防火重点部位	有重大火灾危险的部位。标明防火重点部位的名称、责任人信息	责任人可使用替换标识
12		疏散通道方向	指示到紧急出口的方向，用于电缆隧道指向最近出口处	方向辅助标识

续表

序号	图形标识示例	名称	设置范围和地点	备注
13		紧急出口	便于安全疏散的紧急出口处，与方向箭头结合设在通向紧急出口的通道、楼梯口等处	
14	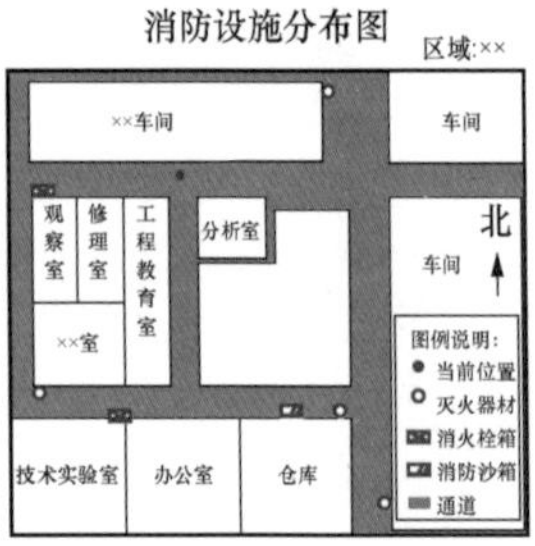	消防设施分布图	设置在厂房内主要通道转弯处、交叉路口、主要出入门等醒目位置	可选

(6) 安全警示线及设置规范。安全警示线用于界定和分割危险区域和设备运行区域，向人们传递某种警告或引起注意的信息，以避免人身伤害、设备损坏、影响设备（设施）正常运行或使用；安全警示线一般采用黄色或与对比色（黑色）同时使用；安全警示线包括禁止阻塞线、减速提示线、安全警戒线、防止踏空线、防撞警示线和防止绊跤线等。

1）禁止阻塞线。禁止阻塞线的作用是禁止在相应的设备前（上）停放物体。

禁止阻塞线采用由左下向右上侧呈45°黄色与黑色相间的等宽条纹，宽度为50～150mm，长度不小于禁止阻塞物1.1倍，宽度不小于禁止阻塞物1.5倍。

2）减速提示线。减速提示线的作用是提醒驾驶人员减速行驶。

减速提示线一般采用由左下向右上侧呈45°黄色与黑色相间的等宽条纹，宽度为100～200mm。可采取减速带代替减速提示线。

3）安全警戒线。安全警戒线的作用是为了提醒人员，避免误碰、误触运行中的控制屏（台）、保护屏、配电屏、高压开关柜、调速器、转动机械设备、压力容器等。安全警戒线采用黄色，宽度为50～150mm。

4）防撞警示线。防撞警示线的作用是提醒人员注意通道空间内的障碍物，警示通道空间或边缘有设备、设施。防撞警示线采用由左下向右上侧呈45°黄色与黑色相间的等宽条纹，宽度为50～150mm（圆柱体采用无斜角环形条纹）。

5）防止绊跤线。防止绊跤线的作用是提醒工作人员注意地面上的障碍物。防止绊跤线采用由左下向右上侧呈45°黄色与黑色相间的等宽条纹，宽度为50～150mm。

6）防止踏空线。防止踏空线的作用是提醒工作人员注意通道上的高度落差。防止踏空线采用黄色线，宽度为100～150mm。

7）安全警示线及设置规范，见表2-4-12。

表2-4-12　　安全警示线及设置规范

序号	图形示例	名称	设置范围和地点
1		禁止阻塞线	（1）标注在地下设施入口盖板上。 （2）标注在消防器材存放处；防火重点部位进出通道口。 （3）标注在通道旁边的配电柜前（800mm）。 （4）标注在其他禁止阻塞的物体前
2		减速提示线	标注在道路的弯道、交叉路口和限速区域的入口处
3		防撞警示线	（1）标注在人行通道高度小于1.8m的楼梯、廊道、桥架等障碍物上，经常有人通过的楼梯、廊道的障碍物使用软质材料包裹后再设置防撞警示线。 （2）影响通道通行的建筑物立柱、墙角等障碍物上
4		防止绊跤线	（1）标注在人行横地道面上高差300mm以上的管线或其他障碍物上。 （2）采用45°黄、黑间隔斜线排列进行标注。
5		防止踏空线	（1）标注在上、下楼梯的第一级台阶上。 （2）标注在人行通道高差300mm以上的边缘处。 （3）防止踏空线应采用黄色油漆涂到第一级台阶地面边缘处

续表

序号	图形示例	名称	设置范围和地点
6	设备屏 设备屏 设备区 设备屏	安全警戒线	（1）设置在发电机组盖板边缘处。 （2）设置在存在人员误碰危险的控制屏（台）、保护屏、配电屏和高压开关柜等设备周围 300～800mm 处。 （3）设置在未装设安全防护设施并落地安装的转动机械周围 800mm 处。 （4）安全警戒线距离根据现场实际可适当调整

3. 文字说明标识及设置规范

文字说明标识牌的基本形式为矩形，文字颜色与底色采用对比色，字体为黑体；标识牌大小可视内容文字多少及周围环境信息确定；文字说明标识内容与特定场所或地点有关的，应固定在相应地点；常用文字说明标识设置有使用须知、工作规定、操作指南（行车、叉车、升降台等）及其他需要提示的注意事项。

（1）电梯说明标识。

1）仓库各层电梯门口应标注该层名称，设置“火灾时禁止使用电梯”文字说明标识，如图 2-4-19（a）所示，设置“使用注意事项”文字说明标识，如图 2-4-19（b）所示。

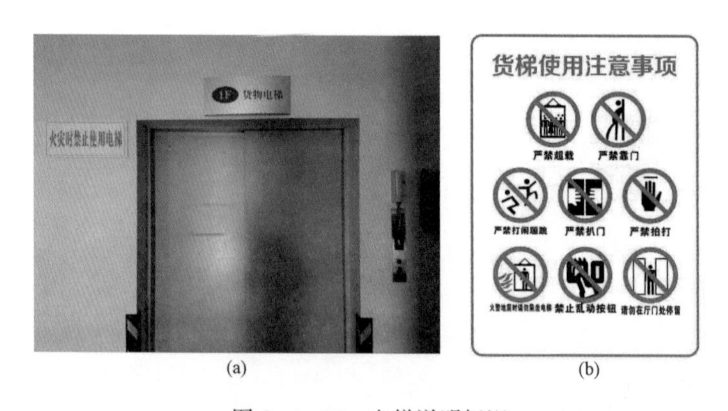

图 2-4-19　电梯说明标识

（a）电梯门口应标注；（b）“使用注意事项”标识

2）电梯内应设置救援电话和紧急呼救按钮，并标注救援电话号码，如图 2-4-20（a）所示。

3）电梯轿厢内应有主管部门颁发的安全检验合格证、电梯安全使用注意事项文字说明标识牌，如图 2-4-20（b）所示。

（2）特种设备说明标识。配置有物资设备的仓库内应设置“特种设备操作指南”文字说明标识牌，如图 2-4-21 所示。

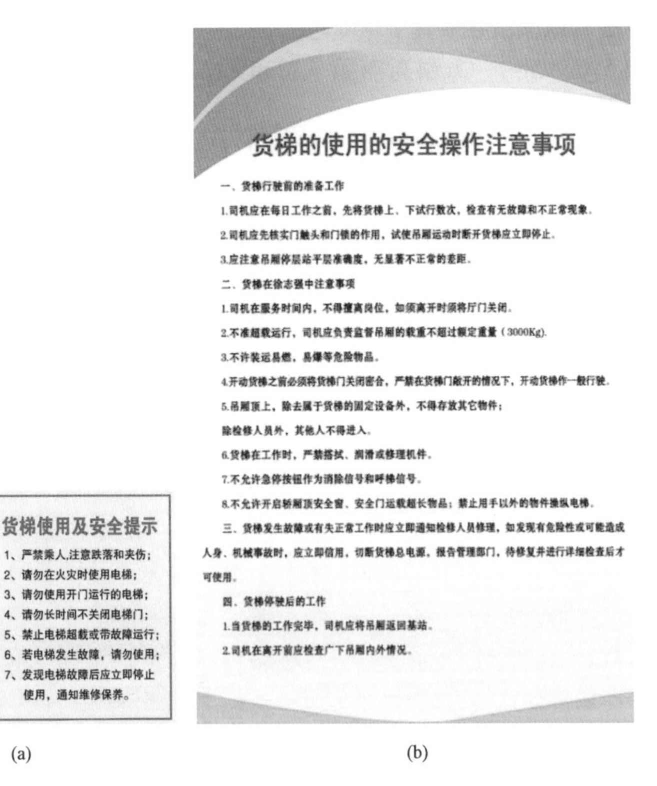

(a)　　　　(b)

图 2-4-20　电梯救援电话、安全使用注意事项文字说明标识牌

(a) 货梯使用及安全提示文字说明标识牌；(b) 货梯使用安全操作注意事项文字说明标识牌

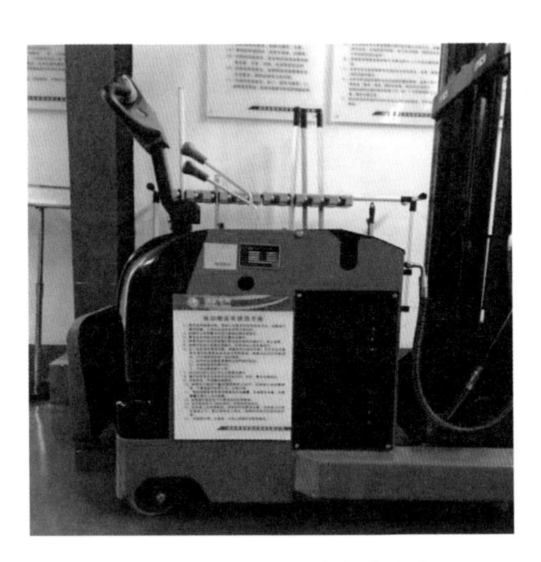

图 2-4-21　特种设备操作指南

(3) 企业文化栏。企业文化栏设置在仓库大门入口主通道两侧或仓储办公楼大厅醒目位置。企业文化栏采用竖立固定放置或悬挂墙上设置，其展示内容可更换，尺寸2300mm×1150mm（单个展示画面），用于宣传等，建议展示内容为：企业目标、仓库

简介、仓库亮点等，仓库企业文化栏示例如图 2-4-22 所示。

图 2-4-22　仓库企业文化栏示例

（4）学习看板。学习看板设置在仓库办公区醒目位置。学习看板采用磁白板，尺寸建议 1200mm×900mm（结合场地可调整），学习看板示例如图 2-4-23 所示。

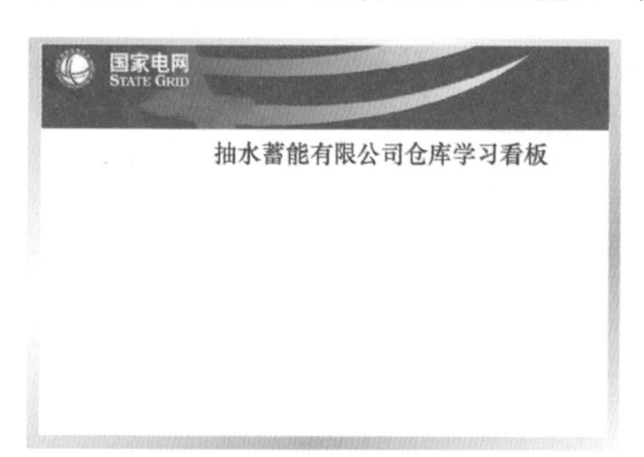

图 2-4-23　学习看板示例

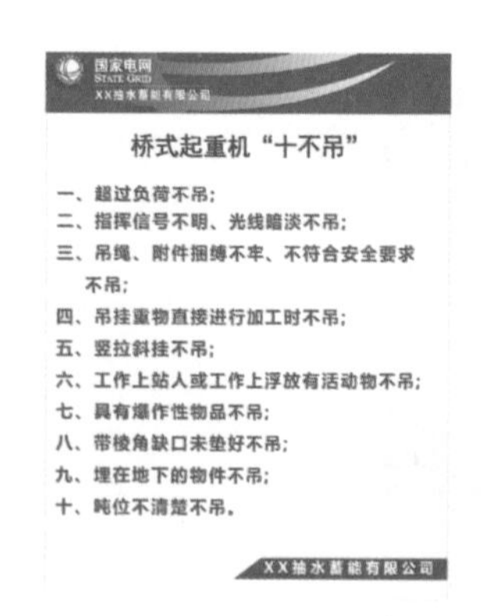

图 2-4-24　桥式起重机“十不吊”展示牌示例

（5）管理制度及流程展示牌。管理制度及流程展示牌设置在库房室内与定置图对应位置悬挂。采用亚克力板（5mm 厚），双夹层，可更换，广告钉安装。管理制度及流程展示牌的尺寸为 600mm×900mm。管理制度及流程展示牌内容包括但不限于安全员岗位职责、仓储管理员岗位职责、物资验收管理、物资入库管理、物资出库管理、值班制度、日常巡视制度、安全保卫制度、叉车操作规范、行车操作规范、行车“十不吊”、危险化学品管理、压缩气体管理、油品管理等。桥式起重机“十不吊”展示牌示例图如 2-4-24 所示。制度模板见附录。

第三章　仓储运维标准化

仓储运维标准化是指通过向仓储管理人员介绍仓储作业内容和有关工作流程，使仓储管理人员掌握仓储管理的工作方式和方法，更高效、准确地开展仓储管理工作，仓储作业是仓储管理的核心，是实现仓储标准化的根本保障；抽水蓄能电站的仓库需要配置与仓储业务配套的设备设施以保证仓储业务正常开展；仓储资料管理是围绕仓储业务资料的形成、收集、整理、保管、利用以及监督管理等开展的系列活动的集合，对于强化内部控制、防范经营风险、传承企业文化、提高核心竞争力具有不可替代的作用。本章包含仓储工作计划管理、仓储作业、仓储设备设施管理、仓储资料管理、仓储安全管理和仓储运维标准化案例 6 部分内容。

第一节　仓储工作计划管理

仓储工作计划是对一段时间内即将开展的仓储工作预先做出设想和安排，是有效提高仓储工作效率的一种手段。仓储计划包括年度工作计划、周工作计划和周工作总结，形成管理闭环。

物资管理部门负责人每年编制年度工作计划，根据工作目标分解工作任务，编制仓储管理重点工作进度安排表（见表 3-1-1）。

每周向仓储主管下达周工作计划（见表 3-1-2），仓储主管依据计划分配工作任务，仓储管理人员按工作任务开展仓储管理工作，并向仓储主管汇报工作进度。

仓储主管根据工作开展情况编制周工作总结（见表 3-1-3），并向物资管理部门负责人汇报。

表 3-1-1　　仓储管理重点工作进度安排表

序号	工作分类	重点工作	目标和要点	工作进度安排（月份）											
				1	2	3	4	5	6	7	8	9	10	11	12
1	物资信息化	智能仓储管理系统建设	建设智能仓储管理系统，提高仓储管理信息化、自动化水平												
2	制度建设	完善仓储管理、废旧物资管理制度	依据公司物资仓储管理办法、废旧物资管理办法编制物质仓储管理执行手册、废旧物资管理执行手册												
3	仓储管理	应急物资管理	合理储备应急物资，协调应急物资领用，避免库存积压												
4		备品备件管理	完成备品备件到货验收、入库，规范货物名称与 ERP 物料编码对应												
5		仓储标准化建设	依据仓储标准化建设复评大纲要求开展仓库硬件建设和内业复查，达到仓储标准化建设复评要求												
6		库存管理	加大在库物资清查、鉴定力度，深化清仓利库，优化库存结构												
7	废旧物资管理	废旧物资处置	统筹安排年度废旧物资处理计划，高效完成集中处置任务，规范开展废旧物资授权处置												
8	综合管理	物资管理业务培训	统筹安排年度“送培到企”业务，修编物资全业务培训教材，制作标准化培训课件，组织开展区域集中送培，提升培训实效												
9		业务资料归档	按要求做好物资业务资料归档工作												

表 3-1-2　　**周工作计划**

计划下达：物资部　　　　计划接收：××仓储站

计划下达时间：2021 年 3 月 21 日

序号	分类	工作内容	工作说明	备注
1	物资信息化	智能仓储管理系统建设	核对库存物资卡片、RFID 标签、物资台账对应关系	
2	仓储管理	仓储作业管理	依据物资仓储管理办法要求开展到货物资的交接、验收、入库和出库等工作	
3		应急物资管理	盘点库存应急物资，盘点结果反馈运检部，运检部依据应急物资储备定额提出采购需求，物资管理部门组织应急物资采购	
4		仓储标准化建设	依据仓储标准化建设复评大纲要求开展仓库硬件修缮	
5	废旧物资管理	报废物资作业管理	依据废旧物资管理法办要求开展废物资的接收、保管工作	
6	综合管理	业务资料归档	核对归档清单与 2020 年物资仓储业务资料凭证匹配性	
7		仓库例行检查	对仓储站进行物资仓储管理检查	

表 3-1-3　　**周工作总结**

总结上报：××仓储站　　　　总结接收：物资部

总结上报时间：2021 年 3 月 28 日

序号	分类	工作内容	工作说明	备注
1	物资信息化	智能仓储管理系统建设	本周核对了事故备品库、常规备品库、应急物资库中物资标识卡片、RFID 标签和物资台账的对应关系，经核实，2 项事故备品物资标识卡片的厂内物料描述不准确，已修正	
2	仓储管理	仓储作业管理	本周内进行日常巡检 7 次，接收开关站接地线改造工程到货物资 19 项，共 103 件；应急物资 4 项，共 17 件；已完成货物的交接、验收和入库	
3		应急物资管理	本周盘点了库存应急物资，盘点结果已反馈运检部。3 月 26 日应急物资到货，已完成物资交接、验收和入库	
4		仓储标准化建设	仓库硬件修缮工作正在进行中，本周完成各类标识和货架号牌的安装	
5	废旧物资管理	报废物资作业管理	本周接收运检部移交小车开关等 4 项报废物资，4 项报废物资手续齐全，已按签署移交单，并将报废物资入库	

续表

序号	分类	工作内容	工作说明	备注
6	综合管理	业务资料归档	归档清单与物资仓储业务资料凭证核对工作正在开展，已核对到2020年11月份凭证	
7		仓库例行检查	已完成物资仓储管理检查	

第二节　仓　储　作　业

仓储作业是仓储管理的核心，是保障库存物资账、卡、物一致的基础。仓储作业包括物资到货交接、验收、入库，在库物资存储、保养、盘点、报废、出库等工作。

一、物资到货交接

物资到货交接是指电站采购物资运抵指定地点后，电站与供应商相关人员办理货物移交手续的过程。物资到货后，电站物资合同承办人员、仓储管理人员应在1日内检查货物外包装是否符合合同约定，清点随货提供的货物清单、装箱单等资料是否齐全，并依据采购合同、货物清单及装箱单核对物资数量和规格型号是否正确；检查货物外观有无残损，确认无误后，与供应商办理货物交接手续，签署货物交接单（见表3-2-1）。

表3-2-1　　货物交接单

货物交接单号：HWJJ202201001　　采购订单号：4700016126

<table>
<tr><td colspan="2">合同名称</td><td colspan="4">某抽水蓄能有限责任公司2号机组改造水轮机购置</td><td colspan="2">合同编号</td><td colspan="2">SXHLCSXN20220001</td></tr>
<tr><td colspan="2">项目单位</td><td colspan="4">某抽水蓄能有限责任公司</td><td colspan="2">供应商</td><td colspan="2">哈尔滨电机厂有限责任公司</td></tr>
<tr><td colspan="2">项目名称</td><td colspan="4">某抽水蓄能有限责任公司2号机组改造</td><td colspan="2">供应商联系人/电话</td><td colspan="2">邓某 189****1144</td></tr>
<tr><td colspan="2">收货联系人/电话</td><td colspan="4">刘某 158****9637</td><td colspan="2">承运人/电话</td><td colspan="2">李某 139****4891</td></tr>
<tr><td>序号</td><td>物料编码</td><td>物料描述</td><td>合同数量</td><td>单位</td><td>发货数量</td><td>到货数量</td><td>包装、外观是否完好</td><td>交货地点</td><td>到货时间</td></tr>
<tr><td>1</td><td>500025871</td><td>水轮机，ZLDJ571</td><td>1</td><td>台</td><td>1</td><td>1</td><td>完好</td><td>××省××市××街道×号</td><td>2022.1.7</td></tr>
<tr><td colspan="2">备注</td><td colspan="8"></td></tr>
<tr><td colspan="2">供应商
（签字/时间）</td><td colspan="2">[illegible] 2022.1.7</td><td colspan="2">项目单位（收货人）
（签字/时间）</td><td colspan="4">刘某 2022.1.7</td></tr>
</table>

注　1. 应说明本单物资的外观、到货数量等情况。
2. 委托施工单位接货的，表单签字栏可增加施工单位签署。
3. 本货物交接单为买卖双方物资到货重要凭证，双方应妥善保管。

直发项目现场的物资，可由电站物资需求部门或项目管理部门（如有）清点物资数量、进行外观验收，办理货物交接单；对于分批到货的物资，技术资料、备品备件、专用工具可随最后一批物资办理到货交接。

货物交接单办理后，发生物资遗失和损坏的，由电站负责承担损失。

不满足合同要求的应不予办理货物交接，由供应商负责进行处理、解决，并做好记录。

二、物资到货验收

物资到货交接后15日内，电站物资合同承办部门负责组织物资需求部门、项目管理部门（如有）、监理单位（如有）、施工单位（如有）和供应商完成对到货物资的验收；特型或特定设备到货验收时，物资需求部门、项目管理部门（如有）组织相关技术人员及设计人员一同到场参与验收。

对于直发项目现场又不能及时进行开箱验收的物资，由物资需求部门、项目管理部门（如有）负责物资的现场保管，并协商供应商确定开箱验收时间，条件具备后再组织相关方进行开箱验收。

经书面发函通知，供应商未按时到达现场参与验收的，视同供应商认可到货验收结果。

物资到货验收首先检查货物外观是否有破损，装箱单、合格证、出厂报告和监造单位确认的出厂见证单据（如有）是否齐全，然后依据物资合同供货清单和装箱单核对实物品名、数量、型号、规格型号、技术参数等是否符合合同约定；纳入实物ID管理的物资，要检查二维码铭牌和射频识别（radio frequency identification，RFID）电子标签的编码、外观、安装等是否完整和规范。

货物验收合格，验收人员应在到货验收单（见表3-2-2）的开箱检验情况栏或验收结果栏明确验收结果，物资合同承办部门、物资需求部门、项目管理部门（如有）、监理单位（如有）、施工单位（如有）和供应商等现场各方代表签字确认。仓储管理人员依据验收结果（到货验收单）对合格品的外观、数量、规格型号以及技术资料等进行核对，确认无误后入收货暂存区。

表3-2-2　　　　到货验收单

到货验收单号：DHYS202201001　　　　采购订单号：4700016126

<table>
<tr><td colspan="2">合同名称</td><td colspan="5">某抽水蓄能有限责任公司2号机组改造水轮机购置</td><td colspan="2">合同编号</td><td>SXHLCSXN20220001</td></tr>
<tr><td colspan="2">项目单位</td><td colspan="5">某抽水蓄能有限责任公司</td><td colspan="2">供应商</td><td>哈尔滨电机厂有限责任公司</td></tr>
<tr><td colspan="2">项目名称</td><td colspan="5">某抽水蓄能有限责任公司2号机组改造</td><td colspan="2">承运人/电话</td><td>李某139****4891</td></tr>
<tr><td colspan="2">收货联系人/电话</td><td colspan="5">刘某158****9637</td><td colspan="2">交货地点：</td><td>××省××市××街道×号</td></tr>
<tr><td>序号</td><td>物料编码</td><td>物料描述</td><td>合同数量</td><td>单位</td><td>发货数量</td><td>到货数量</td><td>到货时间</td><td>交接时间</td><td>开箱检验情况</td></tr>
<tr><td>1</td><td>500025871</td><td>水轮机，ZLDJ571</td><td>1</td><td>台</td><td>1</td><td>1</td><td>2022.1.7</td><td>2022.1.7</td><td>设备外观完好，合格证、说明书、试验报告等齐全</td></tr>
<tr><td colspan="2">备注</td><td colspan="8"></td></tr>
<tr><td colspan="2">物资合同承办部门：（签字/时间）</td><td colspan="4">刘某 2022.1.10</td><td colspan="3">物资需求部门/项目管理部门：（签字/时间）</td><td>王某 2022.1.10</td></tr>
<tr><td colspan="2">供应商：（签字/时间）</td><td>邓某 2022.1.10</td><td colspan="3">监理单位（如有）：（签字/时间）</td><td colspan="3">周某 2022.1.10</td><td>施工单位(如有)：（签字/时间） 赵某 2022.1.10</td></tr>
</table>

注 1. 到货验收应说明本单物资的外观、开箱交接情况，以及到货数量、重量、附件、文件资料等情况。

2. 本到货验收单为买卖双方物资交接，货款结算的重要凭证，双方应妥善保管。

到货验收过程中，如发现到货物资与合同约定不相符，存在损坏、缺陷、短少或不符合合同条款的质量要求时，验收人员应在到货验收单的开箱检验情况栏明确验收结果和处理意见，物资合同承办部门、物资需求部门、项目管理部门（如有）、监理单位（如有）、施工单位（如有）和供应商等现场各方代表签字确认。

对不合格品明确标识，入不合格品暂存区，并做好记录；由物资合同承办部门协调供应商消缺或退换货处理。对于可现场处理的问题，供应商应在规定期限内现场进行缺陷处理；不可现场处理的问题，供应商应限期返厂处理；对于物资少量缺失或备品备件缺失的情况，要求供应商立即发货补齐。

供应商到货物资在验收时发现部分产品存在缺陷需修、退、换货的，对供应商运抵指定收货地点的验收合格的物资，可暂不签署到货验收单而做“寄存”处理。

供应商提供的物资资料不齐全，或发票不合格，对供应商运抵指定收货地点的验收合格的物资，可办理入库，也可暂不签署货物交接单和到货验收单而做“寄存”处理。

到货验收单物资名称、规格型号、数量必须与现场实际到货保持一致，未到货物资、验收不合格物资不得办理到货验收单；到货验收单办理后，发生物资遗失和损坏的，由电站负责承担损失。

三、物资入库管理

物资入库按照“先物后账”进行办理，即物资验收合格并实物入库后，在仓储管理信息系统内执行收货入账操作。物资入库按来源不同，分为采购物资入库、结余物资入库、代保管物资入库、寄存物资入库和废旧物资入库。

1. 采购物资入库

采购物资入库是指物资合同履约阶段供应商将合同标的物运抵买方指定地点，并完成到货物资交接和验收后的收货、入账、上架的操作；采购物资到货验收后（完成到货验收单签署），仓储管理人员原则上应在 30 日内办理完实物上架并在仓储管理信息系统内执行入库操作。采购物资入库流程如图 3-2-1 所示。

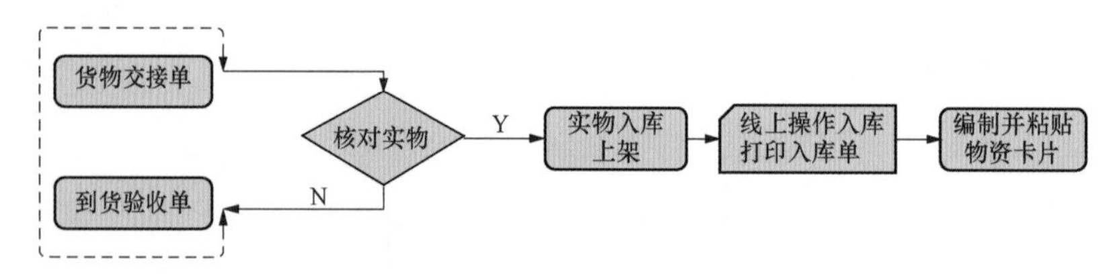

图 3-2-1　采购物资入库流程

（1）仓储管理人员依据完成审核签字的货物交接单和到货验收单核对到货物资的品名、规格型号、数量和相关资料（包括但不限于装箱单、技术资料等），核对无误后办理实物入库上架。

（2）仓储管理人员在仓储管理信息系统内执行入库操作并打印入库单（见表 3-2-3）。

（3）入库单由物资合同承办人、仓储管理人员、仓储主管签字确认；每月财务管理部门封账前，仓储管理人员将货物交接单、到货验收单和入库单送交财务管理部门。

（4）对于仓储管理信息系统入库操作不能完全满足到货物资现状、合同付款要求的，以采购订单对应的最后一批货物到货验收时间作为判断物资是否及时入库的起始时间；对于采购物资结算价格受材料价格平台公布不及时影响的，电站应及时跟踪相关价格平台的市场价，依据实际情况办理入库、结算工作，但电站应建立详细的实物入库、出库手工台账。

（5）工程或项目物资由于现场不具备收货条件，需要临时在物资仓库中保管的，可存放于仓库暂存区，项目物资在仓库暂存时间原则上不得超过360天。

2. 结余物资入库

结余物资是指工程或项目物资由于实际用量少于采购量而产生的结余物资，包括项目因规划变更、项目取消、项目暂停、设计变化、需求计划不准等原因引起的结余物资。结余物资退回物资仓库进行保管的，办理结余物资入库手续，亦称结余物资退库。结余物资退库流程如图3-2-2所示。

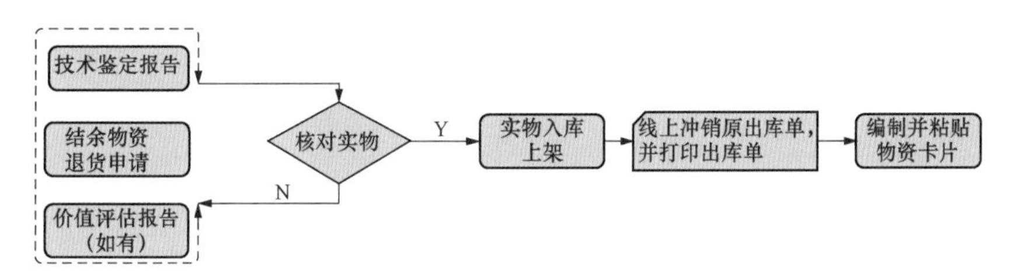

图3-2-2　结余物资退库流程

（1）仓储管理人员依据技术鉴定报告（如图3-2-3所示）、审批后的结余物资退库申请表（见表3-2-4）和价值评估报告（如有）核对退库物资的品名、规格型号、数量和相关资料（包括但不限于合格证、装箱单、技术资料，在资料正本需存档无法拆分时，可提供相关资料复印件），核对无误后实物入库上架。

鉴定部门（章）： 运维检修部　　**鉴定时间：** 2022.01.10　　**鉴定地点：** 检修楼410室

物资基本情况描述

序号	物资名称	规格型号	计量单位	数量	资产编码	是否有外包装	设备是否有破损	随设备资料是否完整	备注
1	变压器	TK11-5	台	1	21204442555666	是	否	是	

鉴定过程描述：

运维检修部电气一次班于2022年1月10日对上表所列变压器进行了性能检测，变压器额定容量、额定电压、额定电流、容量比、电压比及短路损耗等各项指标正常。

鉴定结果：

经检测变压器各项指标良好，功能正常。

鉴定人员（签字）： 邓某

图3-2-3　技术鉴定报告

表 3-2-3　　　　**入　库　单**　　　　物料凭证号/入库单号：5000180479/RCDH20211215000005

入库类型	采购入库	订单号	4700016126	凭证输入日期	2022. 01. 30
移动类型代码/名称	501/到项目的网络收货	合同编号	SXHLCSXN20220001	记账日期	2022. 01. 30
工厂代码/名称	8112/某公司有价值工厂	会计凭证	5000000556	物料凭证号	5000180479
公司代码/名称	5754/某抽水蓄能有限责任公司	供应商编码/名称	0020006839		
抬头广本	对某抽水蓄能有限责任公司 2 号机组改造项目收货	项目编号/名称	202201001/某抽水蓄能有限责任公司 2 号机组改造		

序号	物料编码	物料描述	厂内描述	单位	订单数量	实物数量	单价（元）	总价（元）	库存地点	货拉号	批次号	备注
1	500025871	水轮机，XXDK	水轮机，ZLDJ571	台	1	1	58700000. 00	58700000. 00	8110	02010101	2201300025	
合计								58700000. 00				

物资合同承办人：吴某　　　　库管员：郭某　　　　仓为主管：张某

表 3-2-4

结余物资退库申请表

退库申请部门（公章）：运维检修部　　　　项目名称：某抽水蓄能有限责任公司 2 号厂用变压器改造　　　　原物资/工程合同编号：SXXLCGS20210427004

原出库单号：490005273　　　　申请单编号：JYWZTKSQ202201001

结余物资情况说明	某抽水蓄能有限责任公司 2 号厂用变压器改造，因设计变更，导致 1 台厂用变压器不再安装，该变压器未使用，质量完好。									
序号	物料编码	物料描述	计量单位	原领用数量	退回数量	鉴定情况	资料完备情况	拟使用去向	拟使用时间	备注
1	500024891	变压器，TK11-5	台	2	1	完好可用	完备	1 号厂用变压器改造	2022. 07	

说明：退料时应提供结余物资技术鉴定表和物资配套的相关资料。

制单人：杨某　　　　项目管理部门审核：王某　　　　项目分管领导审批：吴某

物资管理部门：张某　　　　日期：2022.1.15　　　　页码：1

注　1. 结余物资退回时，将附物资鉴定报告。

2. 结余物资退回时，将包括以下资料：合格证、说明书、装箱单、技术资料、商务资料等。

（2）仓储管理人员在仓储管理信息系统内，依据原出库单执行发货冲销操作或按出库操作，在退库物资数量前加“—”，操作完成后打印退库单（按出库操作打印的单据名称为出库单，但数量为负数，此出库单即为退库单）。

（3）退库单经仓储管理人员、仓储主管、移交人签字确认，由物资管理部门、财务管理部门、项目管理部门（如有）和原物资需求部门分别存档。

（4）对于物资性能、外观、包装完好的结余物资，可不进行价值评估，按原出库价值进行退库。为降低结余物资退库对电站一个会计核算年度内的财务指标数据的影响，一般要求结余物资退库金额大于 50 万元时，应经电站财务分管领导批准后方可办理退库手续。

工程或项目结余物资经鉴定为可用的，除应满足规定技术条件外，需同时满足“再次利库可用”原则：①设备类的退库物资应为整台或最小使用单元。②材料类的退库物资应满足单段长度或质量最低使用需求量，其中架空绝缘线单根段长在 500m 及以上；10kV 及以上高压电缆单根段长在 100m 及以上；1kV 及以下低压电缆单根段长在 100m 及以上；光缆单根长度在 50m 及以上；钢筋单根段长在 5m 及以上；钢板质量在 200kg 及以上，不满足上述条件且有利用价值的工程或项目结余物资，移交物资需求部门、项目管理部门（如有）作为运维检修材料。

工程或项目结余物资经鉴定为不可用的，履行报废审批流程，进行报废处理。

3. 代保管物资入库

代保管物资是指已办理出库入账手续、已使用过或已形成资产的物资，因存放空间受限，需在物资仓库中进行保管的物资。代保管物资入库流程如图 3-2-4 所示。

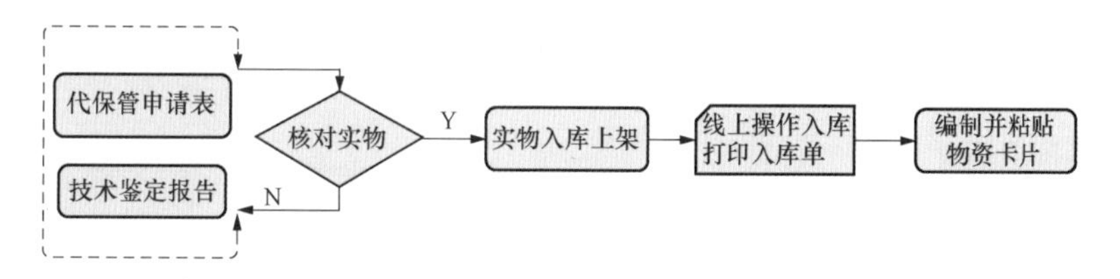

图 3-2-4　代保管物资入库流程

（1）仓储管理人员依据审批后的委托代保管申请表（见表 3-2-5）和技术鉴定报告核对实物的品名、规格型号、数量及相关资料（包括但不限于合格证、装箱单、技术资料等），核对无误后实物入库上架。

（2）仓储管理人员于 1 个工作日内在仓储管理信息系统执行入库操作（入无价值工厂），并打印入库单。

（3）入库单经仓储管理人员、仓储主管、移交人签字确认，由物资管理部门和委托代保管部门分别存档。

代保管物资入库后应设立专区存放，并且有明显标志，原则上应在 720 天内完成利库或者调剂使用。物资合同、项目合同范围以外的设备或材料（如有）需在物资仓库保管时，按代保管物资进行管理。

4. 寄存物资入库

物资寄存是指货物所有权归属者将其交于其他人保管的行为，按货物所有权不同，抽水蓄能电站寄存物资分为电站委托供应商保管和供应商委托电站保管两种。

（1）电站委托供应商保管。电站委托供应商保管指电站因现场不具备收货条件或无法安排场地存放货物，而将合同内全部或部分物资委托供应商进行保管。

物资验收合格，电站与供应商协商一致后签订物资寄存协议，明确物资明细、权属、保管要求及其他责任与义务等事项，电站需密切关注物资所寄存供应商的生产经营状况和物资存放情况。

按照物资采购合同条款，若涉及需支付合同款项的，仓储管理人员依据物资寄存协议，在仓储管理信息系统执行收货、入库操作，并配合物资合同承办人办理相关到货款的结算手续。

（2）供应商委托电站保管。供应商送货物资在交接或验收时发现合同内部分产品未到货，或产品存在缺陷需修、退、换货，或提供的资料不齐全，或发票不合格，而将到货物资委托电站进行保管。

电站与供应商协商一致并签订物资寄存协议，明确物资明细、权属、保管要求及其他责任与义务等事项，并通过拍照、录像等方式做好现场证据的收集、留存。

仓储管理人员依据物资寄存协议办理实物入库，存放收货暂存区或入库待检区，也可在仓库活动空间临时隔离有关区域作为寄存物资的存放场所，并做好隔离警示、安放对应标识牌。

5．报废物资入库

报废物资是指已办理完报废手续的固定资产、流动资产、低值易耗品及其他废弃物等。报废物资入库流程如图 3-2-5 所示。

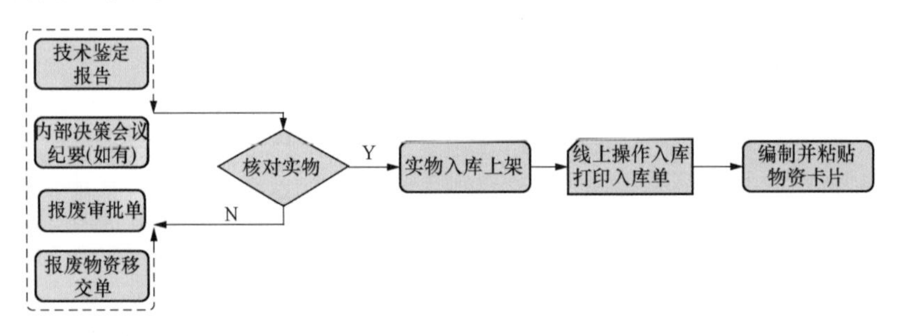

图 3-2-5　报废物资入库流程

（1）仓储管理人员依据报废审批单、技术鉴定报告、内部决策会议纪要（如有）及废旧物资移交单（见表 3-2-6）核对报废物资品名、规格型号、数量，填写实际移交数量及完整情况；没有实物的在移交清单中注明“未接收”，核对无误后仓储管理人员与移交人在废旧物资移交单上签字确认，实物入库上架。

（2）仓储管理人员于 1 个工作日内在仓储管理信息系统中执行入库操作，打印入库单。

（3）入库单经仓储管理人员、仓储主管、移交人签字确认，废旧物资移交单、入库单由物资管理部门和移交部门分别存档。

废旧电脑等含有存储介质的废旧物资，实物使用保管部门应在办理完物资报废审批手续后，先交于科信部门（信息化管理部门）拆除存储介质，再移交物资管理部门；物资管理部门在实物移交时，应严格检查信息化设备是否拆除存储介质，未拆除的拒绝办理入库手续。

表 3-2-5

委托代保管申请表

实物使用保管部门：公章：运维检修部　　　　实物资产管理部门：办公室

资产坐落地点：某抽水蓄能有限责任公司 1 号办公楼　　　　编号：WTDBGSO20201006

情况简要说明	运维检修部水工通信班运维专责调离某抽水蓄能有限责任公司，其名下 1 台索尼 XT10 笔记本电脑　需委入物资部仓库托代保管。											
序号	资产编码	资产名称	规格型号	计量单位	数量	制造厂商	设备铭牌号	启用时间	资产原值（不含税：元）	资产净值（不含税：元）	拟使用项目	拟使用时间	备注
1	228900174556	笔记本电脑	XT10	台	1	索尼（中国）有限责任公司	20775221555	2019.11.25	5890.73	4973.66	无	2022.02	
说明	1. 代保管物资商鉴定完毕后携带鉴定报告及签字后代保管委托申请单前往仓库办理。 2. 上述表格填报信息视物资实际情况而定，应做到“可填尽填”。												

制单人：王某　　　　实物资产管理/项目管理部门审核：吴某　　　　物资分管领导审批：闫某

物资管理部门：杨某　　　　日期：2020.10.12　　　　页码：

注　1. 可用退役资产代保管时，原则上在原时间不允许超过 720 天。

2. 可用退役资产代保管入库时，需附资产鉴定报告。

表 3-2-6

废旧物资移交单

移交单位：运维检修部　　　　项目名称：某抽水蓄能有限责任公司 2 号机调速器改造

交接地点：物资部仓库　　　　交接时间：2021 年 3 月 1 日

序号	废旧物资编码	废旧物资描述	规格型号	实物 ID	资产编号	计量单位	应移交数量	实际移交数量	完整情况	备注
1	F500048421	调整器	DZ14-92XC	58741174009212	Z11258467400	台	1	1	完整	
2	F500055247	配电盘	X7-91973	57844413001147	Z55843398412	块	1	0		未接收
说明：需附审批后的报废手续。										

移交人签字：赵某　　　　接收人签字：刘某

日期：2021.3.1　　　　页码：1

废旧物资报废审批过程资料不完整的，仓储管理人员有权拒绝办理移交和入库手续。

四、物资存储管理

1. 物资的堆码

在库物资应根据其种类、存储要求、质量及尺寸选择合适的仓库和货位存放；存储物资堆放应做到场地安排合理，码放安全科学，摆放整齐便于发放和盘点，保证物资不变形、不损坏、不变质。

物资的堆码事关仓库美观整齐、物资存放的安全性和作业人员的安全问题，故掌握正确的堆码方法是至关重要的。

(1) 常见堆码方法。

1) 直堆法。大件物资一般采用木制箱装，外包装坚固且规则。该类物资不适合上架堆放，宜采用地面堆垛（如图 3-2-6 所示)，单件货物往上一层层地重叠堆放，即直堆法。若外包装为长方形，且长宽成一定比例，则宜采用纵横交错法，即每层货物并列摆放，上下层货物纵横向交错摆放。

图 3-2-6　直堆法示例图

2) 五五堆码法。五五堆码法是最为常用的堆码方法之一，采用五五堆码法叠放的物资整齐美观，便于点数、盘点和取送。电站根据物资的特性，采用“五五成行，五五成方，五五成串，五五成堆，五五成层”进行叠放。五五堆码法示例图，如图 3-2-7 所示。

图 3-2-7　五五堆码法示例图

3）零件盒收纳法。对于质量较轻、体积较小，或外形不规则物资，如螺栓、袋装物料等，摆在货架上既占空间又会显得比较凌乱。此类物资宜采用零件盒收纳法（零件盒收纳法示例图如图 3-2-8 所示），将物资整齐排列于零件盒内，排列时宜采用五五堆码法，五个或十个一组排列，放置于零件盒内。为了使货架的美观，建议整个货架或整排采用五五堆码法，不建议零散采用。

（2）特殊物资的堆码。特殊物资指的是易燃、易爆、剧毒、放射性、挥发性、腐蚀性等危险物品，应遵守国家和地方的有关规定，统一存放在危险化学品库。特殊物资的堆放原则因物而异，但也有一些共性原则，列举如下：

图 3-2-8　零件盒收纳法示例图

1）危险物资不能混放，如易燃、易爆品等不能同剧毒品放在一起。

2）危险物资最好不要堆放，一定要堆放时必须严格控制数量。

3）堆放时一定要确认并保持其原包装状态良好。

4）特殊物资不能骑缝堆放。

5）特殊物资不能依靠其他物资堆放。

6）堆放特殊物资的垛之间必须要有适当的间距。

7）放置在货架上的特殊物资不能堆放。

8）存放区域周围无影响。

（3）堆码注意事项。

1）码垛要轻启轻放、大不压小、重不压轻；堆垛时物料四角要落实，确保整齐稳当；外包装物外如有标签标志，标签标志应朝外放置。

2）堆码要保证装卸搬运方便、安全、能遵循先进先出的原则，便于随时清点数量和检查质量状况，利于堆码作业的机械化操作；在保证物资质量的前提下，尽量提高仓库利用率。

3）上架堆放的物料不能超出料架卡板，即堆放的物料要小于卡板尺寸；上架的大件物资为便于机械化操作，底部需加垫托盘、木料，上架的大件物资不允许多层叠放。

4）遵守层数限制，即外包装上有层数限制标志，要求按层数标志堆放，不要超限，以防止压垮箱体、挤压物料；三层以上要骑缝堆放，即相邻层面间箱体要互压，箱体间相互联系、合为一体，这样可防止物料偏斜、摔倒；大件物资堆垛层高不建议高于三层。

5）箱装、桶装货物的箱口或桶口应朝上，不能倒放物料。包装箱上有箭头指示方向的，要按箭头指向堆放，不要倒放或斜放，以防止箱内物料挤压；袋装货物定型码垛，重心应倾向垛内，以免向外倾倒。

6）外包装已变形或已损坏的物料不能堆放，需独立放置，以防止箱内物料受压。

7）为了防止货物受潮，应避免或减少各种自然因素对物资产生不良影响。可采用苫盖的方式，在物资上面加盖一些苫盖物，苫盖时垛顶必须适当起脊，以免积水渗入垛内；可采用衬垫的方式，在垛底放上适当的衬垫物，防止地面潮气的侵入，并使垛底通风保证物资保管的质量，垫垛材料可采用油毡、垫板等，木料作垫料时要经过防潮、防虫处理。

2. 物资保管保养

不同物资在存储期间要采取不同的保管保养措施，以保证物资的质量、性能完好。常见各类物资的保管保养见表 3-2-7。

表 3-2-7　　各类物资保管保养要求

序号	物资类别	保管保养要求
1	变压器	设备仪器应保持干净，摆放整齐
		堆码应符合变压器存放要求
		设备无漏油，外观无生锈
2	电气设备	存放的电气设备重点部位应有保护措施
		露天货场的电气设备，应有苫垫、密封等措施。
		不能受潮、锈蚀，外壳漆皮不允许脱落
3	线缆类	电缆盘应采取楔形枕木进行两侧固定
		割后的电缆头要包裹密封
		室外存放，应做好遮盖
4	金属类物资	小尺寸的钢材须存放库内，下垫枕木或上架
		有色金属及其合金材料应放在干燥的库房内，堆垛底下垫枕木或方石
		入库后要先清除表面油污和锈蚀，采取防锈措施，并定期检查
5	橡胶、塑料、石棉类制品	不能露天放置，应避免阳光直射，包装密封
		应存放在干燥、通风的场所
		应避免受酸、碱、油等腐蚀品影响，如有开裂、发霉、变质的要及时进行处理
6	工器具	小型电工、检测工器具应采用相应的容器按类别盛装存放
		工具器集中标识、清洁和保养
7	备品备件	刷防锈油脂，使用纸箱、塑料袋等包装存放于干燥清洁处
		应有防灰尘措施，采用苫盖物进行苫盖
		易碎的电瓷、玻璃制品不得超高堆垛、挤压、碰撞，应采取防碰撞的保护措施
		易受潮、霉变、虫蛀的物资应经常进行检查，及时做好翻晒等工作
8	危险品（易燃有毒等）	有明确的摆放区域，分类定位，标识明确
		应有明显的警示标识
		非使用时应存放于指定区域内
		包装容器必须牢固密封；发现破损、残缺、变形或物品变质、分解等情况应立即进行安全处理
		易燃、易爆、剧毒等物资，应设专库存放，并标明储存物品的名称、性质和灭火方法

续表

序号	物资类别	保管保养要求
9	应急装备	基本状态良好，无油水泄漏、管路密封老化与松动等现象
		充气类冲锋舟不能存在漏气现象；非充气类冲锋舟不能有老化、开裂等现象
		油泵水泵应定期检查润滑与密封状态、转动机构是否灵活无卡滞
10	劳保用品	安全帽、防触电用品、工作服均应上架存放
		防坠落工具应当检查安全性
11	仪器仪表	仪器仪表采用相应的储存箱或使用原包装箱
		贵重仪器仪表类物资应设专门存放地点，并加锁、加封
		精密仪器仪表应存放于恒温恒湿库内
12	暂存物资	暂存物资需有暂存标识
		暂存物资应摆放整齐、干净
13	长期闲置的物资	有明确的摆放区域，并予以分隔
		长期放置的物品、材料、设备、仪器等应有明显标识
		长期闲置的物料、设备应防尘并定期清扫，保证摆放整齐干净

3. 仓库卫生要求

仓库的卫生清洁管理作为仓库日常管理的一部分，抽水蓄能电站应编制行之有效的管理制度（如图 3-2-9 所示），明确卫生要求和奖惩办法。仓库的卫生清洁管理具体要求如下：

××公司仓库卫生值日制度

为营造一个干净舒适的工作环境，现针对仓储区域卫生值日做以下安排：

1. 每日一小扫，由当日值日人员负责清扫，每周一大扫，仓储人员全员参与清扫。
2. 每日进行小规模清扫和整理，包括地面清扫，擦拭货架。
3. 每周五进行彻底清扫和整理，包括地面清扫、货架擦拭、库内物资整理、办公区域卫生清扫、仓库周边卫生清扫等。
4. 库内地面整洁，门窗、玻璃、墙面、货架、托盘、物资外表面清洁。库房周围卫生整洁、无积水、无杂物、无污染源。
5. 各自办公桌、工作区域自行清扫，用过的东西放回原位，办公桌与工作区域保持整洁。
6. 每次出入库结束后，仓管员及时清理现场，使物资堆放整齐，仓库地面整洁。
7. 库房内不允许吸烟、不允许吃食品，不得存放私人杂物。
8. 库房垃圾当天清理，禁止出现过夜垃圾。
9. 特殊情况下，因出差、请假或其他不可抗拒原因，无法在值日履行值日义务时，可及时提前调配更换值日人员，以免出现值日空缺。
10. 每日安排一位值日员和一位副值日员。副值日员依序为第二周的值日员，副值日员在值日员值日当天，有义务进行必要的检查监督与帮助。
11. 因非工作原因故意不按值日表及其章程打扫卫生的，按情节严重情况，处罚五元以上二十元以下。
12. 值日考核纳入绩效考核中。值日人员当天未达要求的，按情形计入考核外，第二天则由未达要求者再次值日，是否达到要求由副值日员检查监督。

图 3-2-9　公司仓库卫生值日制度

（1）仓库建立卫生值日制度，明确包干范围和责任人，并定期组织检查。

（2）库区及料场不堆放杂物，对拆除的物资包装箱（袋、盒），保管员应及时清理，不得滞留现场。

（3）仓库要保持清洁卫生，做到货架无灰尘；地面无杂物；库内窗明架净；墙壁无蜘蛛网；仓库周边无杂草、无垃圾；道路无积水。

（4）收发货物后现场要及时清理，保持货架及物资有序摆放。

五、物资盘点管理

物资盘点是对库存物资进行数量和质量的检查。物资盘点重点核对账卡物是否一致；检查库存物资有无超质保期、积压或损坏；数量是否高于或低于储备定额。

物资盘点采用月度盘点和双季度盘点相结合方式。月度盘点以抽盘、轮盘或出入库物资盘点为主，在出现误差时分析原因，并扩大盘点范围；双季度盘点（每年 6 月底、12 月底）由物资管理部门组织，对库存物资（包括退出退役物资、废旧物资）进行全面盘点，财务管理部门共同参与。物资盘点流程如图 3-2-10 所示。

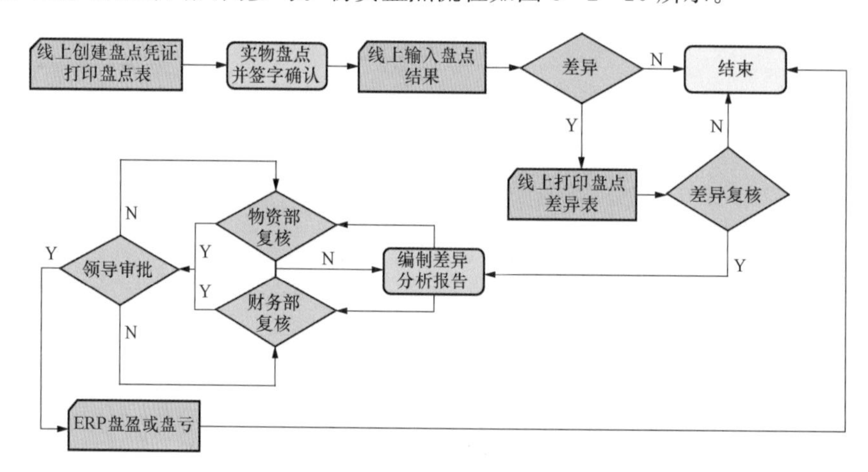

图 3-2-10　物资盘点流程图

（1）仓储管理人员在仓储管理信息系统中创建和打印盘点表，并根据盘点表进行实物清点，记录实际清点数量；仓储主管或物资监督人员负责监督，实物清点完成后双方在盘点表上签字确认。

（2）仓储管理人员将盘点结果录入仓储管理信息系统中，如无差异经物资管理部门、财务管理部门履行审批后，盘点结束；仓储主管编制盘点报告（如图 3-2-11 所示）并存档；如有差异，打印盘点差异表，仓储主管组织人员对差异物资进行核查，编制差异分析报告提交物资管理部门、财务管理部门审核，审核通过后报相关领导审批，相关领导批准后由财务管理部门在 ERP 中进行盘盈、盘亏调整。

六、库存物资报废

物资管理部门每年组织物资需求部门或项目管理部门对库存物资进行技术鉴定，定期组织对库存物资进行检验和试验，经鉴定或试验达到报废条件的，物资需求部门或项目管理部门出具技术鉴定报告并签字确认，物资管理部门视本单位管理要求，履行内部决策审批；仓储管理人员根据技术鉴定报告、内部决策会议纪要（如有）在仓储管理信

××抽水蓄能有限责任公司 2020 年 3 月库存物资

盘点报告

盘点时间：2020 年 3 月 25 日　　　　**盘点仓库名称：**事故备品库

盘点部门（盖章）：物资部

盘点人：　　　　**监督人：**李某

盘点过程描述：

2020 年 6 月 25 日 XX 抽水蓄能有限责任公司物资部对库存事故备品进行盘点。本次盘点采用实查实点方式，9 点 17 分，库管员 XX 在仓储管理信息系统对事故备品库 97 项物资进行冻结，创建并打印盘点表。9 点 25 分库管员入库根据盘点表进行实物清点，记录实际清点数量，仓库主管对盘点全过程进行监督，10 点 37 分盘点结束，库管员与仓库主管在盘点表上签字确认。10 点 45 分，仓库管理员将盘点结果录入仓储管理信息系统。

盘点结果：

XX 抽水蓄能有限责任公司物资台账库存事故备品 97 项，共 241 件。经盘点，97 项物资的实物名称与物资标识牌和物资台账厂内描述相付，实物数量与物资标识牌和台账数量一致，质量完好，不存在超定额储备问题。库内 020803171 号货位中 1 根主轴螺栓为账外物资。

原因分析：

经查，该螺栓为主设备合同外厂家预留的安装备件，因主设备安装时未发生螺栓损坏问题，因此该螺栓未使用。

建议：

建议将此螺栓盘赢入库（入无价值厂）。

图 3-2-11　盘点报告

息系统中发起报废申请。库存物资报废流程如图 3-2-12 所示。

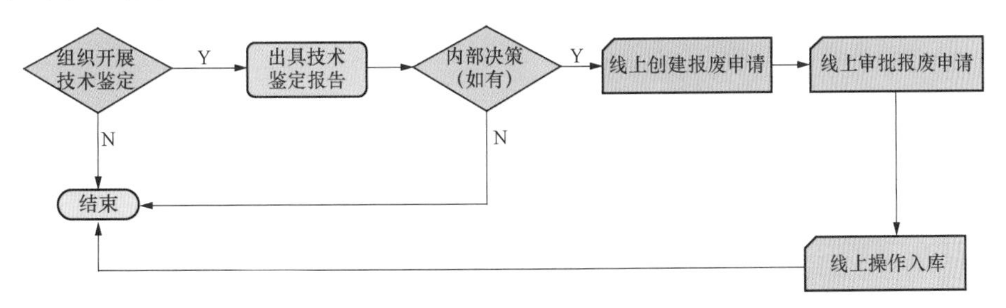

图 3-2-12　库存物资报废流程图

七、物资借用与归还

借用物资是指实物已借出但账面价值还在，未办理仓储管理信息系统领用手续的物资。借用物资出库流程如图 3-2-13 所示。

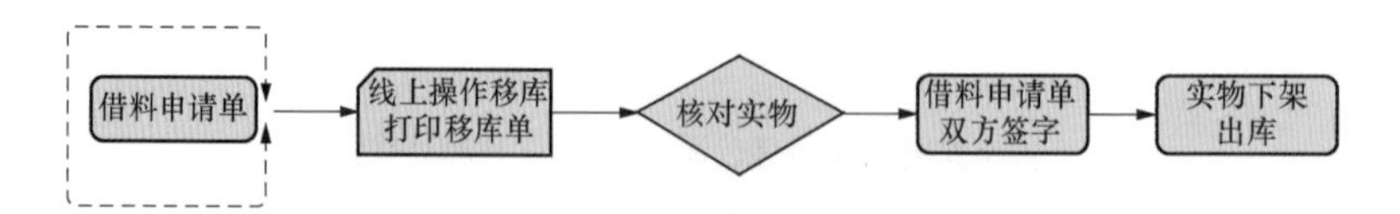

图 3-2-13　借用物资出库流程图

1. 借用物资出库

借料部门填写借料申请单，履行签字审批手续。仓储管理人员依据审批后的借料申请单在仓储管理信息系统中执行移库操作并打印移库单，双方签字确认，核对借用物资实物，核对无误后；仓储管理人员在借料申请单（见表 3-2-8）上记录发料情况后双方签字确认，实物下架出库。借料申请单、移库单由物资管理部门、借料部门分别存档。

表 3-2-8　　借料申请单

<table>
<tr><td colspan="2">借料部门（公章）：</td><td>运维检修部</td><td colspan="3">编号：JLSQYJB202001002</td></tr>
<tr><td>序号</td><td>物料编码</td><td>物料描述</td><td>计量单位</td><td>数量</td><td>备注</td></tr>
<tr><td>1</td><td>5800052147</td><td>变压器套管，YZ1972</td><td>支</td><td>1</td><td></td></tr>
<tr><td></td><td></td><td></td><td></td><td></td><td></td></tr>
<tr><td></td><td></td><td></td><td></td><td></td><td></td></tr>
<tr><td colspan="6">借料说明：某抽水蓄能有限公司 1 号主变压器套管损坏，需紧急抢修，借用物资部仓库 YZ1972 型变压器套管 1 支</td></tr>
<tr><td colspan="6">预计归还日期：2020 年 2 月 17 日</td></tr>
<tr><td colspan="6">借料人：邓某　经办部门：李某　项目管理部门：刘某　项目分管领导：吴某
物资管理部门：张某　日期：2020.1.10　页码：</td></tr>
<tr><td>发货记录</td><td colspan="5">发货情况记录：2020.1.10 运维检修部借用变压器套管 1 支，已发放
库管员：周某　借料人：邓某　日期：2020.1.10</td></tr>
<tr><td>归还记录/补办出库手续记录</td><td colspan="5">归还/补办手续情况记录：
物资管理部门　库存员（入库手续经办人）：　归还人：　日期：</td></tr>
</table>

紧急抢修的情况下，无法办理正常审批手续时，借料部门可直接向物资管理部门申请借料，实施紧急借料，但需在 5 个工作日内补办相关审批手续。

2. 借用物资归还

借用物资返还入库前，项目管理部门组织开展技术鉴定，并出具技术鉴定报告。鉴定结果为完好可用的，借用部门将实物归还物资管理部门；借用物资已损坏的，由借用部门维修或提供全新件，不能维修的办理出库手续。借用物资归还流程如图3-2-14。

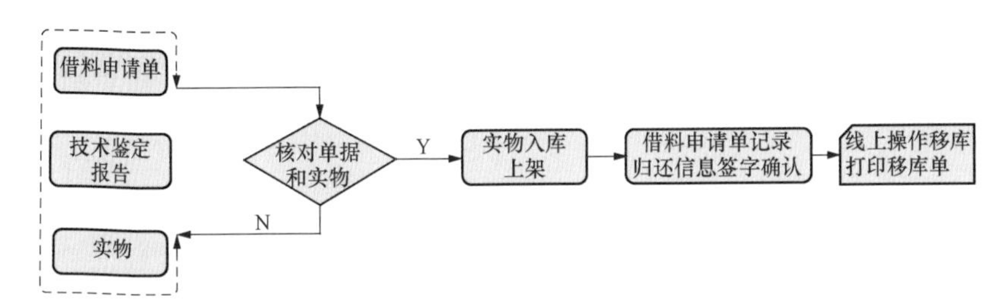

图3-2-14　借用物资归还流程图

仓储管理人员依据原借料申请单、技术鉴定报告核对实物，核对无误后办理实物入库上架，在原借料申请单上记录实物归还信息后，双方签字确认；并在仓储管理信息系统中执行移库操作，打印移库单双方签字确认；原借料申请单、移库单由物资管理部门、物资归还部门分别存档。

八、物资出库管理

物资出库应遵循“先进先出”的原则，按照“先账后物”处理。物资出库时，有配套设备、相关资料的，应一并交予领料人员。物资出库按出库方式不同，可分为物资领用出库、代保管物资出库和报废物资出库等。

1. 物资领用出库

物资领用出库是指仓储管理信息系统中有价值工厂内的物资领料出库，不包括物资借用和物资调剂出库。

仓储管理人员依据完成审核签字的领料单（见表3-2-9）核对领用物资实物，核对无误后在仓储管理信息系统中执行出库操作，并打印出库单（见表3-2-10）；出库单由仓储管理人员、仓储主管、领料人签字确认，实物下架出库移交领料人。

领料单、出库单由物资管理部门和物资领用部门分别留存。每月财务封账前仓储管理人员将领料单和出库单送交财务管理部门。

物资领料出库时，如同一领料单需分批领用，按实际领用需求办理领料过账，并在下批领料时，重新提供领料单。

2. 代保管物资出库

代保管物资出库是指委托部门对存放在物资管理部门仓库内的委托代保管物资进行领用出库。物资领用前，委托部门填写代保管物资领料单（见表3-2-11），经部门负责人审核同意后与物资管理部门办理领料手续。

表 3-2-9

领　料　单

物资领用部门：		运检部		日期：	2022.3.25	制单人：	刘某
工厂代码：		8112	工厂名称：	某工厂			
SAP 工单号：		528710283035	用途说明：	2 号机组改造水轮机更换			
资金项目编号：		CSXN-2019	资金项目描述：	某抽水蓄能有限责任公司 2 号机组改造			
WBS 元素：		811257.03.01	WBS 描述：	水电设备-水轮机及其附属设备-设备			
项目	物料编号	物料描述		单位	需求日期	申请数量	领用数量
1	500025871	水轮机，XXDK		台	2022.4.15	1	1

批准人：[illegible]　　　　保管人：韩某　　　　领料人：闫某

表 3-2-10

出　库　单

物料凭证号/入库单号：　4900235358/RCDH20211215000005

出库类型	ERP 领料工单	会计凭证	4900000336　　物料凭证号　4900235358
工厂代码/名称	8112/某工厂	凭证输入日期	2022.3.30
公司代码/名称	5754/某抽水蓄能有限责任公司	记账日期	2022.3.30
移动类型代码/名称	502/到项目的发货	项目类型	技术改造
抬头广本	对某抽水蓄能有限责任公司 2 号机组改造项目水轮机发货	项目编号/名称	202201001/某抽水蓄能有限责任公司 2 号机组改造

序号	预留/调剂单号	行号	物料编码	物料描述	厂内描述	批次号	单位	数量	账户分配	库存地点	单价（元）	总价（元）	备注
1	002761	10	500025871	水轮机：ZLDJ571	水轮机：ZLDJ571	2201300025	台	1	5001455117	8410	58700000.00	58700000.00	
合计												58700000.00	

编单人：刘某	库管员：韩某	仓库主管：赵某	领料人：闫某

表 3-2-11　　代保管物资领料单

领料部门（章）：运维检修部　　项目编号/项目名称：27001153/××抽水蓄能有限公司2号厂用变压器改造

领料单号：202103001

序号	物料编码	物料描述	规格型号	计量单位	申请数量	领用数量	批次号	需求日期	资产编码
1	500025471	变压器	TDK-1052	台	1	1	1911270025	2021.03.25	225784116971256

制单人：吴某　　　　物资需求部门审核：张某

日期：2021.3.15

仓储管理人员依据完成审核签字的代保管物资领料单核对实物，核对无误后在仓储管理信息系统内执行发货操作并打印出库单；出库单经仓储管理人员、领料人和仓储主管签字确认；仓储管理人员对实物下架出库，代保管物资及其相关配件和资料一并移交领料人；出库单、领料单由物资管理部门和委托部门（领料部门）分别存档。

代保管物资存放时间达到规定期限至少一个月前，物资管理部门应通知委托部门重新组织技术鉴定，确定是否继续存放或采取其他措施（使用、转让、报废处置等）进行处理。

3. 报废物资出库

报废物资出库是指对已完成销售的报废物资进行出库交接。报废物资出库流程如图3-2-15。

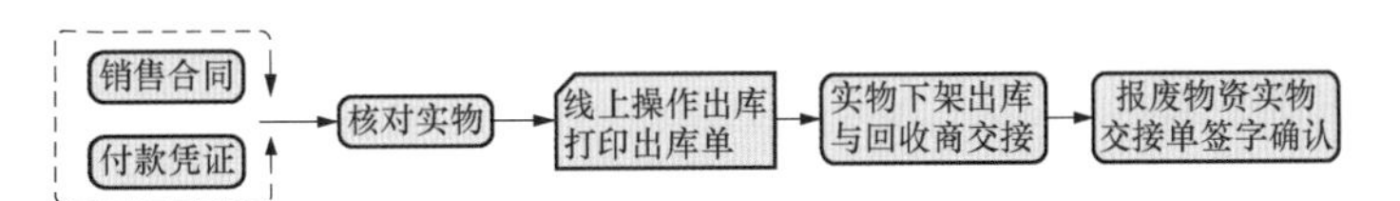

图 3-2-15　报废物资出库流程图

仓储管理人员依据报废物资销售合同、经财务管理部门确认的付款凭证与回收商共同核对需交接报废物资的品名、规格型号和数量，确认无误后在仓储管理信息系统中执行出库操作，打印出库单；仓储管理人员、仓储主管、回收商签字确认。

仓储管理人员将实物下架出库，与回收商办理实物交接，物资管理部门、物资监督人员和回收商在报废物资实物交接单（见表3-2-12）签字确认；物资管理部门、回收商分别存档。

表 3-2-12　报废物资实物交接单

交接时间：2021.10.27　　交接地点：××市××县××街道××号

序号	项目名称	物资名称	规格型号	资产编号	单位	成交接数量	实际交接数量	完整情况	备注
1	××公司调速器改造	调速器	KXY-102T	2027857414585566	台	1	1	完整	

物资管理部门（物资监督人员）签字：张某　　实物使用（保管）部门/仓库保管员签字：赵某

项目管理部门签字：刘某　　回收商签字：王某

（使用说明：物资仓库的报废物资交接时，由项目单位物资监督人员、仓库保管员与回收商代表签署；现场处置的报废物资交接时，由项目单位物资监督人员、实物使用（保管）部门人员、项目管理部门人员与回收商代表签署。）

九、可利库物资管理

可利库物资是指库存物资（不含废旧物资）中实物储备定额范围以外的实物。可利库物资管理执行“谁形成库存，谁负责利库”“先利库，后采购”的工作原则。

抽水蓄能电站根据储备定额梳理在库物资，将储备定额范围外的物资（不含废旧物资）信息整理汇总形成本抽水蓄能电站可利库物资信息台账，向物资需求部门/项目管理部门共享。对于集团化运作的抽水蓄能电站，集团公司可建设可利库物资信息共享平台（或称物资调剂信息平台），推行可利库物资信息网络化共享。

仓储管理人员定期（每月、每季等）将可利库物资信息台账反馈至物资需求部门、项目管理部门（如有），供其在项目可研、初步设计、采购计划提报阶段，对照可利库物资信息，优先选用库存物资或可用退役资产；需求物资与可利库物资未完全匹配，但物资型号、规格型号相近，物资需求部门、项目管理部门（如有）宜采取“以大代小”“型号替换”等方式进行替代，实施平衡利库。

物资管理部门在批次采购、授权采购计划提报前，先进行可利库物资匹配，在库存台账中查找相同或同类物资，与物资需求部门、项目管理部门（如有）沟通确认后，形成平衡利库后的物资采购计划。

十、物资调剂管理

电站在可利库物资信息基础上，将可转让、出让的物资纳入调剂物资范围，形成可调剂物资信息。原则上，可利库物资均应纳入调剂物资范围。物资调剂有关内容、注意事项详见第八章第三节中的“物资调剂”。

第三节　仓储设备设施管理

一、办公类仓储设备设施

办公类仓储设备设施主要包括办公桌椅、存放资料的卷柜、办公用计算机、打印机、扫描仪及智能仓储硬件设备设施等能够满足仓储人员正常办公需求的设备和设施。

办公类仓储设备设施在仓库在办公室内要摆放有序，属于固定资产和重点低值易耗品的办公设备应落实到个人进行专人管理，列为固定资产和重点低值易耗品的需要在醒目位置粘贴固定资产卡片，以便于资产盘点；办公仓储设备设施并应由专业人员定期进行维护与保养，建立台账，并及时更新维护，保证办公类设备设施的账物相符。

使用办公计算机，切记要区分好内网和外网，坚决杜绝资料泄密、内网外联等网络安全事件发生；仓储人员不得擅自改变办公计算机系统或安装与仓储业务无关的应用软件。

二、作业类仓储设备设施

作业类仓储设备设施是指为满足仓储作业而配置的必要的仓储作业装备和工器具等，主要包括存储类设备设施、装卸搬运类设备及安全工器具等。抽水蓄能电站应配置完备的仓储作业设备设施，定置存放于仓储装备区，建立完善的台账，定期清点，保证账物一致。

1. 存储类设备设施

存储类设备设施包括货架、托盘、零件盒及周转箱等。抽水蓄能电站应根据仓储物资种类的不同，在保证安全前提下合理配置存储类仓储设备以满足仓库的存储需求。

仓储管理人员应掌握各类存储设备的工作状态，发现存储设备使用功能不能满足存储需求时应及时更换，不能因塑料制品使用时间过长变脆或金属货架生锈导致承重能力下降等情况，导致不安全事件发生。

2. 装卸搬运类设备设施

装卸搬运类设备设施包括堆高车、登高平台、液压手推车、平板手推车及各类特种设备（叉车、桥式起重机等）等。仓储作业人员应熟悉掌握装卸搬运类设备的使用说明书或使用保养手册，严格按照使用说明和操作规程进行操作，避免因误操作导致人身和设备不安全事件发生。其中：

（1）叉车、桥门式起重机等特种设备每年应由第三方机构进行检验检测，检验合格标志应在设备明显处张贴。

（2）特种设备检验有效期多为一年（以检测机构出具的检查证明、报告、说明等材料为准），仓储人员应及时提醒相关部门组织特种设备检验，超出有效期限的特种设备应立即封存，不得继续使用，避免人身和设备不安全事件发生。

（3）操作人员应取得相关特种设备作业资格证方可持证上岗，严禁无证人员操作特种设备。

（4）特种作业资格证有效期限为四年，证件到期前三个月内进行证件复检，证件过期人员不可继续进行特种设备操作。

（5）仓储作业人员应建立特种设备应维护保养台账，定期由专业人员对设备进行维护和保养，掌握特种设备工作状态，保证设备安全稳定运行。

3. 工器具类设备设施

工器具类设备设施是仓储作业人员进行日常仓库作业和辅助装卸搬运设备而使用的工器具，主要包括计量类工器具、切割类工器具、起重用不同规格的吊装带、钢丝绳吊具、卸扣、吊环螺栓、安全工具箱（至少应配备各类扳手、螺钉旋具、手锤、撬棍、手锯、钢丝钳等）等。

仓储作业人员应建立完备的工器具保管保养台账，准确记录工器具的名称、规格型号、计量单位、数量、保养周期、保养内容、保养机构（包括本单位和第三方机构）、本次保管保养时间、下次保养时间等内容。

需要定期由第三方机构检测的工器具，如吊装带、钢丝绳吊具、卸扣和吊环螺栓等，检测合格后应出具检验合格证；检验合格证应牢固附着于对应的工器具明显位置；无检验合格标志或超出检验合格期限的安全工器具严禁使用。

三、安防类设备设施

安防类设备设施是为了保证仓储安全而设置，包括消防类设备设施、防盗类设备设施及危险化学品存储安防设备设施。

1. 消防类设备设施

为保证仓库消防安全，本着“预防为主、防消结合”的原则，抽水蓄能电站仓库需配备各类消防设备和器材，主要包括室内消火栓、室外消火栓、灭火沙箱、各种类型灭火器、感烟探测器、手动报警器等。

消防类设备设施管理遵循“谁主管，谁负责”的原则，设专人负责，实行定置管理，非必要不得擅自移动，周围严禁堆放杂物，更不可挪作他用；应定期检查、维护、保养，若发现问题应及时消缺并向安全保卫部门上报，保证消防设备设施随时处于可用状态。

仓储管理人员应熟练掌握各类消防设备设施的使用方法，并能正确报火警和扑救初起火灾。

2. 防盗类设备设施

为保证库存物资安全，仓库内和仓库周围应设置防盗设备设施，主要包括安全监控摄像装置、红外线对射装置、电子围栏等安全防护设施；仓储管理人员应每日对安全防护设备设施进行检查，保证安全设备设施工作状态完好。

3. 危险化学品存储安全防护设备设施

危险化学品存储安全防护设备设施主要包括温湿度计、通风设备、降温设备及有毒有害气体检测设备等。存放危险化学品的库房内应做好通风、降温措施；仓储管理人员进入危险化学品仓库前应事先进行通风，然后进行有毒有害气体检测，确认安全后方可进入仓库进行作业；夏季环境温度过高时，应定时开启仓库内通风降温设备，以保证库房内空气流通、温度适宜，避免化学危险品因环境因素产生安全隐患。

第四节 仓储资料管理

一、仓储资料管理内容

仓储资料包括仓储作业凭证、物资储备定额清册、培训记录、巡检记录和其他文档材料等，见表 3-4-1。

表 3-4-1　　　　仓储资料表

<table>
<tr><td rowspan="29">仓储资料</td><td rowspan="19">仓储作业凭证</td><td rowspan="4">记账凭证</td><td>入库单</td><td></td></tr>
<tr><td>出库单</td><td></td></tr>
<tr><td>结余物资入库单</td><td></td></tr>
<tr><td>移库凭证</td><td></td></tr>
<tr><td rowspan="10">记录凭证</td><td rowspan="8">出入库记录凭证</td><td>到货验收单</td></tr>
<tr><td>领料单</td></tr>
<tr><td>借料申请单</td></tr>
<tr><td>代保管物资入库单</td></tr>
<tr><td>代保管物资库出库单</td></tr>
<tr><td>废旧物资入库单</td></tr>
<tr><td>报废物资出库单</td></tr>
<tr><td>物资库存台账</td></tr>
<tr><td rowspan="2">盘点凭证</td><td>库存物资盘点表</td></tr>
<tr><td>盘点差异分析表</td></tr>
<tr><td rowspan="5">联系单据</td><td>货物交接单</td><td></td></tr>
<tr><td>结余物资退库申请表</td><td></td></tr>
<tr><td>委托代保管申请表</td><td></td></tr>
<tr><td>废旧物资移交单</td><td></td></tr>
<tr><td>工作交接记录</td><td></td></tr>
<tr><td rowspan="2">物资储备定额清册</td><td>应急物资储备定额</td><td></td><td></td></tr>
<tr><td>备品备件储备定额</td><td></td><td></td></tr>
<tr><td rowspan="3">培训记录</td><td>业务技能培训记录</td><td></td><td></td></tr>
<tr><td>消防培训记录</td><td></td><td></td></tr>
<tr><td>应急演练培训记录</td><td></td><td></td></tr>
<tr><td rowspan="2">巡检记录</td><td>日常巡视检查记录</td><td></td><td></td></tr>
<tr><td>防火检查记录</td><td></td><td></td></tr>
<tr><td rowspan="3">其他文档资料</td><td>工作计划</td><td></td><td></td></tr>
<tr><td>方案</td><td></td><td></td></tr>
<tr><td>检查、考核、总结</td><td></td><td></td></tr>
</table>

1. 仓储作业凭证

仓储作业凭证包括记账凭证、记录凭证和联系单据等，保存年限为永久。

（1）记账凭证主要为出入库记账凭证，包括入库单、出库单、结余物资入库单、移库凭证等。

（2）记录凭证主要为出入库记录凭证和盘点凭证。出入库记录凭证包括到货验收单、领料单、借料申请单、代保管物资入库单、代保管物资库出库单、废旧物资入库、报废物资出库单、物资库存台账（物资库存台账封面如图 3-4-1 所示、物资库存台账首页示意图如图 3-4-2 所示、物资库存台账签字页示意图如图 3-4-3 所示）等；盘点凭证包括库存物资盘点表、盘点差异分析表。

××抽水蓄能有限公司

仓库物资收-发-存明细表

（ 2022 年1 月 ）

图 3-4-1　物资库存台账封面

（3）联系单据主要为出入库联系单据，包括货物交接单、结余物资退库申请表、委托代保管申请表、废旧物资移交单、工作交接记录等。

2. 物资储备定额清册

物资储备定额清册应包括应急物资储备定额和备品备件储备定额，保存年限为30年。

3. 培训记录

培训记录应包括业务技能培训记录、消防培训记录和应急演练培训记录等，保存年限为30年。

4. 巡检记录

巡检记录应包括日常巡视检查记录和防火检查记录，保存年限为30年。

5. 其他文档资料

其他文档资料包括工作计划、方案、检查、考核、总结等，保存年限为10年。

二、仓储资料保存要求

（1）仓储办公区域配置的资料室应分册建立（仓储资料柜如图 3-4-4 所示），确保

××抽水蓄能有限公司生产物资台账																		
统计日期：2022年1月1日—2022年1月31日																		
序号	批次号	货位号	物料编码	物料描述	物料厂内描述	计量单位	上期库存			本期变动						本期结余		
										入库			消耗					
							数量	单价	金额	数量	单价	金额	数量	单价	金额	数量	单价	金额
1	1105295127	01010111	500020871	接触金具-母线伸缩节-型号：MS-125×10	单相伸缩节													
2	1105295116	01040101	500090494	罐式交流断路器-电压等级：AC500kV,额定电流：3150A，额定开断电流：63kA,绝缘方式：SF_6,操作方式：三相电气联动，使用环境：户内，机构型式：弹簧	断路器带操动机构（带外壳）													
3	1105295172	02660101	500071850	“220kV三相隔离开关，2500A，80kA,电动双柱水平旋转，不接地”	换向隔离开关备件，静触头042090													
4	1105295404	01010185	5000102791	螺 母，防松螺母，M80，铁，无表面处理	水轮机轴和中间轴联轴螺母，M80X6													
5	1105295983	02670208	580010091	调速器油站阀组部件（油阀：规格型号：DN16/PN210）	位置开关，CONTRINEX DW-AS-607-M18-002													
6	1105295115	01010101	50005690	交流避雷器-电压等级：AC500kV,额定电压：420kV,外绝缘材质：瓷，雷电额定残压：266kV,是否带间隙:不带间隙	备件-金属氧化物辟雷器（电站侧）													
7	1105296082	02750412	500087445	阀门-类型：球阀，公称通径：DN150,执行方式:液控，材质：不锈钢	调速器配压阀109DR DK-1230													
8	1105295140	01010121	500090535	电磁式电压互感器-电压等级：AC500kV，绝缘方式：SF_6，次级绕组数:2,相数:三相，测量级精度：0.5	电压互感器													
9	1105295118	01010118	500007936	交流接地开关-电压等级：AC500kV,额定短时耐受电流：63kA,操作形式：电动	快速接地开关带操动机构（带外壳）													
10	1105295365	02940112	580011244	机组状态监测采集模块-规格型号：HYDROTRAC	局放端子箱，Hydrotrac PD monitor													

图 3-4-2　物资库存台账首页示意图

××抽水蓄能有限公司生产物资台账																		
统计日期：2022年1月1日—2022年1月31日																		
序号	批次号	货位号	物料编码	物料描述	物料厂内描述	计量单位	上期库存			本期变动						本期结余		
										入库			消耗					
							数量	单价	金额	数量	单价	金额	数量	单价	金额	数量	单价	金额
3344	2201170206	02300303	500061270	铜皮0.5mm	铜皮0.5mm													
3345	2201170207	02340209	500010443	阀门、电磁阀、DN25、气动，不锈钢	电磁阀、M-3、SED 10 CK13/350 C G220 N9K4													
3346	2201170208	02300304	500033226	铜皮0.3mm	铜皮0.3mm													
3347	2201190251	02270312	500036586	三通，不锈钢，DN15	三通，不锈钢，DN15,PN25													
3348	2201190252	02270412	500059783	直通，不锈钢，内牙，DN15	直通，不锈钢，内牙，DN15													
3349	2201190253	02270411	500046624	活接头，不锈钢，DN15	活接头，规格：DN15 材质：304													
3350	2201190254	02270410	500093848	对丝，不锈钢，DN15	对丝，不锈钢，DN15													
3351	2201190255	02270409	500036589	活接头，不锈钢，DN25	活接头，规格：DN25 材质：304													
3352	2201190256	02270407	500114773	直通，不锈钢，外牙，DN4	双头外牙，G1/4-G1/2													
3353	2201190257	02270408	500013800	弯头，不锈钢，外接，DN25,90°	弯头，不锈钢，内牙，DN25,90°													
合计																		
主管领导： 财务稽核： 计划物资部： 审核： 仓库保管员：																		

图 3-4-3　物资库存台账签字页示意图

分类清楚、内容完整、追溯可查，以电子或纸质形式保存；仓储资料文件应完整、准确、系统、真实准确地反映物资管理全过程的实际情况，应图物相符、技术数据可靠、签字手续完备。

（2）仓储作业过程中要做好资料的形成、积累、整理、立卷和归档，确保“收得齐、整得好、查得到、拿得出”；仓储日常管理活动过程中的资料按照时间先后顺序、单据类别每月装订成册，按年封存统一归档保管。

（3）超出保存期限的纸质和电子文档资料，应出具书面销毁报告，经审查同意后，方可销毁，具体按照档案管理要求执行。

图 3-4-4 仓储资料柜

第五节 仓储安全管理

一、仓储安全管理内容

仓储安全管理旨在建立健全仓库安全管理制度，在“人防、物防、技防”方面，提升仓储作业人员安全意识，规范开展仓储作业，完善仓储安全设备设施，积极应用各种新技术、新方法，保障仓储工作全流程安全可靠，实现仓储工作价值。

仓储安全管理主要涉及仓库人员安全管理、仓储设备设施安全管理、仓储作业安全管理、危化品安全管理、仓储交通运输安全管理、仓库防火防盗防自然灾害应急管理、仓储安全工作奖惩等方面，并根据抽水蓄能电站管理的实际情况，制定相应的安全管理制度。

二、仓储安全管理要求

1. 仓储人员安全管理

仓储人员安全管理重点是提升仓储从业人员的安全意识，形成“我要安全、我会安全、我能安全”的良好氛围，从而达到在仓储作业时不发生违章作业、冒险作业的情况。

抽水蓄能电站应根据仓储业务特点，制定仓储岗位安全责任清单，对应岗位的从业人员必须熟知本岗位安全责任清单；新入职的仓储管理人员应进行必要的电力安全工作规程培训与考评，并经过电站、物资管理部门及班组（即仓储项目部）三级安全交底后，方可参加指定工作，并不得单独工作；需在地下厂房从事仓储相关工作的从业人员，要熟知地下厂房安全逃生路线，掌握地下厂房逃生报警信号和逃生方法，可定期参与电站防止水淹厂房应急演练。

仓储作业人员进入仓储工作现场应正确佩戴安全帽，着工作服、工作鞋，禁止穿拖鞋、凉鞋、高跟鞋，禁止女性工作人员穿裙子，要能正确、熟练使用梯子、安全带、防坠器、手套等安全工器具和安全防护用品，还应熟知发生人身伤害、火灾、触电、雨水等自然灾害、仓库失窃及紧急领料应急事件时处置流程及处置基本方法；从事仓储特种作业的人员必须持证上岗，并仅能从事其资格证书限定的作业项目操作，不能从事其他岗位的操作，且相关的特种作业证书应在有效期内。

结合电站安全活动，经常性开展安全教育培训，及时传达安全文件精神，吸取各类安全事故教训，谈自身对安全工作的体会，发现身边存在的安全隐患，从而提升仓储从业人员的安全意识，每年可组织仓储作业人员开展一次安全知识考试。

2. 仓储设备设施安全管理

仓储设备设施包括仓库建筑物及附属设施，仓库货架、仓库消防设施、仓库防盗设施、仓库特种设备及各类起重用工器具、仓库用电设备等。仓储设备设施主要存在的安全风险：①仓库建筑物及附属设施损坏导致仓库备品备件受损、受潮、老化；②仓库货架物资存放不规范导致货架倾覆造成备品备件损坏、人员受伤；③仓库消防设施配置、维护保养不到位导致仓库失火时无法及时灭火；④仓库安保设施损坏造成仓库物资失窃且无法进行追溯；⑤仓库特种设备管理不规范导致特种作业过程中因特种设备不合格造成人身、设备事件；⑥仓库配电系统不合格导致临时用电时造成设备损坏或触电事故。

仓储设备设施安全管理重点是保障各类仓储设备设施完好，出现设备设施损坏或其他不满足要求的情况可以及时发现，并能及时进行处置，恢复仓储设备设施功能。

抽水蓄能电站要明确仓库各类设备设施的管理职责，一般来说，仓库主建筑物及附属设施属于生产建筑物，由电站生产部门负责运维，消防、安保、配电、空调、特种设备设施也归口到电站负责相关业务的职能部门进行统一管理，物资管理部门负责存放物资的安全，负责仓库各类设备设施的巡视检查工作，发现问题，及时向职能管理部门报修。

物资管理部门建立仓库日常巡视检查制度（见表 3-5-1），主要对仓库设备设施的完好情况进行常态化检查，巡视内容包括：仓库主建筑物是否有损毁，附属设施比如门窗是否完好、排水是否畅通；仓库物资存放是否合理、是否存在物资损坏的隐患；仓库消防设施配置是否到位、是否存在过期不可用的情况；仓库防盗设备工作是否正常；配电箱是否存在用电隐患等。仓库日常巡视检查每天不少于 1 次。

行车、叉车等属于特种设备范畴的设备在使用前应经特种设备检验检测机构检验合格，并纳入各电站特种设备管理范围，制定安全使用规定和定期检验维护制度，检验合格有效期届满前 1 个月应向特种设备检验机构提出检验要求。同时，在投入使用前或者投入使用后 30 日内，使用单位应当向直辖市或者设有区的市的特种设备安全监督管理部门登记；电动叉车等用电设备应在室外充电，充电的配电箱、插座必须配置漏电保护设备，设备充电时应有人员管理。

仓库主建筑物及附属设施、消防、安保、配电、空调、特种设备在日常运维过程中无法解决的问题，可列入生产检修、技改项目进行整治。

3. 仓储作业安全管理

仓储作业过程中主要存在物资上架、取货过程中高处作业不规范造成人身伤害；特种设备存在异常或操作过程中违章作业导致人身伤害或设备损坏；劳动防护用品使用不到位导致人身伤害；物资信息系统操作时造成内网外联或敏感信息泄密等风险。

电站物资管理部门应将各类仓储作业列入仓储日常工作计划中，明确作业负责人及配合人员。仓储作业前，作业负责人要针对作业过程中可能出现的风险及预控措施向全体作业人员进行交待，所有人员知晓，预控措施完备后才能开始工作。

仓储作业前应做好各项准备工作，准备好必要的劳动防护用品，选择检验合格的工

表 3-5-1

电站仓库日常巡视记录表

检查项目	检查内容	2月7日	2月8日	2月9日	2月10日	2月11日	2月12日	2月13日
		星期一	星期二	星期三	星期四	星期五	星期六	星期日
仓库主建筑物及附属设施	(1) 仓库主建筑物无损坏、无明显异常。 (2) 仓库屋顶、窗户及墙面完好，无漏水情况。 (3) 仓库排水系统通畅，无积水现象	无异常	无异常	无异常	无异常	无异常	无异常	无异常
库房清洁	(1) 库房地面、货架、各类设备设施无积尘。 (2) 库房地面、墙面应无潮湿结露情况	无异常	无异常	无异常	无异常	无异常	无异常	无异常
作业通道	(1) 作业通道应无相关物资阻塞，影响物资出入库的情况。 (2) 仓库外通道应无影响消防车停靠的情况	无异常	无异常	无异常	无异常	无异常	无异常	无异常
区域管理	仓库各功能区物资应放置合理，无混放、错放情况	无异常	无异常	无异常	无异常	无异常	无异常	无异常
货位状态	仓库货物状态良好，物资摆放安全、整齐	无异常	无异常	无异常	无异常	无异常	无异常	无异常
作业工器具	(1) 仓储作业各类工器具应按定置摆放到位。 (2) 仓储作业各类工器具完好，应在检验合格期范围内	无异常	无异常	无异常	无异常	无异常	无异常	无异常
照明设备	(1) 仓库照明光线良好，无影响仓库作业的情况。 (2) 仓库事故照明设备工作正常	无异常	无异常	无异常	无异常	无异常	无异常	无异常
仓库卷闸门	仓库卷闸门关闭严实，能正常开闭	无异常	无异常	无异常	无异常	无异常	无异常	无异常
仓库侧门	仓库安全侧门关闭严实，能正常开闭	无异常	无异常	无异常	无异常	无异常	无异常	无异常
防盗设施	(1) 仓库防盗设施工作正常，能正常报警。 (2) 仓库关键区域设置的监控设备工作正常，无遮挡物	无异常	无异常	无异常	无异常	无异常	无异常	无异常

续表

检查项目	检查内容	2月7日	2月8日	2月9日	2月10日	2月11日	2月12日	2月13日
		星期一	星期二	星期三	星期四	星期五	星期六	星期日
消防设备设施	（1）消防灭火器、消防呼吸器等配置足够，无被人挪用情况。 （2）消防器材消防运维部门巡视正常（每月2次）。 （3）消火栓中消防水带配置足够，水带无破损，消防部门巡视正常（每月2次）。 （4）消防报警器无异常报警	无异常	无异常	无异常	无异常	无异常	无异常	无异常
配电系统	（1）仓库配电箱运行正常，无异常放电及异常声响。 （2）仓库各类负荷开关正常，无异常跳闸的情况	无异常	无异常	无异常	无异常	无异常	无异常	无异常
仓库作业设备	（1）仓库特种设备在检验合格期内，特种设备操作说明完好。 （2）仓库其他作业设备能正常工作，性能良好	无异常	无异常	无异常	无异常	无异常	无异常	无异常
检查人		赵某	李某	刘某	王某	杨某	冯某	韩某
不定期督察人：林某		日期：2020.2.13						

器具；高处作业时，要检查梯子、安全带等登高工器具是否完好、可靠，特种作业前要先检查并确定特种设备状态良好可用，吊装选择的吊装带、卸扣等满足本次作业要求，装卸的方案已明确、可行；利用行车进行吊装或利用叉车进行装卸物资作业时，应有具备特种作业资质的人员进行指挥、监护，发现任何异常应立即停止作业，并恢复设备不受力状态，排除故障或改进方案确保安全后方可恢复作业；高处作业应佩戴好安全带，安全带的挂钩应挂在结实牢固的构件上，并不得低挂高用；频繁上架或取货等在短时间内可以完成工作，可使用梯子，梯子必须按照《国家电网有限公司电力安全工作规程　第三部分：水电厂动力部分》（Q/GDW 1799.3—2015）要求进行使用。

仓储作业临时用电使用的工器具必须满足“一机一闸一保护”要求，临时用电可使用带漏电保护的卷线盘或移动配电盘，临时电源接入应由专业电工实施，不得私拉乱接。

危化品作业时，作业人员要根据需要使用口罩、防护眼镜、防护手套等劳保用具，搬运危化品时应按照危化品的特性及搬运要求进行。

仓储信息系统作业时，应注意内外网隔离要求，不得使用未经处理U盘等移动设备接入内网；内网电脑、内网信息系统出现异常时，不得随意进行修复等操作，应通知信息专业人员进行处理。

4. 危化品安全管理

抽水蓄能电站应尽可能减少危化品物资存放，推荐采用需求多少、采购多少、使用多少的零库存进行管理，必须存储在现场的危化品应存放在危化品特种仓库。危险化学品应按类、按其特性单独存放，不得混放、超量存放，堆垛之间的主要通道应有安全距离。

特种仓库应悬挂醒目的警示标志牌，特种仓库的设备设施应满足特种仓库管理要求。受光照射容易燃烧爆炸或产生有毒气体的危险化学品及桶装、瓶装的易燃液体，存放处应阴凉通风；剧毒性危险化学品应放于专用的保险柜内；对人体的皮肤、黏膜、眼、呼吸器官和金属等有腐蚀性的危险化学品，应放置在抗腐蚀性材料制成的架子上贮存；放射性危险化学品，应贮藏在专用的安全位置。要加强对危险化学品仓储巡视检查力度，特别是检查仓库储存条件是否变化，危化品是否有变质、泄漏等情况，发现问题及时上报。

5. 仓储交通运输安全管理

抽水蓄能电站的仓储交通运输安全主要是指电站物资管理部门职责范围涉及仓库备品备件装卸及运输工作，供应商送货运输过程及物资出库后运输过程管理责任不在仓储运输管理范围内。仓储交通运输主要存在选用运输车辆不满足物资运输质量、尺寸要求造成交通事故，物资运输过程中固定不牢固造成物资损坏，物资装卸时影响社会或场内交通造成交通事件等风险。

仓库物资装卸前，要根据物资的特点，选择合适的运输车辆。物资装卸过程影响社会车辆、场内车辆通行或视野不佳的情况下，应设置明显的警示标志，防止发生交通事件；车辆转移物资时，要将物资在车上固定牢靠，防止因物资运输过程中滑动碰坏、摔坏；危化品运输需使用特定满足要求的运输载体，并做好防止危化品泄漏、燃烧、爆炸的措施。

6. 仓储应急管理

仓储应急管理是指仓储作业时发生人身伤害、设备事件、火灾、自然灾害等应急事件时的仓储管理人员如何开展应急响应及应急行动，将事故或灾害损失降到最低。仓储管理应根据抽水蓄能电站实际情况，建立仓储应急组织，并融入电站应急指挥体系中，经常参与电站各类应急演练。

（1）仓储应急组织。仓储前期应急处置第一负责人由物资管理部门负责人担任，仓库主管是前期现场应急处置的负责人，仓库安全员及仓库作业人员负责开展仓库现场应急处置操作。仓储应急过程中，需调动电站应急力量或社会应急力量的情形时，物资管理部门负责人应及时向上级应急组织请示汇报。

（2）信息报告程序。仓库突发事故（事件）时，现场人员立即电话汇报仓库主管及物资管理负责人；同时汇报电站应急值班中心，应急值班中心值班人员记录相关信息，并立即电话通知电站安全管理部门负责人、电站分管领导汇报及应急领导小组组长。

（3）仓储各类应急现场处置方案。

1）火灾现场处置预案。

a. 发现火情后，第一目击人应立即向仓库主管及物资管理部门负责人报告，视情况拨打 119，并采取有效措施灭火。

b. 仓库主管迅速组织人员利用仓库现有灭火器材扑救，转移存放的物资，同时切断可燃物燃烧路线，阻止火势蔓延；对于存放危险品的仓库，一旦发现火灾，视情况要第一时间拨打 119。

c. 如火势较大，仓库应急小组应组织疏散人员和车辆撤离至安全区域，加强现场警戒，杜绝闲杂人员进入，并协同相关部门对附近情况进行盘查，以防止蔓延；同时派专人引导消防车辆，以保证消防车辆快速到达现场。

d. 物资管理部门负责人应及时汇报电站应急组织机构，说明情况，并请求电站应急力量进行支援。

e. 火情解除后，应急人员要迅速清理现场，对库存物资进行盘点，核实损失，配合办公室人员做好恢复重建和财产理赔工作。

2）仓库被盗现场处置预案。

a. 发生盗窃事件，仓库管理员应保护好现场，并立即向仓库主管及物资管理负责人报告。

b. 仓库主管立即组织人员对仓库物品进行清查，向电站稳定应急办公室报告，并积极配合有关部门做好调查取证工作。

c. 发现窃贼正在行窃，仓库值班人员应立即通知保卫科，并采取相应的措施保证人身安全；在条件允许的情况下，应尽可能记住盗窃嫌疑人的相貌、体态特征及逃逸方向和使用交通工具的车种、车型、颜色、牌号等。

3）人身伤害现场处置预案。

a. 现场发生人身伤害时，应首先判断伤员受伤的情况，设法将伤员脱离危险环境，免受二次伤害。

b. 受伤人员伤势较轻，创伤处用消毒纱布或干净的棉布覆盖，送往附近医院进行治疗。

c. 对有骨折或出血的受伤人员，做相应的包扎，固定处理，搬运伤员时应以不压迫创伤面和不引起呼吸困难为原则。

d. 对心跳、呼吸骤停应立即按照心肺复苏要求开展急救；在抢救的同时，及时拨打急救中心电话，由医务人员救治伤员。

e. 伤员恢复意识后，应及时将伤员转移，尽早送医救治。

4）设备损坏现场处置预案。

a. 仓储作业中发生设备损坏时，应立即停止作业，人员撤离事故发生区域，防止关联事件造成人身伤害。

b. 现场人员及时汇报仓库主管及物资管理负责任人，保持现场原样，作为事故责任分析的依据。

c. 告知专业人员，开展对损坏备品备件的评估，协商确定相关处置方式，并及时向电站应急领导机构汇报。

5）仓库发生自然灾害现场处置预案。

a. 发生威胁库存物资安全的自然灾害事件时，现场人员应及时汇报仓库主管及物资管理部门负责人。

b. 仓库主管应组织及时将可能受损的物资进行转移至安全地带。

c. 也挺采取必要的临时措施，防止雨水、冰雪等自然灾害进一步影响仓库物资的安全。

d. 危化品等特种设备仓库受到自然灾害威胁时，应做好防止危化品泄漏的措施，避免环境污染事件的发生。

7. 仓储安全工作奖惩

仓储工作属于电站安全生产的一部分，仓储工作过程中出现的事故、违章或奖励事件应按照制定的安全工作奖惩办法执行。

第六节　仓储运维标准化案例

【案例3-6-1】　工程项目物资入库常见问题及注意事项

一、背景描述

2019年8月30日某抽水蓄能有限责任公司××设备改造物资到货，合同承办人组织相关部门对到货物资进行交接和验收；验收结束后，各方在货物交接单（见表3-6-1）和到货验收单（见表3-6-2）上签字确认。2019年9月1日仓储管理人员依据货物交接单和到货验收单核验货物名称、规格型号和数量，确认无误后实物入库并在线上操作入库。

二、存在问题

（1）货物交接单未填写货物交接单号和采购订单号；到货验收单未填写到货验收单号和采购订单号。

（2）货物交接单和到货验收单未签署日期，无法确定货物交接和验收时间。

（3）物资入库前仓储管理人员未认真核验货物交接单和到货验收单，物资入库不规范。

表 3-6-1　　货物交接单

货物交接单号：　　　　　　　　　　　　　　　　　　　　采购订单号：

<table>
<tr><td colspan="2">合同名称</td><td colspan="4">某抽水蓄能有限责任公司2号空气冷却器改造设备购置</td><td colspan="2">合同编号</td><td colspan="2">SXHLCSXN20190017</td></tr>
<tr><td colspan="2">项目单位</td><td colspan="4">某抽水蓄能有限责任公司</td><td colspan="2">供应商</td><td colspan="2">×××有限责任公司</td></tr>
<tr><td colspan="2">项目名称</td><td colspan="4">某抽水蓄能有限责任公司2号空气冷却器改造</td><td colspan="2">供应商联系人/电话</td><td colspan="2">邓某 189****1144</td></tr>
<tr><td colspan="2">收货联系人/电话</td><td colspan="4">李某 158****9637</td><td colspan="2">承运人/电话</td><td colspan="2">张某 139****4891</td></tr>
<tr><td>序号</td><td>物料编码</td><td>物料描述</td><td>合同数量</td><td>单位</td><td>发货数量</td><td>到货数量</td><td>包装、外观是否完好</td><td>交货地点</td><td>到货时间</td></tr>
<tr><td>1</td><td>500025871</td><td>空气冷却器，T9</td><td>1</td><td>台</td><td>1</td><td>1</td><td>完好</td><td>××省××市××街道×号</td><td>2019.8.30</td></tr>
<tr><td></td><td></td><td></td><td></td><td></td><td></td><td></td><td></td><td></td><td></td></tr>
<tr><td colspan="2">备注</td><td colspan="8"></td></tr>
<tr><td colspan="2">供应商
（签字/时间）</td><td colspan="2">邓某</td><td colspan="2">项目单位（收货人）
（签字/时间）</td><td colspan="4">李某</td></tr>
</table>

注　1. 应说明本单物资的外观、到货数量等情况。
2. 委托施工单位接货的，表单签字栏可增加施工单位签署。
3. 本货物交接单为买卖双方物资到货重要凭证，双方应妥善保管。

表 3-6-2　　到货验收单

到货验收单号：　　　　　　　　　　　　　　　　　　　　采购订单号：

<table>
<tr><td colspan="2">合同名称</td><td colspan="5">某抽水蓄能有限责任公司2号空气冷器改造设备购置</td><td colspan="2">合同编号</td><td>SXHLCSXN20190017</td></tr>
<tr><td colspan="2">项目单位</td><td colspan="5">某抽水蓄能有限责任公司</td><td colspan="2">供应商</td><td>×××有限责任公司</td></tr>
<tr><td colspan="2">项目名称</td><td colspan="5">某抽水蓄能有限责任公司2号空气冷却器改造</td><td colspan="2">承运人/电话</td><td>张某 139****4891</td></tr>
<tr><td colspan="2">收货联系人/电话</td><td colspan="5">李某 158****9637</td><td colspan="2">交货地点：</td><td>××省××市××街道×号</td></tr>
<tr><td>序号</td><td>物料编码</td><td>物料描述</td><td>合同数量</td><td>单位</td><td>发货数量</td><td>到货数量</td><td>到货时间</td><td>交接时间</td><td>开箱检验情况</td></tr>
<tr><td>1</td><td>500025871</td><td>空气冷却器，T9</td><td>1</td><td>台</td><td>1</td><td>1</td><td>2019.8.30</td><td>2019.8.30</td><td>设备外观完好，合格证、说明书、试验报告等齐全</td></tr>
<tr><td colspan="2">备注</td><td colspan="8"></td></tr>
<tr><td colspan="2">物资合同承办部门：
（签字/时间）</td><td colspan="4">李某</td><td colspan="3">物资需求部门/项目管理部门：
（签字/时间）</td><td>赵某</td></tr>
<tr><td colspan="2">供应商
（签字/时间）</td><td>邓某</td><td colspan="2">监理单位（如有）：
（签字/时间）</td><td colspan="3">张某</td><td>施工单位（如有）
（签字/时间）</td><td>吴某</td></tr>
</table>

注　1. 到货验收应说明本单物资的外观、开箱交接情况，以及到货数量、重量、附件、文件资料等情况。
2. 本到货验收单为买卖双方物资交接，货款结算的重要凭证，双方应妥善保管。

三、原因分析

合同承办人和参与货物验收相关人员工作责任心不强，未严格执行货物交接、验收相关制度；仓储管理人员入库前未仔细核对到货验收单、货物交接单是否填写完整。

四、解决措施

（1）合同承办人在货物交接单、到货验收单上完善货物交接单号、采购订单号和到货验收单号相关信息。

（2）参与货物交接和验收的相关人员按货物实际交接日期和验收日期补充签署货物交接单、到货验收单。

五、结果评析

参与货物交接和验收的相关人员应加强工作责任心，应严格按《物资采购合同承办管理办法》等内部管理制度要求开展货物交接、验收工作。

仓储管理人员应加强业务知识学习，切实履行相应职责，严把审核关卡，物资入库前仔细检查货物交接单、到货验收单的完整性和准确性，发现问题及时反馈合同承办人补充完善，相关单据正确无误后方可执行入库操作，确保物资入库流程规范。

【案例 3-6-2】 物资出库常见问题及注意事项

一、背景描述

2019 年 5 月 12 日某抽水蓄能有限责任公司采购维护材料到货，履行交接验收等相关手续后，仓储管理人员在仓储管理信息系统操作入库，并打印入库单（见表 3-6-3）。同日运维检修部领料人持审批后的领料单（见表 3-6-4）到物资管理部门仓库领用物资，物资管理部门仓储管理人员依据领料单在仓储管理信息系统操作发货并打印出库单（见表 3-6-5），出库单经仓储管理人员、仓储主管、领料人签字确认，仓储管理人员将该批物资下架出库物移交领料人，5 月 25 日物资管理部门仓储管理人员核对台账时发现有一项物资——“面粉，99.9kg”缺失。

二、存在问题

物资台账中一项物资有账无物。

三、原因分析

入库单中面粉这项物资的计量单位是千克（kg），而领料单和出库单中面粉这项物资的计量单位是克（g），仓储管理人员在发货时疏忽大意，简单地认为工程物资一收一发，数量一致就不会有错，因此未仔细核对物资的计量单位，造成物资实际领用数量大于领料单数量，最终导致有账无物的情况发生。

四、解决措施

（1）运维检修部退回多领用物资。

（2）仓储管理人员联系运维检修部开具领料单，对亏库物资发货。

五、结果评析

仓储管理人员应增强工作责任心，物资出库前仔细核对领料单中领用物资的数量和计量单位；发货完成后核对领料单与出库单上各项信息，确保领用与出库一致，严格按《物资仓储管理办法》等内部管理制度要求开展仓储标准化作业。

表 3-6-3 **入 库 单**

物料凭证号/入库单号：5000410523/RCDH20190512000005

入库类型	采购入库	订单号	4100054726	凭证输入日期	2019.05.12
移动类型代码/名称	101/到成本中心的收货	合同编号	SXHLCSXN20190008	记账日期	2019.05.12
工厂代码/名称	8112/某公司有价值工厂	会计凭证	5000000137	物料凭证号	5000410523
公司代码/名称	5754/某抽水蓄能有限责任公司	供应商编码/名称	0020005247		
抬头广本	对某抽水蓄能有限责任公司运检部维护材料收货	项目编号/名称			

序号	物料编码	物料描述	厂内描述	单位	订单数量	实物数量	单价（元）	总价（元）	库存地点	货拉号	批次号	备注
1	580003780	松动剂	松动剂，乐菲 571	kg	50	50	328.53	16426.50	8110	02010207	1905120037	
2	500011757	面粉	面粉，雪花牌 5kg/袋	kg	100	100	10.00	1000.00	8110	02010208	1905120038	
3	500010854	密封件	密封件，生料带	个	40	40	1.83	73.20	8110	02010209	1905120039	
合计								17499.70				
物资合同承办人：韩某					库管员：刘某			仓为主管：赵某				

表 3-6-4 **领 料 单**

物资领用部门：	运检部		日期：	2019.05.12	制单人：	王某
工厂代码：	8112	工厂名称：	某公司有价值工厂			
SAP 工单号：	528710283035	用途说明：	设备维护			
资金项目编号：		资金项目描述：				
WBS 元素：		WBS 描述：				

项目	物料编号	物料描述	单位	需求日期	申请数量	领用数量
1	580003780	松动剂	kg	2019.5.12	50	
2	500011757	面粉	g	2019.5.12	100	
3	500010854	密封件	个	2019.5.12	40	

批准人：张某　　保管人：刘某　　领料人：王某

表 3-6-5　出　库　单

物料凭证号/入库单号：　4900158763/RCDH20211215000005

出库类型	ERP 领料工单	会计凭证	4900000592	物料凭证号	4900158763
工厂代码/名称	8112/某公司有价值工厂	凭证输入日期	2019.5.12		
公司代码/名称	5754/某抽水蓄能有限责任公司	记账日期	2019.5.12		
移动类型代码/名称	102/到成本中心的发货	项目类型			
抬头广本	对某抽水蓄能有限责任公司运检部维护材料发货	项目编号/名称	202201001/某抽水蓄能有限责任公司 2 号机组改造		

序号	预留/调剂单号	行号	物料编码	物料描述	厂内描述	批次号	单位	数量	账户分配	库存地点	单价（元）	总价（元）	备注
1	002761	10	580003780	松动剂	松动剂，乐菲 571	1905120037	kg	50	5001723165	8110	328.53	16426.50	
2	002761	20	500011757	面粉	面粉，雪花牌 5kg/袋	1905120038	g	100	5001723165	8110	0.01	1.00	
3	002761	30	500010854	密封件	密封件，生料带	1905120039	个	40	5001723165	8110	1.83	73.20	
合计												16500.70	

制单人：刘某	库管员：杨某	仓库主管：赵某	领料人：王某

【案例 3-6-3】 库存物资报废常见问题及注意事项

一、背景描述

2020 年 6 月 26 日某抽水蓄能有限责任公司物资管理部门仓储主管组织相关业务部门对库存物资—空气冷却器进行技术鉴定。经鉴定空气冷却器符合库存物资报废条件“淘汰产品，无零配件供应，不能利用；国家规定强制淘汰报废；技术落后不能满足生产需要”，因此技术鉴定部门出具技术鉴定报告（见图 3-6-1）。

技术鉴定报告

鉴定部门（章）： 运维检修部　　　　**鉴定时间：** 2020.06.26　　　　**鉴定地点：** 物资部事故备品库

物资基本情况描述

序号	物资名称	规格型号	计量单位	数量	资产编码	是否有外包装	设备是否有破损	随设备资料是否完整	备注
1	空气冷却器	XL94587	台	1		是	否	是	库存物资

鉴定过程描述：

运维检修部 2020 年 6 月 26 日对上表所列 XL94587 型空气冷却器进行了技术鉴定，经鉴定，XL94587 型空气冷却器于九十年代末设计定型产品，技术落后，属于淘汰产品，技术落后不能满足生产需要。

鉴定结果：

同意报废。

鉴定人员（签字）： [illegible]某

图 3-6-1　技术鉴定报告图

2020 年 7 月 9 日，仓储管理人员逐级办理非固定资产报废审批手续，相关责任部门逐级审批，7 月 13 日，审批完毕，非固定资产报废审批表（见表 3-6-6）。

表 3-6-6　　非固定资产报废审批表

项目单位：某抽水蓄能有限责任公司　　　　审批表流水号：SGXY-XLC-2020-0012

序号	物资名称	规格型号	单位	数量	原安装地点	备注
1	空气冷却器	XL94587	台	1	物资部事故备品库	库存物资
报废原因：因运营方式改变全部或部分拆除，且无法再安装使用。						
使用保管部门： 经办人：韩某 2020.7.9　　负责人：李某 2020.7.9						
实物管理部门（技术鉴定意见）： 鉴定人：刘某 2020.7.9　　负责人：王某 2020.7.9						
财务部门： 负责人：吴某 2020.7.13						

二、存在问题

(1) 技术鉴定报告未加盖部门公章。

(2) 非固定资产报废审批表，实物管理部门技术鉴定意见未填写。

三、原因分析

(1) 相关工作人员工作责任心不强，未切实履行相应职责，严把审核关卡。

(2) 相关工作人员对废旧物资管理相关制度学习掌握不够，对报废流程不清楚。

四、解决措施

(1) 技术鉴定部门在技术鉴定报告加盖部门公章。

(2) 在非固定资产报废审批表中补充明确的技术鉴定意见（同意报废）。

五、结果评析

物资管理部门应做好制度宣贯工作，库存物资报废业务涉及部门相关人员应加强制度学习和技能培训，执行规范的工作流程，提高业务水平，确保库存物资报废相关业务手续及业务流程的规范性及正确性。

相关工作人员应熟知各项表单审核要点，切实履行相应职责，严把审核关卡，在前端杜绝错误的发生。

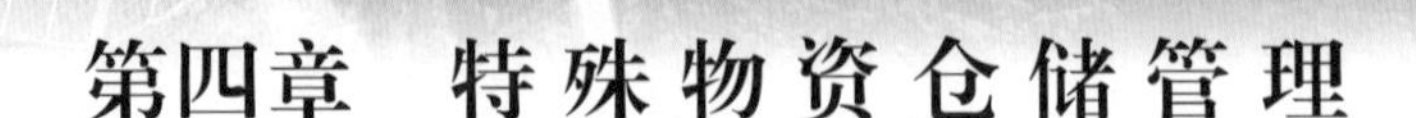

第四章　特殊物资仓储管理

抽水蓄能电站建设和运营过程中需要采购和存储工程物资、应急物资、危险化学品等物资，这些物资的仓储管理除了需要遵循上述章节的管理规定外，还有诸多特殊管理要求，是仓储管理的重点和难点。本章包含工程物资管理、应急物资管理和危险化学品管理3部分内容。

第一节　工程物资管理

工程物资管理是抽水蓄能电站工程、项目管理的重要组成部分，直接影响着工程、项目的质量、进度和经济效益。本部分主要介绍工程甲供设备、甲供材、乙供材管理内容。

甲供是指由电站采购供应的设备或材料，乙供是指按照施工合同约定，由施工承包商采购供应的物资。

一、甲供设备管理

甲供设备是指由电站（建设单位）采购的用于工程建设的设备。电站和施工单位会在施工合同中约定甲供设备范围，一般设备价值高、直接影响工程质量的设备宜采用甲供方式。对于抽水蓄能电站建设项目来说，做好甲供设备管理对工程项目质量、进度、经济目标的实现具有关键作用。

1. 甲供设备管理的内容和目标

抽水蓄能电站建设项目中，工程设备投资占比大，采购费用占工程总投资25%左右，同时甲供设备管理工作点多面广、供应周期长，做好工程甲供设备管理是提高工程项目经济效益的重要途径。甲供设备管理内容包括供应计划、供应商的生产与交付、进场接收、开箱验收、移交、临时仓储保管、消缺处置、资料和台账管理等。

2. 甲供设备供应计划管理

甲供设备供应计划管理可分为供应总计划管理和分部分项甲供设备批次（或月度）供应计划管理，供应计划管理是甲供设备管理工作的支撑和依据，起统领作用。

（1）甲供设备供应总计划管理。甲供设备供应总计划是对整个工程项目所需的甲供设备预测和安排，是工程项目甲供设备供应的总体规划。项目在完成初步设计时，电站根据初步设计和工程总进度计划，同时考虑设备的采购、生产、运输、验收与试验、安装调试周期并预留一定时间裕度，按倒排的方法编制，内容应包含设备名称、规格、数量、计划进场时间等。某抽水蓄能电站甲供设备供应总计划表，见表4-1-1。

表 4-1-1　　　　某抽水蓄能电站甲供设备供应总计划表

序号	设备名称	规格型号	单位	数量	计划进场时间
一、下水库金属结构设备					
1	下水库进出水口闸门	58m，4.7m×6.0m	面	2	2021年9月
2	下库进出水口拦污栅	5.5m×9m	套	2	2021年9月
二、500kV设备					
1	1号主变压器	500kV，360 MVA	台	1	2022年3月
2	2号主变压器	500kV，360 MVA	台	1	2022年6月

（2）分部分项甲供设备供应计划管理。分部分项甲供设备批次（或月度）供应计划是分部分项工程所需甲供设备的预测和安排，相对于总计划，该供应计划中设备清单更详细，供应计划时间更精确，同时能更清晰与机电工程各专业分项进度计划、施工合同工程量清单匹配。水电工程机电项目涉及多个专业，同时各参建方按专业划分配备不同的参建人员，这种按专业划分的模块化设备供应计划管理方式能够提升各参建方管理人员之间沟通、协调效率。

以某抽水蓄能电站机电安装工程施工项目为例，机电分部分项工程项目有水泵水轮机及其附属设备、水力机械辅助设备、发电电动机及附属设备、电气一次回路设备及装置、电站计算机监控系统、电气二次回路设备及装置、通信系统、起重设备、通风空调系统及其监控系统、火灾报警及消防设备等。

机电项目施工过程中，施工单位应根据工程进度计划按分部、分项工程分批次上报监理单位，监理单位审核后报电站批准。分部分项工程甲供设备批次（或月度）计划内容包括分部分项工程名称、设备名称、规格型号、数量、进场时间、卸车地点、安装时间等。分部分项工程甲供设备批次（或月度）供应计划管理可以按月由监理单位组织施工单位上报，重点设备（影响现场直线工期的设备和大件运输设备）应提前3个月上报，一般设备应提前2个月上报。某抽水蓄能电站甲供设备供应总计划表见表4-1-2。

3. 甲供设备生产与交付管理

甲供设备的按期交付是保证机电工程进度的前提。设备采购合同签订生效后，按照“一协议，一计划”的原则，根据施工单位需求计划、工程进度、生产运输周期及合同约定的交货期，编制设备合同供应计划。设备合同供应计划应根据工程进度计划滚动管理。

抽水蓄能电站为保证设备按期交付，应根据供应计划加强与供应商沟通协调，利用监造、电话询问、发函、约谈、生产巡查等多种方式，掌握供应商生产进度，及早发现并协调解决生产过程中的问题。对于重点设备，抽水蓄能电站应组织监造单位明确备料、关键工序及出厂试验等主要节点要求，并组织供应商提报排产计划。抽水蓄能电站对于生产进度滞后的供应商，应根据问题严重程度及工程进度紧迫程度，可采取函件催交、约谈、驻厂催交、召开专题协调会和违约处罚等形式督促供应商加强生产管控，满足现场需求。

甲供设备安装调试期间，抽水蓄能电站应储备充足的备品、备件，保证设备及时消缺、缩短事故抢修时间、提高设备可利用率、保证工程进度和设备安全；因此建议甲供设备的备品、备件随采购设备第一批货物交付且单独装箱和标识。

表 4-1-2 　　　　**某抽水蓄能电站工程甲供设备月度需求计划表**

施工单位（章）：××机电安装有限公司××抽水蓄能电站机电安装工程项目部

时间：2021 年 5 月 6 日

序号	项目信息						已供应量	本期需求信息		
	分部分项工程名称	图号	设备名称	规格型号	计量单位	总安装量		本期需求量	进场时间	卸车地点
1	电工一次发电机电压回路设备	H121B-6D 2-2-1	3 号发电机断路器模块	24kV 12000A	组	6	2	1	2022 年 11 月 30 日前	业主封闭库
2	电工一次发电机电压回路设备	H121B-6D 2-2-1	3 号发电机换相隔离开关模块	24kV 12000A	组	6	2	1	2022 年 11 月 30 日前	业主封闭库
3	电工一次发电机电压回路设备	H121B-6D 2-2-1	3 号发电机电制动断路器	24kV 13500A	组	6	2	1	2022 年 11 月 30 日前	业主封闭库

施工单位经办人：　　施工单位专业审核：刘某　　施工单位负责人：

监理单位专业审核：　　监理单位专业负责人：

业主单位专业审核：李某　　业主单位机电管理部门负责人：王某　　业主单位机电专业分管领导：张某

4. 甲供设备进场交接管理

甲供设备在完成制造和出厂验收后，抽水蓄能电站物资管理部门应依据供应计划向供应商发出书面发货通知，同时抄送监理单位、安装施工单位、监造单位（如有）；供应商在发货前向抽水蓄能电站物资管理部门提交发货明细、装箱明细、资料明细和运输信息等；如有大件设备，制造商或大件设备运输商应提前做好运输线路踏勘。

（1）接货准备。监理单位应根据运具、设备尺寸、重量提前组织做好场内沿线清障，组织安装施工单位在设备运抵前就位卸车所需的人力、物力；检查特种作业人员持证情况；检查卸车机具是否符合安全要求。

（2）验收与装卸。设备到达工程现场后，监理单位应负责协调、引导甲供设备场内运输至既定地点；监理单位应监督指导施工单位安全、文明卸车，避免卸车对设备产生损坏。设备完成卸车后，由抽水蓄能电站组织监理、施工单位和供应商在24h内完成联合外观验收；检查裸件、捆件和箱件数量是否与送货信息一致；检查货物外包装是否有浸湿、变形或破损情况，根据检查情况做好交接记录。

某抽水蓄能电站工程某批次甲供设备到货交接记录单，见表4-1-3。

5. 甲供设备开箱验收管理

甲供设备质量的好坏直接关系到抽水蓄能电站的安全生产和经济效益，对于大型水电工程，涉及的设备种类众多，设备进场后的开箱验收是把控设备质量的重要环节。设备开箱验收分为三个阶段，包括准备阶段、验收阶段和问题处理阶段。

（1）准备阶段。抽水蓄能电站可委托监理单位组织和主持开箱验收工作，开箱前应做好以下准备工作：

1）根据采购合同、批次供应计划或发货通知单，监理单位梳理出货物验收所需的技术指标和图纸。

2）监理单位确认参与验收人员，主要有抽水蓄能电站物资管理人员和机电专业人员、监理单位专业人员、施工单位物资管理人员和机电专业人员、供应商代表等。

3）施工单位准备开箱所需工具。

（2）验收阶段。甲供设备开箱验收内容为设备硬件和随机资料两部分。

1）设备硬件。检验人员可按下列项目进行设备硬件的检验检查并做好检验记录：检查箱号、箱数以及包装情况；检查设备的名称、规格、型号；检查设备部件的装配是否正确完整，有无装反、装错和漏装；检查紧固件（螺钉螺母卡簧等）是否安装正确、完整及可靠；检查移动零部件是否移动顺畅；检查设备有无缺损件，表面有无损坏、锈蚀和擦痕等；管材要核对材质、规格、管标、压力等级和色标是否一致，管口有无损坏。

开箱验收结束后，由验收组织方据实填写检查记录，参与人员共同签署意见。对须恢复内包装的设备或部件，要及时恢复内包装；对于不能马上进行安装的设备应进行回箱处理，利于设备保管。

2）随机资料。验收人员要检查随机资料的完整性和有效性，具体检查内容包括：

a. 装箱单一般作为查验种类、数量的依据。部分供应商装箱单只包含了买方的一般要求，因此要把装箱单与采购合同中相应内容、图纸相对照，检查其完整性。

b. 检验合格证、质量报告或实验报告是否完整地填写设备名称、型号、规格、出厂编号、出厂日期等信息，应盖有生产厂家质检章；说明书是否真实、完整地反映设备

表 4-1-3　　某抽水蓄能有限公司甲供设备到货交接记录单

工程项目：机电安装工程-水轮机、发电机　　交接时间：2021 年 11 月 15 日　　到货交接单编号：DHYS-2021-11-019

供应商		某机电有限公司			供货合同	某抽水蓄能有限公司机组及其附属设备采购合同							
安装施工单位		某集团机电建设有限公司 某电站机电安装标项目经理部			安装合同	某抽水蓄能电站机电安装施工合同							
序号	货物名称	设备系统	送货车号	箱号/件号	包装类型	包装情况	包装是否回收	计量单位	发货数量	交接数量	毛重（kg）	存放位置	备注
一	2 号发电机												
1	定子线圈测温电阻	定子装配	豫 N842**	605	木箱	良好	否	箱	1	1	200	业主封闭库 3 区	
2	引出线	定子装配	豫 N842**	603	木箱	良好	否	箱	1	1	2300	业主封闭库 3 区	
3	导电槽衬	定子装配	豫 N842**	803	木箱	良好	否	箱	1	1	200	业主封闭库 3 区	
二	3 号发电机												
1	定子扇形片	定子装配	豫 N842**	321-80、84、85、88、89	木箱	良好	否	箱	5	5	8500	业主封闭库 7、8 区	
附	送货单 2 张												

监理单位：韩某　　安装施工单位：刘某　　业主单位物资：李某　　业主单位技术：王某　　供应商代表：张某

的结构和使用性能等情况。

c. 特种设备和消防设备的生产厂家须有相应生产资质证书，检验生产设备的时间是否在证书有效期内。

（3）问题处理阶段。

a. 甲供设备开箱验收过程中，如发现与合同约定不相符，存在损坏、缺陷、短少或不符合合同条款的质量要求等问题，验收人员应共同对甲供设备问题进行评定分类，同时对问题设备进行挂牌、标识和隔离。

b. 验收中如发现资料缺少、零部件缺少问题，电站应立即要求供应商补供。

c. 验收中如发现一般质量缺陷可在现场处理完成的，可由供应商在现场完成消缺。

d. 验收中如发现较重大质量问题，抽水蓄能电站应督促供应商提交消缺方案，可召开专题会商议。方案通过后，抽水蓄能电站应跟踪供应商的消缺处理进度，促使供应商及时按照既定方案完成消缺。

某抽水蓄能电站工程某批次甲供设备开箱验收记录单见表 4-1-4。

表 4-1-4　　某抽水蓄能电站工程某批次设备开箱验收记录单

开箱日期：2021 年 11 月 28 日　　　　开箱验收单编号：KXJY-2021-11-004

<table>
<tr><td colspan="2">合同名称</td><td colspan="2">地下厂房通风设备购置合同</td><td>供应商</td><td colspan="5">某风机设备公司</td></tr>
<tr><td colspan="2">施工合同</td><td colspan="2">某抽水蓄能电站机电安装施工合同</td><td>施工单位</td><td colspan="5">某机电建设公司某电站机电安装标项目经理部</td></tr>
<tr><td>序号</td><td>箱/件号</td><td>设备名称</td><td>对应机电工程项目</td><td>规格型号</td><td>单位</td><td>发货数量</td><td>实收数量</td><td>验收状况</td><td>备注</td></tr>
<tr><td>1</td><td>JX-172</td><td>高温地铁风机</td><td>厂房通风系统</td><td>JM3/315 M/90-6 高温/单项/10 片-4 度/卧式不带防喘</td><td>台</td><td>2</td><td>2</td><td>合格</td><td></td></tr>
<tr><td>2</td><td>捆件</td><td>片式消声器</td><td>厂房通风系统</td><td>ZP-100/3500×3500/不锈钢（2 件/套）</td><td>套</td><td>2</td><td>2</td><td>1 套局部变形</td><td></td></tr>
<tr><td>检验情况</td><td colspan="9">（1）开箱验收内容：
本次开箱验收地下厂房通风系统设备，包括：高温地铁风机 2 台，片式消声器 2 套。
（2）参与检验单位及人员：
由业主机电部（物流中心）专业人员和物资管理人员，监理工程师，施工单位物资管理人员和专业人员，供应商代表共同参验。
（3）检验结果：①2 套消声器局部变形；②本合同备品备件及专用工具各 1 套未到货（依据合同条款第 4.21 项）；③设备数量与送货单汇总数量相符。
（4）随机资料：①高温地铁风机：安装、调试、运行、维护说明书 3 本，合格证 3 张，检验报告 3 张，产品质保书 3 张；②消声器：测试报告 1 份（4 张），出厂检测报告 1 张，质量保证书 1 份（4 张）。
附：送货单汇总 1 张。</td></tr>
<tr><td colspan="10">监理工程师：周某</td></tr>
<tr><td colspan="5">施工单位专业人员：吴某</td><td colspan="5">施工单位物资管理人员：刘某</td></tr>
<tr><td colspan="10">供应商代表：张某</td></tr>
<tr><td colspan="5">项目单位专业人员：李某</td><td colspan="5">项目单位物资管理人员：赵某</td></tr>
</table>

6. 甲供设备移交管理

甲供设备移交是指抽水蓄能电站根据施工合同约定，向设备安装承包商移交待安装设备，或移交应由项目单位提供的安装专用工具。

（1）甲供设备移交。甲供设备开箱验收合格后，抽水蓄能电站依据分部、分项甲供设备（分批次）月度供应计划向施工单位移交甲供设备并办理移交单；双方在办理移交时，再次对移交设备规格、型号、数量进行清点。

为保证随机资料的妥善保管，甲供设备随机资料由抽水蓄能电站向施工单位移交资料扫描件或复印件。

备品备件、专用工器具、检测和试验设备以电站自主保管为宜。该类物资体积小、较精密，若移交施工单位保管，其仓库一般为临时设施，保管条件不完善，且施工单位重视程度不高，容易造成损坏或遗失现象，例如，施工单位在设备安装过程中可能会出现因操作失误造成零部件损坏的情况，备件委托施工单位保管可能会发生擅自挪用备件的现象。

实行退库和核销制度。由于材料节约和设计变更等情况，施工单位领用的甲供设备有剩余时，必须办理退库手续；同时抽水蓄能电站机电工程管理部门定期要会同监理单位，对施工单位实际使用的甲供设备进行核销，发现有超领或结余设备要督促及时退库。

某抽水蓄能电站工程某批次甲供设备出库移交单和退库验收单见表 4-1-5 和表 4-1-6。

表 4-1-5　　某抽水蓄能电站工程甲供设备出库移交单

设备名称：2 号水轮机机坑里衬

出库移交时间：2021 年 6 月 27 日

出库单编号：CKYJ-2021-06-004-3/4

序号	箱/件号	设备名称	规格型号	图号	单位	需要数量	接收数量	备注
1	11 号	机坑里衬上段 1/2 瓣	71705mm×35855mm×1785mm	1S15348	件	1	1	
2	12 号	机坑里衬上段 2/2 瓣	71705mm×35855mm×1785mm	1S15348	件	1	1	
3	13 号	机坑里衬中段 1/2 瓣	71805mm×35905mm×1760mm	1S15349	件	1	1	
4	14 号	机坑里衬中段 2/2 瓣	71805mm×35905mm×1760mm	1S15349	件	1	1	
5	15 号	机坑里衬下段 1/2 瓣	70645mm×35235mm×3160mm	1S15350	件	1	1	

续表

序号	箱/件号	设备名称	规格型号	图号	单位	需要数量	接收数量	备注
6	16号	机坑里衬下段2/2瓣	70645mm×36405mm×3160mm	1S15350	件	1	1	
7	17号	钢板（接力器支撑板）	1205mm×13605mm×1360mm	1S15347.2	件	2	2	

移交单位：

某抽水蓄能有限公司

接收单位：

××机电安装有限公司

××抽水蓄能电站机电安装工程项目部

移交单位库管员：赵某

接收人：李某

移交单位机电专业人员：刘某

表4-1-6　某抽水蓄能电站甲供设备退库验收单

验收日期：2021年6月6日　　验收地点：业主封闭库　　编号：TK202160001

退库单位		××工程建设有限公司××抽水蓄能电站引水系统工程项目部		标段		××抽水蓄能电站机电安装工程	
序号	物资编码	物资名称	规格型号	单位	退库数量	工程项目	技术鉴定情况
1	500025689	不锈钢球阀	DN50	个	1	机电安装工程	产品完好

安装单位：王某　　监理单位：杨某

项目单位专业管理人员：周某　　项目单位物资管理人员：韩某

（2）专用工器具管理。机电设备安装离不开各种工器具，一般情况下通用、常用工器具由安装施工单位提供，部分专用定制工器具由抽水蓄能电站采购并提供给安装施工单位使用，甲供工器具范围应在机电设备安装合同中明确。

在设备安装过程中，施工单位如需使用甲供专用工器具、检测和试验等设备时，应向监理单位、抽水蓄能电站提交借用申请单，明确使用项目、计划归还时间等，经监理单位、电站审核批准后方可借用；施工单位借用的工器具在使用完毕后，抽水蓄能电站应及时回收，并开展退库验收；如由于施工单位保管不善或者使用不当导致借用工器具损坏的，应由施工单位负责修复或者赔偿。

基建期随设备采购的专用工器具，按用途可分为基建安装期专用、安装运营期通用两种。基建安装期专用的机组埋入部件安装专用工具（含试验工具），如蜗壳打压闷头、挡水内圈（封水环）仅在安装过程中使用，电站进入生产运营期后一般不再使用，该类工具在设备安装投运后即可纳入废旧物资进行处置，也可以在机组设备购置合同中约定为租赁方式，由机组设备制造商供应并回收（制造商回收改装后，可以利用到其他水电项目中），如此可节约业主工程建设成本。

（3）备品备件管理。基建期随设备一并采购备品备件是为生产期储备的，同时也可在设备安装、调试期间应急使用，采购量按备件定额采购。基建期如产生备件消耗，应在投产前补库。

在机电设备安装、调试过程中，易出现由于操作失误导致或者设备本身原因导致零部件损坏，此时为保证安装进度，抽水蓄能电站可以先将备件借用施工单位或调试单位使用，事后根据责任划分由施工单位、调试单位或供应商承担费用。

施工单位或调试单位如需借用备品备件，需向监理单位、抽水蓄能电站提交借用申请单，说明借用缘由，监理单位、抽水蓄能电站审核批准后方可借用。

某抽水蓄能电站工程甲供工程物资借用申请单，见表4-1-7。

表4-1-7　某抽水蓄能电站工程物资借用申请单

借用单位（章）：××机电安装有限公司××抽水蓄能电站机电安装工程项目部

类别	专用工具		工程项目	机电安装工程		
用途	引水系统打压试验用					
序号	物资名称	规格型号	单位	申请数量	拟归还时间	备注
1	打压闷头	1S65457	个	1	2020年5月	
借用单位	负责人：周某		经办人：王某		时间：2020.2.13	
监理单位	负责人：张某		经办人：李某		时间：2020.2.13	
项目单位 机电管理部门	负责人：王某		经办人：刘某		时间：2020.2.13	

7．甲供设备的临时仓储管理

为减少安装期甲供设备运抵抽水蓄能电站后的二次倒运，一般会将设备直接运抵安装现场（或就近）临时存放，根据安装施工合同约定，由施工单位负责甲供设备的临时保存保管等仓储工作。

（1）临时保管场地的规划与选取。水电工程一般位于山区，征地红线范围内地形复杂，天然地形较好场地一般优先用于生产建筑、营地等永久设施建设，用于甲供设备临时保管的场地较少，同时水电工程设备数量庞大，所以甲供设备临时保管场地紧张是工程项目中普遍遇到的一个难题。可通过以下几个途径解决临时保管场地紧张的问题：

1）合理规划施工总布置图。在基建期，抽水蓄能电站可以要求设计单位测算工程月度或季度甲供设备吞吐量，在施工总布置图中合理规划甲供设备临时保管场地，同时在建设工程中根据工程进度变化进行动态调整。

2）合理利用永久仓库。抽水蓄能电站可在基建期将永久仓库的部分区域划为甲供设备出库暂存区，用于临时存放对存储要求较高的甲供设备。

3）暂存厂家仓库。抽水蓄能电站在风险可控情况下，合理规划甲供设备的供货时间，避免甲供设备太过超前进场。对于部分按成套交货的大型设备，设备生产完成后暂存供应商仓库，可在设备基础安装时，由供应商直接运输至施工现场，如主变压器设备，供应商直接运输至主变压器室，施工单位直接卸车至设备安装基础上。

4）就近租赁场地。抽水蓄能电站可以自行或委托施工单位就近租赁地方仓库或临时场地，用于设备临时保管。

（2）甲供设备的临时保管。甲供设备的到货时间与安装时间的时间差为甲供设备的临时仓储保管期。甲供设备在临时仓储期间的保管、检查、维护将直接影响到设备的安装和性能，在此期间的设备仓储要做到安全储运，保证在库设备完好。

施工单位进场后，应按照施工总布置规划建设临时设备仓库，可包含露天堆场、棚库、封闭仓库或恒温恒湿库，场地周围及场内应做防洪、排水、消防等保护措施。施工单位应设置专职管理人员和仓储保管员，负责临时仓库的运行和设备必要的保养工作，建立临时仓库运行管理制度，建立甲供设备领用、保管和使用台账。

监理单位应定期监督、指导施工单位临时仓储保管工作；监督检查施工单位仓储管理制度建立和仓储人员落实情况，定期对临时仓库进行盘点，检查设备保管、出入库、库存情况。由于是临时仓储，需特别关注临时仓库的结构安全情况。

8. 甲供设备随机资料管理

甲供设备随机资料是供应商随设备一同交付的，能反映设备质量和性能是否能满足设计和使用要求的各种质量文件及相关文件。随机资料一般有设备出厂质量文件、使用和维护说明、图纸等，在工程档案管理中占有重要地位。

（1）甲供设备随机资料收集注意事项。甲供设备随机资料是日后设备运行、维护检修不可缺少依据性文件。随机资料的收集工作是甲供设备管理中的难点之一，资料缺失是随机资料管理工作中最易出现的问题之一，造成资料不齐全的主要有以下几个原因：①供应商分散提交或者单独邮寄随机资料；②供应商工作疏忽造成设备技术资料不完整，特别是设备电子资料；③机电设备安装高峰期，甲供设备集中批量到达，验收人员侧重于设备本身质量的检验，忽视了随机资料的检查。

（2）甲供设备随机资料收集。设备交付时，抽水蓄能电站可以要求供应商提供随机资料清单，并分类单独装箱，随设备成套交付，避免分散提交或者邮寄提交。

将随机资料的完整性、准确性作为设备是否通过开箱验收的必要条件，同时也作为设备到货款支付条件之一。如有资料有误或缺少情况，抽水蓄能电站应及时催促供应商整改或补交。

随机资料通过验收后，可由抽水蓄能电站物资管理部门统一收取并在 3 日内及时移交本电站档案管理部门。

甲供设备随机资料由抽水蓄能电站档案部门统一保管和分发，为防止原件遗失，档案部门只分发资料复制件。

9. 甲供设备台账管理

甲供设备台账应能够准确反映甲供设备交付、发放情况、投资进度，是竣工决算和设备转资的重要支撑性文件之一。甲供设备台账内容应包含设备名称、规格型号、采购价格、进场数量、进场时间、开箱验收时间、验收情况、供货单位、采购合同、对应系统、对应工程项目、发放数量、领用施工单位、发放时间等内容。甲供设备台账应按照安装设备、备品备件、专用工具、仪表和试验设备的分类分别建立。

二、甲供材管理

水电工程施工材料供应分为甲供和乙供两种模式。工程材料采用甲供模式的，即为甲供材料（简称甲供材），是指由电站（建设单位）采购的用于工程建设的材料。本部分主要介绍甲供材管理的内容，包括需求计划、进场验收、检测、临时保管、使用跟踪和台账管理等。

工程建设材料采用甲供方式，会给抽水蓄能电站带来一定的供货压力；同时由于施工单位没有了材料垫资，施工单位使用过程中容易出现浪费现象。甲供材管理的成效关乎工程质量、进度和成本。

1. 甲供材需求计划管理

甲供材计划是根据施工合同、进度计划、图纸和材料单耗预测的材料消耗量，计划内容包括工程项目名称、材料名称、规格型号、需求数量和需求时间等。甲供材料需求计划管理包括总需求计划、年度需求计划、批次（月度）需求计划、需求计划调整等内容。

（1）总需求计划。水电工程在可行性研究或初步设计时，抽水蓄能电站会划分甲供材范围，设计单位根据甲供材范围预估甲供材的总数量。该预估量一般作为抽水蓄能电站甲供材招标采购的依据。

标段施工单位进场后，根据施工合同约定的甲供材范围和施工组织设计编制标段甲供材总需求计划并报送监理单位。监理单位、抽水蓄能电站分别对总需求计划进行审查。标段甲供材总需求计划是电站策划该标段甲供材供应工作的依据。

某抽水蓄能电站工程甲供材总需求计划格式，见表 4-1-8。

表 4-1-8　　某抽水蓄能电站工程甲供材料需用量总计划表

项目名称：引水系统工程

施工单位（章）：××工程建设有限公司××抽水蓄能电站引水系统工程项目部

序号	材料名称	规格材质	单位	总需求量	年度需求量			备注
					2020 年	2021 年	2022 年	
1	钢板	800MPa	t	8520	2300	4670	1550	

施工单位编制：李某　　施工单位审核：韩某

施工单位主管：王某　　标段监理工程师：闫某

总监理工程师：[illegible]　　项目单位工程管理部门负责人：刘某

项目单位物资管理部门负责人：吴某　　项目单位分管领导：赵某

（2）年度需求计划。施工单位在年底依据批复的年度工程进度计划编制下一年度甲供材年度需求计划并报送监理单位。监理单位、抽水蓄能电站分别对甲供材年度需求计划进行审查。甲供材年度需求计划是抽水蓄能电站策划年度甲供材供应工作的依据。某抽水蓄能电站工程甲供材年度需求计划见表4-1-9。

表4-1-9　　某抽水蓄能电站2021年度甲供材需求计划表

工程名称：上下水库工程

施工单位：××工程建设有限公司××抽水蓄能电站引水系统工程项目部

日期：2021年12月19日

序号	分部分项工程	材料名称	规格材质	单位	数量	分月用量（需用时间）												备注
						1月	2月	3月	4月	5月	6月	7月	8月	9月	10月	11月	12月	
1	2#下斜井	钢板	800MPa	t	5370			500	1220	1500	1500	650						

施工单位编制：李某　　　　施工单位审核：王某

施工单位主管：韩某

标段监理工程师：周某　　　　总监理工程师：张某

项目单位工程管理部门负责人：刘某　　　　项目单位物资管理部门负责人：吴某

项目单位分管领导：赵某

（3）月度（批次）需求计划。甲供材月度（批次）需求计划是施工单位对一个月（或特定时间内）施工所需甲供材数量的预测，内容包括分部分项工程名称、材料名称、规格、型号、计量单位、库存数量、需求数量、到货日期等内容，对计划的准确性要求更高。施工单位应根据施工进度计划、图纸、材料生产周期、运输周期、检测周期、材料库容量、现有库存量等计算下月（或下个批次）材料需求量和到货时间，如材料是分批分期到货的，需注明每一批次的到货数量和日期。材料名称以材料的行业统一名称为准，不使用简称、别称及俗称等，规格及型号也应以国家或行业统一标准为准。某抽水蓄能电站工程月度（批次）甲供材计划表，见表4-1-10。

表4-1-10　　某抽水蓄能电站2021年5月甲供材需求计划表

工程名称：机电安装工程

施工单位：××机电安装有限公司××抽水蓄能电站机电安装工程项目部

日期：2021年3月22日

序号	分部分项工程名称	材料名称	规格材质	单位	库存量	需求数量合计	需用时间（根据需要插入时间）			备注
							4月1～10日	4月1～10日	4月1～10日	
1	下库大坝面板	水泥	散装 P 42.5	t	35	1500	500	500	500	

施工单位编制：李某　　　　施工单位审核：王某　　　　施工单位主管：韩某

标段监理工程师：周某　　　　总监理工程师：张某

项目单位工程管理部门负责人：刘某　　　　项目单位物资管理部门负责人：吴某

项目单位分管领导：赵某

抽水蓄能电站可与施工单位约定统一的甲供材月度（批次）需求计划上报时间。对供货周期短的甲供材，如钢筋、水泥等，可要求施工单位每月 20 号前上报下月甲供需求计划；对供货周期较长的甲供材，可要求施工单位提前 1.5 个供货周期上报下一批次需求计划；监理单位、电站在施工单位上报月度（批次）需求计划后 5 日内完成审查，如由于施工单位在约定时间内滞后上报计划，导致材料供应不及时影响施工，造成的损失应由施工单位承担。

2. 甲供材到货验收

抽水蓄能电站应根据甲供材料月度（批次）计划及时书面通知材料供应商组织材料供应，跟踪协调材料及时进场。

材料到达施工现场后，由监理单位组织抽水蓄能电站、施工单位、供应商代表应在当日内共同验收并做好验收记录。首先检查材料的外观形状，包括其包装、标识是否完好、合格；检查同一批进场的产品型号、规格是否一致，防止质量不同的产品混进场；检查产品的出厂合格证、检验报告等是否齐全，如果资料不齐全应及时向供应商索取，资料补齐后方可办理验收手续；其次按采购合同约定方法对材料计量，施工合同中约定的施工单位领用甲供材的计量单位应与抽水蓄能电站甲供材采购合同计量单位保持一致。

为避免材料二次倒运，节约工程成本，材料通过到货验收后，由施工单位卸车至其材料仓库，抽水蓄能电站应根据批准的甲供材月度需求计划及时移交施工单位。

某抽水蓄能电站工程甲供材到货验收单见表 4-1-11。

表 4-1-11　　某抽水蓄能电站工程甲供材到货验收单

NO：0202204003　　2022 年 4 月 21 日

<table>
<tr><th>序号</th><th>材料名称</th><th>规格</th><th>单位</th><th>出厂数量</th><th>过磅/计算数量</th><th>重量偏差</th><th>合同允许重量偏差</th><th>实收数量</th><th>批次号</th><th>备注</th></tr>
<tr><td>1</td><td>水泥</td><td>散装 P42.5</td><td>t</td><td>31</td><td>31.02</td><td>0.67‰</td><td>±3‰</td><td>31</td><td>F20195</td><td></td></tr>
<tr><td colspan="2">质量证明</td><td colspan="9">质量证明书 1 份，批号 F20195</td></tr>
<tr><td colspan="2">验收情况</td><td colspan="9">外观良好，无结块，水泥干燥未受潮</td></tr>
<tr><td colspan="2">供应商</td><td colspan="3">[illegible]</td><td colspan="2">施工单位</td><td colspan="4">韩某</td></tr>
<tr><td colspan="2">运货车牌</td><td colspan="3">皖 B 75472</td><td colspan="2">计量员</td><td colspan="4">刘某</td></tr>
<tr><td colspan="2">送货人</td><td colspan="3">李某</td><td colspan="2">收货人</td><td colspan="4">杨某</td></tr>
<tr><td colspan="2">监理单位</td><td colspan="3">吴某</td><td colspan="2">项目单位</td><td colspan="4">王某</td></tr>
</table>

注　第一联：物资管理部门留存；第二联：财务管理部门报销联；第三联：监理单位留存；第四联：施工单位留存。

3. 甲供材检测

甲供材通过到货验收后，施工单位在监理单位见证下对于 48h 内按规范要求对材料进行抽样，并送第三方检测机构检测。为提升甲供材质量管控水平，抽水蓄能电站可委托监理单位按不少于材料批号数 10% 的比例对甲供材进行独立抽检；未经检测或检测不合格的甲供材料承包商不能使用。

4. 不合格材料的处理

到货验收阶段发现的不合格甲供材料，由抽水蓄能电站通知供应商及时组织材料退换货。

检测结果为不合格的材料，由施工单位将检测报告报送监理单位，经监理单位、电站审核后进行复检，复检仍不合格的，由电站通知供应商退换货。

由于施工单位保管不善导致已领用甲供材不能使用的，由施工单位按照材料采购价或施工合同约定的赔偿方法承担给抽水蓄能电站造成的损失，抽水蓄能电站可以在施工合同结算款中予以扣除。

5. 甲供材临时保管

甲供材使用前的临时保管由施工单位负责。施工单位进场后，应按照施工布置规划建设、材料种类建立材料库，如袋装水泥库、水泥料罐、棚库等，场地周围及场内应做防洪、排水、消防等保护措施；施工单位应设置专职管理人员和仓储保管员，负责材料仓库的运行和材料必要的保养工作，建立材料仓库运行管理制度，建立甲供材领用、保管和使用台账。

监理单位应定期监督、指导施工单位甲供材仓储保管工作，监督检查施工单位仓储管理制度建立和仓储人员落实情况，每月对已领用甲供材进行盘点，检查材料保管、出入库、库存情况。

6. 甲供材使用跟踪管理

施工单位应详细记录每批原材料（含甲供材）的使用部位，施工人员在原材料（含甲供材）加工前应认真核对和记录原材料的批号，加工好的半成品原材料应挂牌标识，标识具体使用部位或单元工程名称。

为避免施工单位将不合格甲供材投入使用，施工单位应在投料前向监理单位上报材料使用申请，内容包含材料名称、规格、数量、批次号、进场时间、检测报告。监理单位审核该批材料是否检测合格，同时审核是否满足使用时效，按照先进先使用的原则消耗材料；经监理单位核实具备使用条件后，施工单位方可投料。抽水蓄能电站应会同监理单位定期对甲供材的设计量、领用量、使用量进行统计分析，监督是否有材料超耗或欠耗情况。

7. 甲供材台账管理

为更好实现甲供材全流程、可追溯管理，抽水蓄能电站应建立甲供材供应和领用台账。施工单位应建立甲供材使用跟踪管理台账，并每月报监理单位、项目单位备案。

三、乙供材监管

乙供材是指由施工单位采购供应的工程建设材料。乙供材监管是指对施工单位供应的工程建设材料进行质量、进度、使用、台账等管理进行监督的过程，乙供材监管主要包含乙供材准入管理、乙供材质量监管、乙供材使用监管、乙供材档案与台账监管。

乙供材监管是抽水蓄能电站工程项目管理的重要内容，做好乙供材监管对于有序推进工程进度、保证工程质量，提高工程经济效益具有十分重要的意义。

1. 乙供材准入管理

施工单位须按国家/行业标准、施工合同约定和设计文件选用符合要求的乙供材。

施工单位在一种乙供材首次进场前需向监理单位上报乙供材进场前报验信息，对于影响工程质量的关键原材料或影响工程面貌的装修装饰材料，监理单位应审核后再报送抽水蓄能电站审核；乙供材进场前报验信息内容包括乙供材的名称、规格、适用技术标准、产品检验报告、生产厂家资质业绩、生产许可和产品样品等内容；施工单位报送的样品应由监理单位负责封样和保管，用于材料进场验收中的比对。

2. 乙供材质量监管

乙供材质量监管包括进场验收和抽检两个环节。

（1）进场验收。每批乙供材进场时，应由施工单位、监理单位共同对材料进行进场验收。验收内容有产品名称、数量、规格型号、厂家品牌、发货清单、包装情况、视觉质感、合格证、检验报告等，并与封样的样品进行对比；若材料未通过进场验收，施工单位应及时将不合格材料退场；对于影响工程质量的关键原材料或影响工程面貌的装修装饰材料，抽水蓄能电站物资管理人员、工程专业技术人员可参加材料进场验收。

（2）材料抽检。需抽检的材料，施工单位应在监理单位见证下进行取样、送检；若检测不合格，监理单位应立即督促施工单位对不合格材料进行隔离、张贴封条，并及时退场；对工程主要原材料和对于影响工程质量的关键原材料或影响工程面貌的装修装饰材料，抽水蓄能电站应委托监理单位可按不少于每月进场批次量的10%进行独立抽检。

3. 乙供材使用监管

（1）乙供材的保管。在投料前，进场检测合格的乙供材有一定的仓储保管期，施工单位在此期间如果保管不善可能会造成材料的质量缺陷，甚至影响投入工程建设质量；监理单位应监督施工单位建设合适的材料库房，完善相应的保管措施，每月对施工单位材料库房进行检查，发现因保管不善造成材料质量缺陷的应及时退场。

（2）乙供材的使用。经过检测合格的乙供材，施工单位应在投料前向监理单位上报材料使用申请，内容应包含材料名称、规格、数量、批次号、检测报告；监理单位审核该批材料是否检测合格，同时审核是否满足使用时效，如水泥在生产后3个月内仍未使用的应重新进行质量检测。

经监理单位核实具备使用条件后，施工单位方可投料。

4. 乙供材档案与台账监管

（1）乙供材档案。工程材料档案是工程物资档案的重要组成部分，乙供材档案包括材料进场报验资料、进场验收资料、产品质量证明文件、检测报告等资料。乙供材档案应由施工单位整理收集，在单项工程竣工时移交抽水蓄能电站。部分施工单位物资档案管理工作比较粗糙，对电站档案管理要求不清楚，因此在项目建设初期，抽水蓄能电站应加强对施工单位物资档案管理宣贯，电站、监理单位加强对施工单位物资档案工作的检查和指导。

（2）乙供材台账。水电工程乙供材种类、数量繁多，建立从进场、检测到使用的全流程跟踪管理台账，可准确、便捷反映出材料信息，并实现信息的可追溯。乙供材检测与使用台账应由施工单位负责建立，并按日更新，按月报备监理单位。乙供材检测与使用台账内容应包含材料名称、规格、数量、批次号、进场抽检编号、抽检时间、检测报告编号、检测关键指标数值、使用部门等内容。

第二节　应急物资管理

应急物资是指为防范恶劣自然灾害造成电网停电、电站停运，满足短时间恢复供电需要的电网、电站抢修设备、抢修材料、应急抢修工器具、应急救灾物资和应急救灾装备等。广义的应急物资包括防灾、救灾、恢复等环节所需要的各种应急保障资源；狭义的应急物资仅指灾害管理所需要的各种物资保障；防汛物资属于应急物资一部分，通常指在抗洪抢险或预防洪涝灾害的应急物资。

应急物资管理是指为满足应急物资需求而进行的物资供应组织、计划、协调与控制。本部分包括应急物资分类、应急物资需求、应急物资储备管理、应急物资日常管理等内容。

一、应急物资分类

为了加强抽水蓄能电站应急物资的管理，需对应急物资进行分类。目前应急物资的划分种类较多，主要有以下几类方法。

1. 按紧急程度分类

按照紧急程度不同，可将应急物资划分为一般级、严重级和紧急级。

（1）一般级物资指有利于灾害救援，能够减轻灾害损失并且必要的物资，如工程建设、工程设备类物资。

（2）严重级物资指对控制受灾范围、降低灾害损失、对抢险救灾工作起着重要作用的物资，如救援、运输、照明类物资。

（3）紧急级物资指对应急救灾工作的开展、稳定局势起着关键性作用，保障重点单位、重点区域，必须且极为重要的物资，如应急发电设备。

2. 按用途分类

按应急物资的用途可分为十三类，即工程材料类、照明设备类、工程设备类、器材工具类、生命救助类、生命支持类、防护用品类、救援运载类、污染清理类、动力燃料类、交通运输设备、通信广播设备、临时食宿类。

（1）工程材料主要包括防水防雨抢修材料、临时建筑构筑物材料、防洪材料等。

（2）照明设备主要包括工作照明设备、场地照明设备等。

（3）工程设备类主要包括水工设备、通风设备、起重设备等。

（4）器材工具类主要包括破碎紧固工具、消防设备、声光报警设备、观察设备、器材通用工具等。

（5）生命救助类主要包括高空坠落设备、水灾设备、生命救助通用设备等。

（6）生命支持类主要包括呼吸中毒设备、生命支持通用设备如急救药品，防疫药品等。

（7）防护用品类主要包括卫生防疫设备、防护通用设备等。

（8）救援运载类主要包括防疫设备、水灾设备、救援运载通用设备等。

（9）污染清理类主要包括垃圾清理设备、污染清理通用设备如杀菌灯，消毒杀菌药水，吸油毯等。

（10）动力燃料类主要包括发电设备、燃料用品、动力燃料通用品如干电池，蓄电池等。

（11）交通运输设备主要包括桥梁设备、水上设备等。

（12）通信广播设备主要包括无线通信设备、广播设备等。

（13）临时食宿类主要包括饮食设备、饮用水设备、住宿设备等。

3. 按诱因分类

按照诱因可分为自然灾害类应急物资、事故灾害类应急物资、社会安全事件类应急物资3种。

（1）自然灾害类应急物资主要是用来应对水旱、气象、地震、生物灾害等突发事件所需的物资。

（2）事故灾害类应急物资主要是用来应对工矿等企业的安全生产、交通、危险化学品、公共设施和设备、环境污染等事故所需的应急物资。

（3）社会安全事件类主要是恐怖袭击、涉外突发事件和群体性事件等突发事件所需的应急物资。

4. 按使用范围分类

按使用范围不同，可将应急物资划分为通用类物资和专用类物资。

（1）通用类物资在每次抢险救灾行动都会用到，用来满足一般情况下抢险救灾工作的普遍需求，例如电线电缆、发电、照明等物资。

（2）专用类物资的使用视具体灾害具体情况而定，具有特殊性，例如冲锋舟、变压器等物资。

二、应急物资管理原则

应急物资的有序供应能最大程度地减少外在因素对应急管理体系的影响，充分发挥应急物资的价值，使得物资能在应急状态下得到合理的调度及使用。因此，应急物资若要达到有序且科学的管理，需要按照以下原则来约束应急物资的管理行为。

（1）注重质量。注重质量指对应急物资而言，质量是最基本、最重要的要求，没有了可靠的质量，就不能保证高水平的应急应对，无法保障财产安全。

（2）确保安全。应急物资是各电站在应急管理当中的物质保障。确保安全指确保物资在存储、运输和分配等各个环节的安全是应急物资管理的基础，要做到如有事故发生、保证万无一失。

（3）合理存放。合理存放指应在仓库中划分专区合理存储应急物资，保证在非常态下快速筹集、调度及分配，以缩短应急物资供应的滞后性，提高效率。

（4）优化流程。优化流程是应急物资管理的内在要求，指优化应急物资管理流程，减少不必要的环节，能够最大程度地减少因储备、调度不当、分配不力带来的财产损失和人员伤亡，实现效益最大化。

（5）准确无误。准确无误指应急物资的数量、种类、规格等应准确无误，在储存、筹集、分配过程中应准确无误，应急物资管理要做到不错、不差。

（6）全程监控。全程监控指应急物资管理从任务开始到任务结束的每一个环节都做到动态与静态相结合的监督控制，及时收集实时信息，为指挥机构做出正确的决策提供可靠的保证。

三、应急物资储备管理

1. 应急物资储备定额

应急物资储备定额是保证各电站在日常应急抢修及生产应急所确定的合理库存数量。由于物资消耗、需求的多样性，合理库存量将呈现不同状况，要依物资的不同品类情况来确定各类物资合理的储备定额。储备定额应根据实际情况，定期进行修订，不断优化完善，降低资金占用。

2. 应急物资储备

（1）储备要求。应急物资储备仓库遵循“规模适度、布局合理、功能齐全、交通便利”的原则，因地制宜设立储备仓库，形成应急物资储备。具体要求包括以下几点：

1）选址要求。选址要求包括最大响应时间应满足实际要求、费用最小化、集中力量防范高风险区域三个方面。

2）应急物资储备量要求。应急物资储备量要求指对应急物资储备量配置的要求是在突发事件发生时，既能最大限度地保障应急物资的有效供给，减少紧急采购或者供应中断带来的损失，又能避免储备量过多造成的应急物资浪费，提高应急物资利用效率。

3）功能区布置要求。功能区布置要求指综合考虑物流关系和非物流关系，合理分配功能区的相对位置，减少无效作业，提高储备中心的运行效率。

4）设备选择要求。设备选择要求指装卸搬运设备必须满足仓储区进出货的要求，将货物由一个作业区快速、高效、准确地移动到另一个作业区，存储设备必须能方便高效地存取货物。

（2）储备方式。应急物资储备可分为实物储备、协议储备和动态周转三种方式。实物储备是指应急物资采购后存放在仓库内的一种储备方式，实物储备的应急物资纳入仓储物资统一管理，定期组织检验或轮换，保证应急物资质量完好，随时可用；协议储备是指应急物资存放在协议供应商处的一种储备方式，协议储备的应急物资由协议供应商负责日常维护，保证应急物资随时可调；动态周转是指在建项目工程物资、大修技改物资、生产备品备件和日常储备库存物资等作为应急物资使用的一种方式，动态周转物资信息应实时更新，保证信息准确。

四、应急物资日常管理

应急物资日常管理指当发生区域性自然灾害造成电网或电站事故时，各电站启动应急物资保障预案，开展应急物资供应保障工作；当发生重特大自然灾害时，上级主管单位启动应急物资保障预案，当受灾地电站应急物资储备资源无法满足应急救援需要时，上级主管单位启动跨区域的应急物资支援。

各抽水蓄能电站应急物资供应需求坚持“先利库、后采购”的原则。物资管理部门收集、汇总、审核上报的应急物资需求计划，经平衡利库后，编制库存调拨计划，库存能够满足供应需求的，由仓库领用；库存无法满足供应需求的应实施采购。

应急物资库存低于储备定额时，应提出补充储备采购需求，平衡后形成库存应急物资补货计划，实施采购补库。

1. 应急物资维护管理

仓储管理员负责对库存应急物资（含代保管物资）定期检查和维护，对于保管、保养有特殊要求的物资，可委托有关单位维护保养，要及时记录应急物资检查和维护情况，××公司仓库应急物资检查记录表见表4-2-1。

表4-2-1　　××公司仓库应急物资检查记录表

单位名称：××公司　　日期：2022年3月1日

序号	货位号	名称	单位	数量	检查事项	检查情况	检查人
1	02570402	DFB720型阻火包	个	20	检查外观是否有破裂，是否老化，是否能正常使用	外观良好，无老化现象	钟某
2	02570105	3.2T机械螺旋千斤顶	台	2	检查外观是否破损，工具是否能正常使用	外观良好，可正常使用	钟某
3	02570401	消防过滤式自救呼吸器TZL30	套	10	检查外观是否破损、保质年限	外观良好，质保期内	钟某
4	02590302	对讲机A8I	台	10	电量是否充足，是否能正常开启	电力充足，可以正常使用	钟某
5	02570304	35kV绝缘手套	付	8	检查外观是否有裂缝、老化	外观良好，无老化现象	钟某

根据应急物资分类不同，对于有需要启停试验、绝缘检测的物资，如发电机、水泵等，仓储管理员应配合专业管理部门组织开展相关试验，应急物资启动记录（见表4-2-2)、应急物资校验记录（见表4-2-3)。应急物资的各类记录表应按季度报送安全管理部门备案。

表4-2-2　　××公司仓库应急物资启动记录表

单位名称：××公司　　日期：2022年3月15日

序号	启动日期	启动时间	停机时间	绝缘数值	检验结果	运检部启动人员	仓库配合人员
1	柴油发电机	2022年3月15日 10:00	2022年3月15日 10:20	>550MΩ	合格	叶某、李某	钟某
2	汽油发电机	2022年3月15日 10:30	2022年3月15日 10:55	>550MΩ	合格	叶某、李某	钟某
3	可移动汽油发电机	2022年3月15日 11:00	2022年3月15日 11:35	>550MΩ	合格	叶某、李某	钟某

表4-2-3　　××公司仓库应急物资校验记录表

单位名称：××公司　　日期：2022年3月15日

序号	校验物资	规格型号	本次校验日期	检验结果	下次检验日期	运检部检验人员	仓储配合人员
1	柴油发电机	YT6800E3 5kW	2022年3月15日	合格	2022年9月14日	叶某、李某	钟某

续表

序号	校验物资	规格型号	本次校验日期	检验结果	下次检验日期	运检部检验人员	仓储配合人员
2	汽油发电机	YT6500DCS 5kW	2022年3月15日	合格	2022年9月14日	叶某、李某	钟某
3	可移动汽油发电机	YT7800DCE-2	2022年3月15日	合格	2022年9月14日	叶某、李某	钟某
4	5号潜水泵	80WQ/E246-7.5R	2022年3月15日	合格	2022年9月14日	叶某、李某	钟某
5	6号潜水泵	50WQ/E242-1.5R	2022年3月15日	合格	2022年9月14日	叶某、李某	钟某

2. 应急物资使用管理

符合轮换的应急物资，在库物资应由物资管理部门负责提出轮换建议；存放生产区域的应急物资应由应急物资使用（领用）部门提出轮换建议；安全管理部门应组织编写需求清单，包括应急物资品名、数量、规格等内容，按照相关采购要求进行轮换。

应急物资的验收、入库、存储、出库、盘点、报废等仓储作业过程应严格按照仓储作业标准化规定执行，以科学技术、规章制度和实践经验为依据，以安全、质量、效益为目标，对作业过程实施优化改善，达到安全、准确、高效、省力的作业效果。

为提高物资利用效率，在电网或电站抢修设备、抢修材料的储备可采用动态周转方式；应急抢修工器具、应急救灾物资、应急救灾装备的储备可采用实物储备与动态周转相结合的方式。各抽水蓄能电站应准确掌握实物储备、协议储备和动态周转物资信息，在ERP内设置应急物资虚拟库进行管理，建立统一的应急物资储备信息台账，见表4-2-4。

表4-2-4　××公司应急物资储备信息台账

自然序号	物料编码	工厂	库存地点	批次号	货位号	物料厂内描述	计量单位	数量	单价（元）	金额（元）
1	500023296	2900	2903	2112100460	02590202	消防水带	m			
2	500101648	2900	2903	2107120088	02570401	消防过滤式自救呼吸 TZL30	套			
3	500023292	2900	2903	1912040072	02610203	消防铲105cm×22cm	把			
4	500082706	2900	2903	1809060083	02560303	汽车防滑链，PN20	套			
5	500061108	2900	2903	1403190140	02600103	便携式汽油机水泵，YP30G	台			

3. 应急物资台账管理

各电站应建立完整的应急物资台账，包括但不限于以下内容：

（1）应急物资台账。

（2）应急物资检查记录和检验报告。

（3）应急物资维护保养记录。

（4）应急物资运行故障记录及处理报告。

（5）应急物资定额。

（6）应急物资规章制度。

（7）应急物资验收、入库、存储、出库、盘点、报废日常管理资料。

第三节 危险化学品管理

危险化学品是指化学品中有易燃、易爆、有毒、有害及有腐蚀等特性，会对人员、设施、环境造成伤害或损害的物品。

危险化学品具有以下三个特点：一是具有爆炸、易燃、毒害、腐蚀、放射性等性质，危险化学品本身所具有的特殊的性质，是造成火灾、灼伤、中毒等事故的先决条件；二是一旦管理不善，会造成人员伤亡和巨大经济损失；三是在运输、装卸、保管过程中需要特别防护。

一、危险化学品分类

常见的危险化学品有2000多种，由于其性质各异，对存储有许多特殊要求，因此要安全储存危险化学品，必须对危险化学品采用科学的管理方法，依照他们的性质进行分类、分级、并分区储存，才能对不同危险性质和程度的物品加以区分对待。

危险化学品分类的标准主要有GB 6944—2012《危险货物分类和品名编号》、GB 12268—2012《危险货物品名表》及GB 13690—2009《化学品分类和危险性分类公示通则》等三个。按运输的危险性把危险化学品分为九类，并规定了危险货物的品名和编号，危险化学品分类标准具体分类见表4-3-1。

表4-3-1　　危险化学品分类标准

分类	GB 6944—2012《危险货物分类和品名编号》、GB 12268—2012《危险货物品名表》	GB13690—2009《化学品分类和危险性分类公示通则》	《国际海运危险货物规则（2020版）》
第1类	爆炸品	爆炸品	爆炸品
第2类	压缩气体和液化气体	压缩气体和液化气体	气体
第3类	易燃液体	易燃液体	易燃液体
第4类	易燃固体、自燃物品和遇湿易燃物品	易燃固体、自燃物品和遇湿易燃物品	易燃固体、易自燃物质；遇水放出易燃气体的物质
第5类	氧化剂和有机过氧化物	氧化剂和有机过氧化物	氧化物质和有机过氧化物
第6类	毒害品和感染性物品	毒害品	有毒物质和感染性物质
第7类	放射性物品	放射性物品	放射性物质

续表

分类	GB 6944—2012《危险货物分类和品名编号》、GB 12268—2012《危险货物品名表》	GB13690—2009《化学品分类和危险性分类公示通则》	《国际海运危险货物规则（2020版）》
第8类	腐蚀品	腐蚀品	腐蚀品
第9类	杂类	杂类	危险物质和物品

各抽水蓄能电站主要危险化工品类别见表4-3-2。

表4-3-2　　　　抽水蓄能电站常见危险化工品类别

序号	分类	危险化工品
1	粘胶剂、化学试剂类	乐泰胶、哥俩好胶、防腐剂等
2	火工品	烈性炸药、起爆药、导火索等
3	气体类	六氟化硫、乙炔、氧（压缩的或液化的）、氩（压缩的或液化的）、氮（压缩的或液化的）等
4	油品类	汽油、柴油、煤油、酒精、丙酮等
5	其他化工类	含易燃溶剂的合成树脂、油漆、涂料等制品（闪点小于或等于60℃）、稀释剂、乙醇（无水）、盐酸、硫酸、丙酮等

二、危险化学品管理原则

1. 分用途管理

分用途管理指在各电站的基建、运维、技改、大修等不同生产阶段，危险化学品使用的种类和数量差异较大，一般根据实际需求量随用随供，采取“零库存”方式管理，或实行“最小定额”管理，满足一定时间内的使用量即可。

2. 分类型管理

分类型管理指不同类型的危险化学品理化性能差异较大，需要采取冷柜、冰箱、防爆柜、独立库房、库区等不同方式保管，既要保持其固有的理化性能、又要保证安全存储。

3. 定额管理

定额管理指根据危险化学品的消耗量、消耗周期，编制合理的存储定额量，以最小存储量保证生产需求即可。

4. 专人管理、单独存放管理

专人管理、单独存放管理指危险化学品必须明确专人进行管理，并提供专门的、固定的存储地点、存储容器、存储保管保养条件。

三、危险化学品仓储管理的特点

由于危险化学品具有易燃易爆、有毒性、腐蚀性等特征，在仓储管理中相对复杂，具有与普通商品仓储不同的独特特征。

1. 安全性

安全是危险化学品仓储管理的首要任务，是危险化学品管理工作顺利开展的前提条件。从危险化学品仓库的选址到布局，从危险化学品的分类到区域划分，从建章立制到具体出入库，都必须严格按照国家相关法律法规实施，以保证危险化学品仓储管理安全无漏洞。

2. 复杂性

危险化学品的种类繁多，每一种对仓储的设备和环境要求都不同，不能像其他货品一样简单仓储，必须根据每一种需要仓储的危险化学品的性质和功能进行严格分类。

3. 专业性

因为危险化学品具有高危险性，所以对培训力度提出了更高要求，同时作业人员必须具备相关的专业知识，能够及时发现并排除仓储过程中的安全隐患，具备一定的安全事故突发事件应急能力。

四、危险化学品仓储管理的安全要求

1. 危险化学品登记注册管理制度

为了保障人民生命财产安全，我国对危险化学品进行规范管理。企业从事危险化学品生产或储存经营活动，必须上报审批，获得批准后还要对所仓储的化学危险化学品进行登记注册。登记注册的主要内容有企业基本情况、仓储的危险化学品的标识、危险化学品的特性、对健康危害程度、工作中需要采取的防护措施、发生事故时需要采取的消防措施、急救措施以及应急处理等多项内容。

2. 仓库选址及建设要求

危险化学品仓库在选址上有严格的要求，一般建在郊区较为空旷的地区，远离居民区、供水源、主交通干线、农业保护区、河流、湖泊等。各电站根据实际需求建设危险化学品仓库，仓库的建设应履行国家环保、安全、危化品管理有关规定的审批程序，具体要求参见第二章《危险化学品仓库建设标准》的内容。

3. 危险化学品储存管理

危险化学品应按其性质、要求和消防施救方法的不同严格分类储存于专用仓库，并按类别编号贴好标签。互为禁忌的危险化学品严禁同库混放、混储。如有毒性的危险化学品仓储场所必须固定，应符合环保要求，具有防盗功能，而且通风性能要好；易燃性的危险化学品的仓储场所耐火性能要高，防火间距和高度要与相关规定相符合；危险化学品储存场所要保证安全，并按规定配备灯具、火灾照明与疏散指示标识，堆垛不能过大、过高、过密，堆放应平稳，垛与垛之间应留有一定空间，在贮存期内应定期检查，发现其品质变化、包装破损、渗漏等，应及时处理。

4. 危险化学品出入库管理

（1）危险化学品入库管理。危险化学品入库管理包括：不合格和不符合安全储存的危险化学品不得混运进库，危险化学品进入危险化学品库必须保障其危险化学品外观、包装、封口、衬垫等符合安全储存要求；进入危险化学品仓库的车辆应在排气管上装阻火器，车辆停稳熄火关闭电源后方可开始卸货，严禁在车辆发动时装卸，否则车辆产生的热量和电火花等很容易导致危险化学品发生事故；为预防明火产生，进入危险化学品仓库的人员须交出携带的如打火机、火柴等火源。这是把好危险化学品储存安全的第一关；为防止产生电火花引燃危险化学品，同时保护人员安全，危险化学品从业人员进入仓库应穿静电防护服和静电拖鞋，搬运员工应穿防静电鞋套。

（2）危险化学品出库管理。危险化学品出库管理包括：危险化学品提货时一般由仓库搬运人员将应发货物送到危险化学品区域外的发货地点，提货车辆和人员一般不得进入危险化学品存放场所；提货车辆装运抵触性危险化学品的，不得进入危险化学品库区拼车装运；柴油车及无安全装置的车辆坚决不得进库区；离开储存场所的危险化学品须保证其包装完整，质量正确，并于明显处标明危险化学品品名和危险性质。

5. 危险化学品搬运及装卸要求

危险化学品搬运及装卸要求包括：必须进行严格的出入库登记，选择合适的搬运工具，检查搬运工具是否牢固；在搬运或装卸前要深入了解危险化学品的基本属性，并做好防护措施，如面具、手套、防护服。提前准备好清水、苏打水等急救物品，保证在发生紧急情况时能够及时使用；在装卸与搬运过程中，必须轻拿轻放，杜绝肩扛、背负及搅抱等危险动作，禁止剧烈撞击、摩擦与震动，避免造成爆炸事故或导致物品变质；在搬运中会碰到腐蚀性强的化学品，这类化学品长期储存容易对箱子进行腐蚀，在搬运前一定要先仔细检查箱底有没有腐蚀痕迹；搬运危险化学品过程中如果遇到两种性能互抵的化学品，要将其分车运输与装卸。

6. 动火作业管理

动火作业管理包括贮存危险化学品的地点及其附近场所坚决严禁吸烟和使用明火，于显眼处张贴安全标识，危险化学品仓库内不准私自动火作业，如因特殊需要，应申请进行特殊作业，经批准后方可动火；动火时应按规定采取相应的防火措施，并将仓库内的危险化学品转移后方可作业；作业结束后，检查确无火种才可离开现场。

7. 危险化学品仓储管理对仓储人员的整体素质有严格要求

危险化学品仓储工作人员的素质直接关系到企业的安危。首先，要加强对仓储工作人员专业知识的培训，深入了解和掌握危险化学品的种类、特征、仓储要求、安全事故处理程序等知识；其次，要普及消防知识，通过实战演练，使工作人员深刻认识到做好仓储安全工作的重要性，以及在发生事故时需要采取的措施；最后，根据相关法规要求，在聘用仓储工作人员时，必须严格考察，合格后才能持证上岗。

第五章　废旧物资管理

抽水蓄能电站废旧物资管理是物资管理的重点内容之一。规范废旧物资管理，有助于抽水蓄能电站合理利用现有物资资源，盘活资产、降低成本，防范物资管控风险，提高经济效益。本章主要介绍废旧物资管理概述、物资报废与移交保管、报废物资处置、特殊性报废物资管理和废旧物资档案管理5部分内容。

第一节　废旧物资管理概述

废旧物资是指在抽水蓄能电站建设和运营过程中产生的陈旧的、废弃的、无用的设备和材料，包括再利用物资和报废物资。

一、再利用物资

再利用物资是指经技术鉴定为可使用的退役退出实物，包含退役资产和退出物资。退役资产是指由于自身性能、技术、经济性等原因退出运行或使用状态的固定资产性实物；退出物资是指退出储备或使用状态的库存物资、结余退库物资、成本类物资等非固定资产性实物。

二、报废物资

报废物资是指办理完成报废手续的固定资产、流动资产、低值易耗品及其他废弃物资等。报废物资分为有处置价值、无处置价值和特殊性报废物资三类。

有处置价值的报废物资是指处置收益较高且处置成本（包括报废物资回收、保管、评估、销售过程中发生的运输、仓储、人工、差旅等费用）相对较低的报废物资，主要包括废旧水轮发电机组、变压器、断路器、阀门、铁塔、导线、电缆等。

无处置价值的报废物资是指处置收益较低且处置成本相对较高的报废物资，主要包括报废办公耗材、办公家具、电缆盖板、绝缘子等。

特殊性报废物资是指国家法律、法规规定有专项处置要求的具有危险性、污染性及其他特殊性的报废物资。

再利用物资与报废物资履行相同的废旧物资报废审批流程，因报废审批阶段技术鉴定意见（即“可利用”与“报废”）不同，而对后续的入库、处置产生差异。再利用物资的使用，详见第八章《仓储管理效益》；本章主要介绍经技术鉴定为“报废”的废旧物资的管理。报废物资管理是废旧物资管控的基础，报废物资管理应手续齐全、处置有据可依、合同规范执行。

第二节　物资报废与移交保管

本部分主要介绍废旧物资计划管理、废旧物资报废审批、实物拆除移交入库等内容。

一、废旧物资计划管理

1. 物资报废原因

物资报废原因主要有以下情形：

（1）资产类物资报废原因。

1）运行日久，其主要结构、机件陈旧，损坏严重，经鉴定再给予大修也不能符合生产要求；或虽然能修复但费用太大，修复后可使用的年限不长，效率不高，在经济上不可行。

2）腐蚀严重，继续使用将会发生事故，又无法修复。

3）严重污染环境，无法修复。

4）淘汰产品，无零配件供应，不能利用和修复；国家规定强制淘汰报废；技术落后不能满足生产需要。

5）存在严重质量问题或其他原因，不能继续运行。

6）进口设备不能国产化，无零配件供应，不能修复，无法使用。

7）因运营方式改变全部或部分拆除，且无法再安装使用。

8）遭受自然灾害或突发意外事故，导致毁损，无法修复。

（2）库存物资报废原因。

1）淘汰产品，无零配件供应，不能利用；国家规定强制淘汰报废；技术落后不能满足生产需要。

2）经鉴定存在严重质量问题或其他原因，不能使用。

3）超过保质期的物资。

（3）非固定资产报废原因。

参照固定资产报废原因填写，并以项目为基础按照物资属性展开陈述。

2. 退役退出计划编制

退役退出计划编制流程包括三个阶段，分别是项目可研阶段、项目初设阶段和项目综合计划阶段。

（1）项目可研阶段。在抽水蓄能电站基本建设、生产大修技改、信息化建设等项目可研阶段，实物使用（保管）部门应提前开展拟退役资产实物清点，编制“拟退役资产（设备/材料）清单”，并向项目管理部门（实物资产管理部门）提供拟退役资产基础资料，包括设备/材料的主要参数（设备编码、资产编号、设备型号、投运日期等）。

实物资产管理部门应组织开展技术鉴定，履行内部审批手续，明确拟退役资产再利用或报废处置意见。

项目管理部门（实物资产管理部门）在编制项目可行性研究报告或项目建议书时，应结合前述技术鉴定结果，提出拟退役资产（设备/材料）清单和拟拆除资产处置建议，并将拆除回收等费用列入可研估算。

项目主管部门应在项目可研评审时同步审查拟拆除主要资产清单及技术鉴定表，对未编制拟退役主要资产清单、未提出拟拆除资产处置建议、费用估算未落实或未说明项目不涉及拆除资产情况的，应予以退回重审。

（2）项目初设阶段。项目管理部门应组织实物使用（保管）部门、设计单位（如有）在项目初步设计阶段，依据可研阶段确定的拆除原则和概算，审查拆除方案的范围、内容及拟退役资产（设备/材料）清单，明确拆除资产拟处置方式（报废或再利用），经抽水蓄能电站内部审查通过后，形成“项目拆除计划”，纳入项目初步设计审查，拆除回收费用应按审查意见列入项目概算。

项目主管部门在项目初步设计评审时应同步审查拟拆除资产清单及初步处置意见，审查拆除回收费用是否列足，不符合要求的，项目管理部门应按照评审意见进行修改补充。

（3）项目综合计划阶段。综合计划编制时，项目管理部门应组织实物使用（保管）部门对固定资产性实物，编制本单位“年度实物资产退役计划”，初步明确拆除资产拟处置方式；组织实物资产管理部门对库存物资、工程在建物资、成本类物资等非固定资产性实物，编制本单位“年度实物退出计划”；按照管理权限进行审批。鉴定为报废的退役退出实物经财务管理部门确认后，测算报废物资处置相关收支情况，纳入电站年度预算管理，并报物资管理部门备案；综合计划下达后，对年度退役退出计划分解后严格执行。

退役退出计划应结合年度综合计划调整和工作实际情况进行动态完善。因自然灾害、突发电网事故等原因实施的应急抢险工程项目，其产生的拆除资产应采取新增方式，纳入“年度实物资产退役计划”审批管理。

3. 年度报废物资处置计划编制

为确保电站报废物资处置顺利进行，每年12月底前，电站依据有关管理要求、结合电站资产（物资）退役退出计划及实际工作情况，编制下一年度报废物资处置计划。

二、退役退出实物报废审批

根据仓储管理信息系统特点及管理特色，报废审批可分三种情形：固定资产报废、固定资产局部报废、非固定资产报废（含重点低值易耗品报废），且各自审批流程不同；提出报废申请时，应注意根据物资不同的处置方式以及属性分别填报。

1. 固定资产报废审批

固定资产报废审批通过ERP线上进行。

（1）具体流程。实物资产使用（保管）部门应在ERP设备管理模块创建设备报废通知单，提出报废申请。

设备报废通知单应在ERP经过实物资产使用（保管）部门、实物资产管理部门（技术鉴定及审核）、财务管理部门、电站领导四级审批。此外，固定资产报废事项需由实物资产管理部门组织履行电站内部决策，固定资产报废审批流程图如图5-2-1所示。

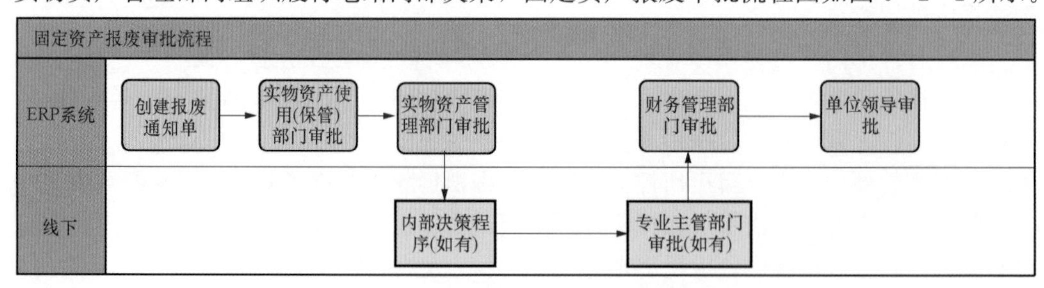

图5-2-1　固定资产报废审批流程图

对于报废单项资产原值达1000万元及以上且账面净值达500万元及以上的，电站履行完内部决策程序后，还需要由实物资产管理部门上报国网新源控股有限公司专业主管部门审批。

（2）注意事项。实物资产管理部门在审核时需要明确技术鉴定意见，若待报废固定资产未办理技术鉴定，应组织实物资产使用（保管）部门开展技术鉴定，并明确鉴定意见；若部分退役资产在项目可研阶段已经完成技术鉴定，审核时根据技术鉴定结果明确鉴定意见即可。

国网新源控股有限公司专业主管部门收到报废申请后，应按职责分工对报废申请出具审批意见，项目可研阶段技术鉴定为报废的物资，报废审批手续原则上应在资产拆除后2个月内完成。

财务管理部门审批过账时，应在ERP联动更新资产卡片并打印固定资产报废审批单（只能在该环节打印）；固定资产报废审批单、内部决策会议纪要和批复文件（如有）齐全完整时，固定资产报废审批流程完成。

ERP未设置资产模块的单位，其固定资产报废只能采用线下审批方式，审批流程应与固定资产局部报废审批流程一致。

2. 固定资产局部报废审批

在实际工作中，存在一项固定资产多次拆分实施局部报废的情况，但每项固定资产仅有唯一一个资产号，目前ERP无法对一个资产号反复实施报废操作，因此，固定资产局部报废只能采用线下审批方式。

（1）具体流程。实物资产使用（保管）部门线下填写固定资产局部报废审批单，提出报废申请。

固定资产局部报废审批单经实物资产使用（保管）部门、实物资产管理部门（技术鉴定及审核）、财务管理部门、电站领导四级审批；如图5-2-2所示。

实物资产管理部门牵头履行本单位内部决策程序，报废单项资产原值达1000万元及以上且账面净值达500万元及以上时，电站履行完内部决策程序后，由实物资产管理部门上报上级单位专业主管部门审批。

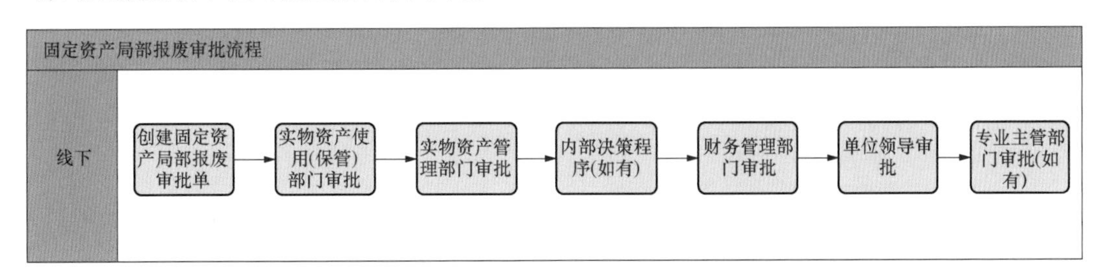

图5-2-2　固定资产局部报废审批流程图

（2）注意事项。实物资产管理部门审核时需要明确技术鉴定意见，若待报废固定资产未办理技术鉴定，应组织实物资产使用（保管）部门开展技术鉴定，并明确鉴定意见；若部分退役资产在项目可研阶段已经完成技术鉴定，审核时根据技术鉴定结果明确鉴定意见即可。

国网新源控股有限公司专业主管部门收到报废申请后，应按职责分工对报废申请出具审批意见，项目可研阶段技术鉴定为报废的物资，报废审批手续原则上应在资产拆除后2个月内完成。

需要注意，在某项固定资产局部报废审批后，抽水蓄能电站财务管理部门需在ERP资产管理模块更新资产价值。

3. 非固定资产报废审批

非固定资产报废分在库物资报废和不在库物资报废两种情形。

（1）在库物资报废审批。库存物资报废由物资管理部门牵头组织，物资管理部门应每年组织物资需求部门、项目管理部门，对库存物资进行技术鉴定，符合报废条件的，应在技术鉴定中明确处理意见。

经鉴定需要报废的在库物资，由物资管理部门在ERP线上创建非固定资产报废清册，提出物资报废申请；非固定资产报废清册经物资需求部门、项目管理部门、财务管理部门、电站领导完成线上审批后，物资管理部门在ERP打印非固定资产报废审批表。

库存物资报废金额较大时，电站物资管理部门需要上报国网新源控股有限公司审批。国网新源控股有限公司专业主管部门应按职责分工，对报废申请出具审批意见。

（2）不在库物资报废审批。不在库物资报废，由实物资产使用（保管）部门在ERP创建非固定资产报废清册，提出物资报废申请，实物资产管理部门应组织实物资产使用（保管）部门开展技术鉴定，明确鉴定意见；如果部分退出物资在项目可研阶段已经完成技术鉴定，审核时则应根据技术鉴定结果明确鉴定意见。

非固定资产报废清册应经实物资产使用（保管）部门、实物资产管理部门（技术鉴定及审核）、财务管理部门和电站领导审批后，实物资产使用（保管）部门在ERP打印固定资产报废审批单。

特别需要注意的是，重点低值易耗品具备有资产号而无设备号的特点，在创建非固定资产报废清册并履行完审批流程后，财务管理部门过账时应手动注销其资产卡片号。

4. 废旧物资报废审批审核要点

废旧物资报废审批重点审核5项内容，即①报废物资实物信息与提交的报废申请单据、技术资料信息是否一致（包括资产编码、物资名称、规格型号等）；②固定资产原值、已提折旧、资产净值等金额与财务账目是否一致；③物资报废原因是否规范、合理；④技术鉴定意见是否明确（同意报废或同意再利用等），各级审批时间是否符合业务流程；⑤财务部门对资产卡片（含重点低值易耗品卡片）的信息维护（减资、转资等）是否及时、规范。

5. 废旧物资报废审批其他注意事项

退役退出实物报废审批应按照“分级分专业”原则开展。实物资产管理部门应提前统筹安排退役资产和退出物资的技术鉴定、报废审批工作，列入年度退役退出计划的报废审批事项，原则上应在本年度内及时审批通过；各抽水蓄能电站应根据年度报废物资处置计划，并结合现场实际，及时规范开展废旧物资报废审批工作。

抽水蓄能电站基本建设、生产大修技改、信息化建设等项目可研阶段技术鉴定为报废的物资，应加快办理报废手续。

对不满足技术条件或已到保质期限的库存物资应由物资管理部门提出报废申请，办理报废审批手续，由原物资需求部门组织开展技术鉴定。

对在建工程废弃或不可用物资，应由项目管理部门提出报废申请，办理审批手续，并向物资管理部门提出报废物资处置申请。

抽水蓄能电站应定期开展退役退出实物清点清理、报废处置工作，报废审批手续原则上应在报废申请发起3个月内完成，需上报上级单位审批的，应在报废申请发起6个月内完成。

对未达到报废年限但无法再利用、历史遗留确实无法做到账物完全对应的实物资产，由实物使用（保管）部门说明原因，实物资产管理部门、财务管理部门审核确认，开辟资产报废特殊通道，原则上在报废申请发起12个月内完成；对已符合报废条件但因企业经营需要无法当年报废的，应在下一年度中统筹安排，报废办理时限不得超过24个月。

物资管理部门在现场处置的报废物资竞价前，应依据现场报废物资处置申请，核对或完善ERP、WMS废旧物资清册信息，确保报废审批手续完整。

ERP、WMS上线的单位，应通过线上完成物资报废审批，实现废旧物资“一本账”管理；ERP、WMS未上线的单位，线下完成物资报废审批，确保纸质台账完整。

三、实物拆除、移交与保管

实物拆除、移交与保管管理包括报废物资拆除管理、报废物资拆除后移交入库管理、报废物资在库管理等内容。

1. 实物拆除管理

报废物资实物拆除包括拆除前准备、拆除中管理和拆除后管理三个部分。

（1）实物拆除前准备。实物拆除前，项目管理部门将施工合同中拟拆除资产（设备/材料）清单、拆除回收、临时保管等注意事项向施工单位进行交底，经施工、监理单位签字确认后实施拆除；对技术鉴定为再利用的设备应实施保护性拆除。

（2）拆除中管理。实物拆除中，施工单位应严格按照合同约定、拟拆除计划开展现场拆除工作，项目管理部门组织实物资产使用（保管）部门、监理单位进行现场监督。对于因特殊情况无法做到足额回收的，项目管理部门应组织施工单位做好现场取证工作，出具有关说明。

（3）拆除后管理。退役资产拆除后，项目管理部门应组织实物资产使用（保管）部门、监理单位、施工单位依据拟拆除计划，盘点验收实拆情况，对应拆、实拆、实交量进行确认，对存在的差异，应由施工单位说明原因，确认后形成“退役资产拆除计划执行情况表”；由于施工单位原因导致不能足额回收的，由施工单位依据合同赔偿损失。

（4）实物拆除管理要求。项目管理部门应将资产拆除计划执行情况、实际回收明细等资料列入工程结算、决算审核和工程审计范围。施工单位在项目结算资料中未提交拆除资产回收资料的，以及应拆与实交量存在重大偏差且无法说清楚的，不得办理项目结算，应根据资产缺失情况扣除施工款（扣除单价可参照资产残值、评估价值或当地同类报废物资两个月内竞价处置平均单价计算）。

项目管理部门应组织做好拆除实物的临时保管和移交工作。大型变电设备、输电线路、电网（厂）生产建筑物、构筑物等辅助及附属设施等报废资产可进行现场移交与处置；其他废旧物资应集中移交物资管理部门，入物资管理部门废旧物资库或专人管理的临时存放地。

经技术鉴定为报废，需入库后处置的报废物资，实物资产使用（保管）部门办理完物资报废审批、拆除手续后，应于1个月内向物资管理部门提供相应的报废审批单、技术鉴定报告、内部决策会议纪要（如有）、报废物资移交单，并将报废物资运至物资管理部门废旧物资仓库指定地点。

经技术鉴定为报废的信息化设备，实物资产使用（保管）部门应在办理完物资报废审批、拆除手续后，先将报废物资交于信息化管理部门拆除存储介质，再移交物资管理部门；物资管理部门在实物移交时，应严格检查信息化设备是否拆除存储介质，未拆除的拒绝办理入库手续。

需现场处置的报废物资，应在拆除前完成报废手续办理，由实物资产使用（保管）部门向物资管理部门提供报废审批单、技术鉴定报告、内部决策会议纪要（如有）等相关材料，同时提出现场报废物资处置申请，明确具体拆除时间、集中保管存储地点、实物拟交接回收商时间；实物资产使用（保管）部门负责报废物资处置交接前的现场管理，应做好拆卸、搬运、现场盘点和数量核实工作，足额回收，不发生拆除物资丢失和损坏。

2. 实物移交及入库管理

为了保证报废物资管理规范有序，应在报废物资实物移交入库后，方可在仓储信息系统（ERP、WMS）办理入库。实物移交需物资管理部门依据报废审批单、内部决策会议纪要（如有）及报废物资移交单清点报废物资，核对实物的品名、规格、数量及相关资料，确认无误后与实物资产使用（保管）部门在移交单签字确认，办理报废物资移交入库。

报废的固定资产入库，需要实物资产使用（保管）部门在ERP打印固定资产报废交接单，与物资管理部门办理实物、固定资产报废审批单（财务人员在完成报废通知单审批后打印）、内部决策会议纪要（如有）及报废物资移交单等过程资料的移交后，仓储管理人员根据固定资产报废交接单上的报废通知单号，在ERP中创建固定资产报废清册，财务管理部门对固定资产报废清册进行审核，若填写无误，则审核通过并完成固定资产报废清册自动入库（无价值工程厂），若填写有错误，则驳回修改直至正确后入库。报废的非固定资产入库，参照上述流程。

固定资产局部报废入库，应根据线下审批单据信息，填写废旧物资编码（F开头），移库至无价值工厂，完成废旧物资入库。

物资管理部门在实物移交环节，应加强报废审批过程资料的检查、监督，对于报废审批单据不全、意见不明确、手续不完整的废旧物资应拒绝接收，不办理入库手续；对于清单目录中实物缺失的，应在移交清单中注明“未接收”，并与实物移交人员签字确认。

实物资产使用（保管）部门应根据移交物资的特性采取切实可行的打捆或包装方式，例如：以“m”为计量单位的物资按同型号截取相同长度打捆（建议长度为2m一段）；以“kg”或“t”为计量单位的物资按所在单位仓库内电子秤或地磅的最大计量值打捆或包装，便于实物使用（保管）部门与物资管理部门准确清点数量。

原则上，废旧物资应在办理完成报废审批手续后方可移交入库，对于紧急情况确需入库暂存保管的（待）报废物资，应在入库后3个月内完成报废审批办理；对超过3个月仍未办理、无法正常周转处置的，物资管理部门应拒绝接收新入库的待报废物资。

物资管理部门在收到需现场处置的报废物资相关资料后，应在信息系统进行相关入库操作，并在物料的厂内描述中备明现场保管的存储地点。

3. 报废物资在库管理

物资管理部门应将报废物资存放在专用的废旧物资仓库或区域，与其他库存物资分库（区）存放，并对报废物资进行标识和采取适当的防护措施，不同类型的报废物资应分区、分货位整齐码放。

实物资产使用（保管）部门、物资管理部门应分别做好现场、库存报废物资的防火、防洪、防盗、防损、防破坏、防污染等安全工作；施工作业、储存保管、拆除转运时应采取必要措施，防止造成如变压器漏油或遗留固体废弃物等污染源导致的环境污染。

物资管理部门应做好废旧物资盘点及在库管理工作，确保账、卡、物相符，实现“一本账管理”；任何部门和个人不得截留、擅自变卖和处理废旧物资。

四、成本费用管理

资产拆除回收、保管运输等费用应依据可研报告，按拆除定额测算并经评审后列入项目概算；对临时保管、运输费用无法列入概算的，由电站成本费用列支。

第三节　报废物资处置

报废物资要及时合法合规完成处置，降低存储保管成本，回收资金，提高经济效益。本部分主要介绍报废物资处置、报废物资资金回收、废旧物资档案管理等内容。

一、处置方式

报废物资处置方式根据其类别、特性不同，分为竞价处置和无害化处置，其中竞价处置包括拍卖、招投标（采购）以及国家法律、行政法规规定的其他方式，主要是用于处置有价值的一般性报废物资和特殊性报废物资。采用竞价方式处置报废物资，需同时满足《企业国有资产交易监督管理办法》的有关规定；无害化处置主要用于处置无价值的一般性报废物资和特殊性报废物资。

以国网新源控股有限公司为例，根据不同的组织方式，报废物资竞价处置可分为集中竞价处置和授权竞价处置两种方式。集中竞价处置是指通过公开统一的平台（ECP平台再生资源交易专区）集中处置，包括招标采购、集中拍卖两种方式，其中招标采购方式主要用于涉及拆除工程的有处置价值的报废物资、回收价值高且具备区域集中处置的特殊性报废物资，而集中拍卖是指在 ECP 再生资源交易专区进行集中竞价；授权竞价处置是指将某些特定报废物资竞价处置授权给电站自行组织，包括特殊性报废物资和年度同类报废物资评估值汇总低于一万元的报废物资。此处详细介绍一般性报废物资处置。

二、处置流程

报废物资处置包括创建处置计划、价值评估、竞价、签订物资销售合同、回收款项、实物交接等环节。信息化建设有助于提高报废物资处置各环节数据流转审批效率，有助于确保处置数据的准确性和唯一性。以国网新源控股有限公司为例，国网新源控股有限公司建成废旧物资全过程管控信息系统，包含 ERP—废旧物资处置管理模块、WMS—废旧物资管理模块、ECP—再生资源交易专区。ERP、WMS相关模块主要实现报废物资入库在库管理、处置计划创建、评估价值录入、成交物资出库等管理功能；ECP再生资源交易专区主要实现报废物资公开竞价、成交价格回传（ERP、WMS）等功能。

按照管理要求，对于某些未通过ECP再生资源交易专区竞价的报废物资，可以选取抽水蓄能电站属地国有资产交易平台或其他招标采购方式进行处置。

报废物资处置流程如图5-3-1所示。

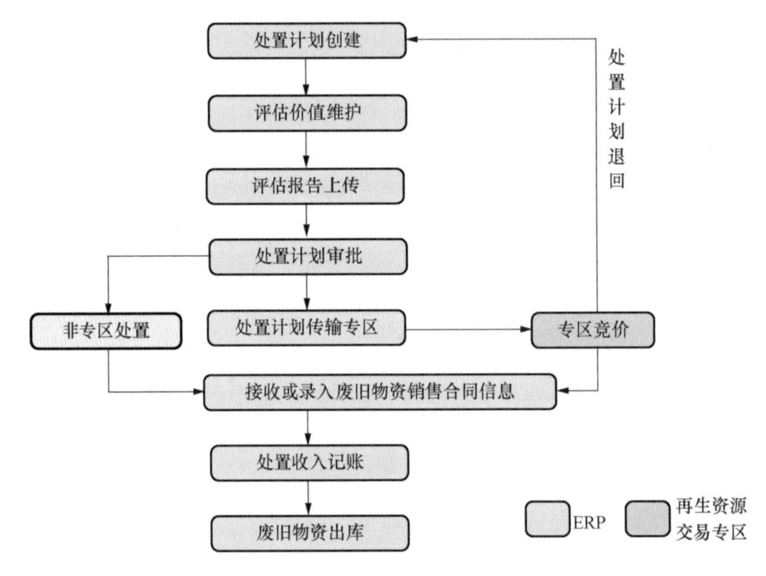

图5-3-1　报废物资处置流程图

1. 处置计划创建

集中竞价处置申请通过ERP—废旧物资处置管理模块或WMS—废旧物资管理模块进行提报、审核和审批（对于废旧物资全过程管控信息系统未上线应用的电站，要求通过协同办公系统以正式文件提出处置申请，按照批复意见办理）。授权电站处置的报废物资，电站自行安排处置计划的编制及审批。

具体的废旧物资全过程管控信息系统处置计划线上申请流程如下：

（1）电站仓储管理人员已经根据库存拟报废物资在ERP—废旧物资处置管理模块或WMS—废旧物资管理模块创建处置计划，处置计划应与报废物资库存中的行项目一一对应，即每条库存信息分别生成一个处置计划编号，同时集中（打捆）生成一个处置计划汇总编号，处置计划汇总编号与处置计划编号是一对多的关系。

（2）电站仓储人员应根据处置方式，选取集中竞价处置或授权将处置审批流程，流转的数据包括资产报废审批表、技术鉴定意见、内部决策会议纪要（如有）及处置物资清单等。

2. 报废物资价值评估

物资管理部门对待处置报废物资进行账卡物及资料的核对，核对无误后建立待处置报废物资清单，交财务管理部门实施评估；财务管理部门应选取第三方资产评估机构，组织对待处置报废物资进行价值评估，建议按废旧物资类别开展评估工作，并出具评估报告；财务管理人员将待处置报废物资的评估价格录入ERP或WMS等信息系统。

3. 处置（竞价）计划审批

集中处置的报废物资处置（竞价）计划，分别为物资管理部门负责人（第一级）、财务管理部门专责人（第二级，录入评估价格）、电站物资分管领导（第三级）、竞价代理机构或业务支撑单位（第四级）、上级单位物资管理部门（第五级）审核审批。

授权处置的报废物资处置（竞价）计划，应由电站内部完成审核审批，分别为物资部门负责人（第一级）、财务管理部门专责（第二级）、电站物资分管领导（第三级）审核审批。

4. 集中处置计划传输 ECP 再生资源交易专区

集中处置的报废物资竞价应通过 ECP 再生资源交易专区履行竞价流程；在处置计划审批后，电站将报废物资信息传输至 ECP 再生资源交易专区。

5. 竞价

电站委托竞价代理机构开展集中处置竞价业务，需签订委托代理合同（或代理委托书），明确委托代理范围、期限、职责和代理费用。代理费用应遵照国家有关法律法规及标准执行。

竞价代理机构应具备以下要求：具有与招标、竞价（拍卖）内容相符的营业执照和经营许可；具有从事竞价代理业务的营业场所和相应资金；具有编制或审查竞价文件能力，具备组织竞价活动的竞价专业人员和实施网上竞价的软硬件设施。

（1）集中竞价处置。竞价代理机构在 ECP 再生资源交易专区发布竞价公告、竞价文件，组织实施集中竞价工作。竞价代理机构发布的竞价公告和出售的竞价文件不得擅自更改或撤销，如在特殊情况下必须更改或撤销的，应在竞价日前 1 日由委托代理机构向委托方提出书面申请，经批准后执行。

为防止回收商之间恶意串通等不正当行为的发生，原则上不集中组织回收商现场查看报废物资实物，回收商可根据需要自行前往实物存放现场进行查看，有关抽水蓄能电站须做好回收商登记、踏勘等组织工作。

集中竞价环节，委托方应组建临时竞价委员会，人员由委托方、竞价代理机构、物资监督、财务等相关人员组成；竞价委员会对竞价处置过程进行管理和监督，处理突发事件，编制并确认竞价处置结果报告；竞价委员会应在竞价开始前对 ECP 竞价交易参数（初始价、加价幅度等）设置进行查验，确保系统参数设置与竞价文件保持一致；竞价现场监督人员在竞价开始前宣读竞价现场工作纪律，明确竞价活动现场工作要求，收存密封的底价，确保竞价过程规范、有序；竞价委员会应确认在竞价开始时通过 ECP 在线的回收商不少于 3 家，如少于 3 家回收商则取消此次竞价活动。

在报废物资竞价前，抽水蓄能电站应组织报废物资实物资产使用（保管）部门、实物资产管理部门、财务管理部门等以评估价为基础，编制报废物资竞价底价，底价设置应不得低于评估价，并以密封形式提交竞价委员会；每包竞价结束后，竞价委员会现场开启密封底价，最高报价不低于底价成交；低于底价，按竞价失败处理。

竞价委员会人员需现场签字确认竞价结果报告，竞价结果报告应包含报废物资名称（批次/包号）、竞价起止时间（含延时次数）、底价、起拍价、出价次数、最高价、成交回收商、竞价曲线截图等内容。

竞价失败申请再次竞价的，需重新履行计划审批手续。计划无需修改的，可在ECP编辑后关联下一批次处置；计划需修改的，可退回并在ERP或WMS中修改后重新报送。因评估价过高导致流拍的报废物资，需再次拍卖时，需重新评估。

报废物资竞价成交后，各电站在竞价成交后30日内按企业内部合同管理规定与成交回收商签订报废物资销售合同。

（2）授权竞价处置。抽水蓄能电站物资管理部门应会同实物资产管理部门编制废旧物资竞价处置方案，履行内部决策程序后，由物资管理部门具体实施，实物资产使用（保管）部门、实物资产管理部门、财务管理部门等应当协同配合。

采用拍卖方式的授权竞价处置，抽水蓄能电站可委托具备相关资质的代理机构（包括国家或地方从事企业国有资产交易业务的产权交易平台等）开展竞价（拍卖）活动，竞价委托服务费用按相关规定执行；也可自行组织拍卖活动。抽水蓄能电站物资管理部门、实物资产使用（保管）部门、实物资产管理部门、财务管理部门、竞价代理机构（如有）等相关人员组成竞价委员会，对拍卖过程进行管理和监督，处理突发事件，编制并确认竞价处置结果报告。

抽水蓄能电站应在报废物资拍卖前编制报废物资竞价底价，并提交竞价委员会。竞价结果以出价最高且不低于底价为成交原则。因评估价过高导致流拍的报废物资，再次拍卖时，需重新评估。

采用招标采购方式的授权竞价处置，须同时满足企业内部采购管理规定，抽水蓄能电站应在采购文件中明确处置物资情况、回收商条件、成交规则、处置要求及有关注意事项。抽水蓄能电站选择的报废物资回收商需具备相关资质，满足招标采购、报废物资处置管理相关规定。

（3）无害化处置。无害化处置只能用于处置无利用价值的一般性报废物资。在符合安全、环境保护等相关要求前提下，如果需要无害化处置的无价值一般性报废物资数量较少，抽水蓄能电站可自行实施无害化处置，如果数量较大，抽水蓄能电站无条件处置的，也可委托具备相关资质的第三方或社会公共机构回收处理，处置费用由抽水蓄能电站成本费用列支。进行无害化处置的第三方或社会公共机构等服务商，应根据项目预算的大小确认采购方式，采购方式包括集中招标和授权招标两种。由抽水蓄能电站梳理处置需求，编制招标采购文件，明确处置物资类别、范围、处置要求、资格业绩条件、评审办法及有关注意事项，纳入批次采购计划或者授权采购计划管理。

6. 接收或录入处置结果

通过ECP再生资源交易专区进行竞价处置的报废物资，竞价成交后，ECP会自动将成交结果回传至ERP、WMS，包括合同标识符、竞价计划编号、竞价计划名称、分包编号、分包名称、经法合同编号、成交回收商名称、合同状态、合同金额及合同单价等信息。

未通过ECP再生资源交易专区进行竞价处置的报废物资，在处置完成后，需人工将处置结果录入到ERP或WMS中，只有录入处置结果的处置计划才能进行后续的出库操作。

7. 回收商管理

参与竞价活动的回收商必须具备以下基本条件：

（1）国家相关部门核发的税务登记证、组织机构代码证或具有统一社会信用代码的营业执照。

（2）县级及以上相关部门核发的再生资源回收经营者备案登记证明，地方政府有特殊要求的，需符合地方政府规定。

（3）法定代表人授权委托书、授权人及被授权人身份证明；法定代表人为同一人的两个及两个以上母公司、全资子公司及控股公司，只能有一家参加资格申报。

（4）具有良好的商业信誉，在近一年合同履行过程中未发生弄虚作假等欺诈行为，未发生竞价成功后拒签合同的情况，未发生不按合同要求及时回收等情况。

（5）未发生已处置的报废物资回流电网情况。

（6）对竞买的报废物资具有储存、拆解及装运能力。

（7）未被人民法院列为失信被执行人或被政府部门认定存在严重违法失信行为或纳入“黑名单”的回收商。

回收商采取分类管理，按照资质条件分为：常规类回收商、特殊类回收商、综合类回收商。常规类回收商可参与有处置价值的报废物资网上竞价；特殊类回收商可参与废矿物油、废蓄电池、废电子产品等与自身资质相符的危险、污染性报废物资处置；综合类回收商可参与所有范围内报废物资处置。

竞价代理机构应根据回收商管理要求和自身实际情况，定期组织开展报废物资回收商资质审查工作，审批合格并签订报废物资处置网上竞价销售协议书的回收商可以参与范围内的报废物资网上竞价活动。

对存在不按时签订《报废物资销售合同》、不按照已生效的合同履行义务等不良行为的回收商，除承担违约责任外，同时纳入供应商不良行为处理。回收商违约分为一般违约和重大违约两种。一般违约主要包括不按时领取竞价成交通知书、不及时缴纳竞价服务费、不及时签订销售合同、服务配合度差等违约行为；对于一般违约行为，竞价代理机构配合委托人进行核实，视其情节轻重和危害程度，对回收商采取约谈、暂停本电站竞价活动、扣除保证金等处罚措施。重大违约主要包括在回收商签订销售合同后，不按合同约定时限付款、不按时开展实物交接等；在实物交接中采取不当行为，以及在运输、拆解和处置过程中造成二次环境污染等，对报废物资处置工作造成严重影响的行为，以及发生一般违约行为后仍不予改正的。对于重大违约行为，竞价代理机构配合委托人核实后，对回收商分别给予暂停或永久取消电站范围内竞价活动、扣除保证金等处理措施。

竞价代理机构须组织做好自身和回收商等相关业务人员的电子商务平台操作培训，确保其熟练掌握系统功能。抽水蓄能电站提供的竞价报废物资信息描述要准确、翔实，由于信息描述与实物不符，造成合同履行中发生争议的，要追究信息失真的责任。抽水蓄能电站（或委托人）不得竞买自己委托的竞价物资，也不得聘请他人代为竞价。现场监督人员应认真做好竞价过程监督、保管监控账户及登录密码和定期更换密码的工作。未经许可，不得将账户和密码交由他人使用。

在竞价过程中如发现回收商不遵守电子商务平台报废物资处置竞价协议、恶意报价、恶意串通、干扰和破坏网上正常竞价以及其他可能影响竞价活动公开、公平、公正的情况时，竞价委员会应立即终止竞价活动；竞价代理机构扣除违规回收商部分或全部竞价保证金，视情况永久取消其参与竞价活动的资格。

三、资金回收

1. 报废物资销售合同签订

抽水蓄能电站依据报废物资竞价（处置）成交通知书，联系回收商进行资质复核，确定其具备报废物资处置回收资质，以处置竞价文件中合同模板为基础，与回收商商定合同细则，经相关人员审核后组织签订报废物资销售合同。

抽水蓄能电站要充分考虑报废物资销售合同签订及履行过程中的不可控因素（如防疫政策、项目检修工期是否如期进行），把相关条款写在合同中的特别约定里，从而降低风险。

2. 报废物资交接

抽水蓄能电站应在全额收取报废物资销售合同货款后，组织回收商进行报废物资实物交接，填写并签署《报废物资实物交接单》。

对于集中处置的仓库内存放的报废物资，应在物资监督人员见证下，由仓库保管员与回收商共同盘点、称重交接，办理交接手续；对于现场存放的报废物资交接，由物资管理部门（物资监督人员）、实物资产使用（保管）部门、项目管理部门、施工单位（如有）、回收商共同盘点、称重，据实交接。

变压器、电能表等报废设备应进行拆解破坏处理，防止其回流进入电网；锅炉等特种设备应采取必要措施消除该特种设备的使用功能，并向原登记的负责特种设备安全监督管理的部门办理使用登记证注销手续。

3. 处置资金管理

报废物资处置资金管理应遵循“收支两条线”原则。抽水蓄能电站物资管理部门负责在报废物资销售合同签订后，督促成交回收商按照合同约定及时付款，供应商全额付款后，方可办理实物交接，财务管理部门做好入账管理工作。在废旧物资处置过程中发生的运输、仓储、拆解破坏等处置服务费用，应据实列支。

第四节　特殊性报废物资管理

一、定义和分类

特殊性报废物资是指国家相关法律法规规定有专项处置要求的具有反应性、危险性、污染性及其他特殊性质的报废物资，主要包括在《国家危险废物名录》《废弃电器电子产品处理目录》《废电池污染防治技术政策》中涉及的废化学试剂、废铅酸蓄电池等报废物资；属于国家规定的秘密载体、磁盘介质载体或商用密码产品的特殊性报废物资；属于国家强制性管理的报废车辆、船只；属于环保监管范围的其他特殊性报废物资，如灭火器（弹），六氟化硫气瓶（装有六氟化硫气体）等。抽水蓄能电站涉及的危险废物常见种类，见表5-4-1。

表5-4-1　　抽水蓄能电站危险废物常见种类

主要分类	危废代码	常见特殊性废旧物资
废矿物油与含矿物油废物	HW08	生产、使用过程中产生的废矿物油及沾染废矿物油的废弃包装物，包含绝缘油、透平油等
含铅废物	HW31	废铅蓄电池及废铅蓄电池拆解过程中产生的废铅板、废铅膏和酸液

续表

主要分类	危废代码	常见特殊性废旧物资
废有机溶剂与含有机溶剂废物	HW06	工业生产中作为清洗剂、萃取剂、溶剂或反应介质使用后废弃的其他列入《危险化学品目录》的有机溶剂，以及在使用前混合的含有一种或多种上述溶剂的混合/调和溶剂
有机树脂类废物	HW13	废弃的黏合剂和密封剂（不包括水基型和热熔型黏合剂和密封剂）

危险废物处置过程应受到国家环保部门的重点监管，与一般性废旧物资处置相比有许多特殊的管理要求，在此详细介绍。特别需要注意的是，危险废物的处置还包括一些豁免情况，豁免情况是指不需要按照危险废物的要求进行处置，按照普通报废物资处置即可。例如，废弃的含油抹布、劳保用品全过程不按危险废物管理；废铁质油桶利用过程不按危险废物管理；未破损的废铅蓄电池运输过程不按危险废物进行运输等，具体情况以最新发布的《国家危险废物名录》为准。

二、处置管理要求

1. 计划管理

特殊性报废物资的年度退出退役计划以及年度处置计划编制参照一般性报废物资开展，需要注意的是特殊性报废物资的处置均是授权处置，在维护报废物资处置批次时，抽水蓄能电站应根据实际需要在 ERP 自行创建现场（授权）处置批次。

另外，危险废物还需要按照抽水蓄能电站所在属地环保部门的管理要求，在当地固体废物动态信息管理平台进行申报登记，制定抽水蓄能电站危险废物管理计划，待环保部门审批通过后执行，《中华人民共和国固体废物污染环境防治法》第五十三条规定："产生危险废物的单位，必须按照国家有关规定制定危险废物管理计划，并向所在地县级以上地方人民政府环境保护行政主管部门申报危险废物的种类、产生量、流向、贮存、处置等有关资料"。危险废物管理计划内容有重大改变的，应及时申报，并重新履行审批手续。

危险废物管理计划一般包括单位基本信息、产品生产情况、危废产生概况、危废减量化计划和措施、危险废物转移情况、危废委托利用/处置措施、上年度管理计划回顾。

2. 收集与保管

危险废物的收集与保管需要遵守国家相关规定，不得擅自倾倒、堆放。危险废物收集时应依据 HJ 2025—2012《危险废物收集 贮存 运输技术规范》规定，按照危险废弃物的种类、数量、特性等因素确定收集形式，进行分类收集。实物资产使用（保管）部门、物资管理部门应做好现场或库存危险废物的防火、防洪、防盗、防损、防破坏、防污染等安全工作。施工作业、储存保管、拆除转运时应采取必要措施，防止造成如变压器漏油或遗留固体废弃物等污染源导致的环境污染。

（1）危险废物贮存库（间）的要求。危险废物贮存库（间）为独立的封闭建筑或围闭场所，专用于贮存危险废物。根据 GB 18597—2001《危险废物贮存污染控制标准》中规定，所有危险废物产生者和危险废物经营者应建造专用的危险废物贮存设施，也可利用原有构筑物改建成危险废物贮存设施。物资管理部门应将危险废物存放在专用的废旧物资仓库或区域，与其他库存物资分库（区）存放，并对危险废物进行标识和采取适当的防护措施。

1）危险废物贮存库（间）布局设置。危险废物贮存库（间）需设置有围墙、雨棚、门锁（防盗），避免雨水落入或流入仓库内；地面须硬化处理，贮存酸碱或者液体性的危险废物还要做防腐防渗透措施；危险废物贮存库（间）室内地面要求明显高于室外，地面应保持干净整洁；不同种类的危险废物须分区贮存，不同分区应设置矮围墙或在地面画线并预留明显间隔（如过道等）；进人门设置两道门锁，两把钥匙由两人分别保管，必须两把钥匙一同开锁后，人员方可进入。

2）危险废物贮存库（间）防泄漏要求。在危险废物贮存库（间）内四周均设置泄漏液体和地面冲洗废水的导流槽，然后自流至在最低处设置的地下收集池（容积由企业根据实际自定），收集池废水须设置废水导排管或泵或人工方式，将废液废水引入企业的废水处理设施；危险废物贮存库（间）门口须有围堰（缓坡）及截留沟，防止仓库废物向外泄漏。

3）危险废物贮存库（间）防雷要求。危险废物贮存库（间）防雷要求必须按照GB 50057—2010《建筑物防雷设计规范》的规定，设置防雷装置，并定期检测，保证有效。

4）危险废物贮存库（间）通风要求。贮存危险废物的建筑物，应安装通风设备，并注意设备的防护措施；通排风系统应设有导除静电的接地装置；通风管采用非燃烧材料制作。

5）危险废物贮存库（间）用电安全要求。危险废物贮存区域或建筑物内输配电线路、灯具等应采用防爆型，应符合安全要求；灯具建议安装冷光灯；照明设施和电气设备的配电箱及电气开关应设置在仓库外，并应可靠接地，具有过电流保护功能，具备防雨、防潮保护措施。

6）危险废物贮存库（间）防盗要求。危险废物贮存区域或建筑物大门、库房出入口、围墙等重点区域一般应装设高清摄像头，视频信号应接入电站的工业电视系统，满足安保人员对指定区域内人员活动的即时监控和历史监视查询；易于侵入的仓库应有防盗措施，安装红外线报警系统或装设防护栏，仓库边界宜装设电子围栏系统。

7）危险废物贮存库（间）消防要求。危险废物贮存库（间）应根据贮存危险废物的性质配备相应的消防器材，消防器材应当设置在明显和便于取用的地点，周围不准堆放物品和杂物，还应经常进行检查维护，保持完好可用。

（2）危险废物标识要求。根据《中华人民共和国固体废物污染环境防治法》第五十二条规定，对危险废物的容器和包装物以及收集、贮存、运输、处置危险废物的设施、场所，必须设置危险废物识别标志。

1）危险废物贮存库（间）门口必须设置危险废弃物暂存场所标识和危险废物警告标识，如图5-4-1和图5-4-2所示。

2）危险废物贮存库（间）应设置危险废物标签，如有不同分区，每一分区的墙体须分别悬挂危险废物大标签（40cm×40com），如图5-4-3所示。

3）危险废物的容器和包装物必须设置危险废物识别标志，危险废物标签二（粘贴于危险废物储存容器上的危险废物标签）如图5-4-4所示，危险废物标签三（系挂于袋装危险废物包装物上的危险废物标签）如图5-4-5所示。

危险废物
暂存场所
单位
废弃物名称

说　明
(1)危险废物暂存场所标识。形状：长方形，边长40cm×60cm
颜色：背景为黄色，图形为黑色。
(2)警告标志外檐2.5cm。
(3)使用于：危险废物贮存设施门口

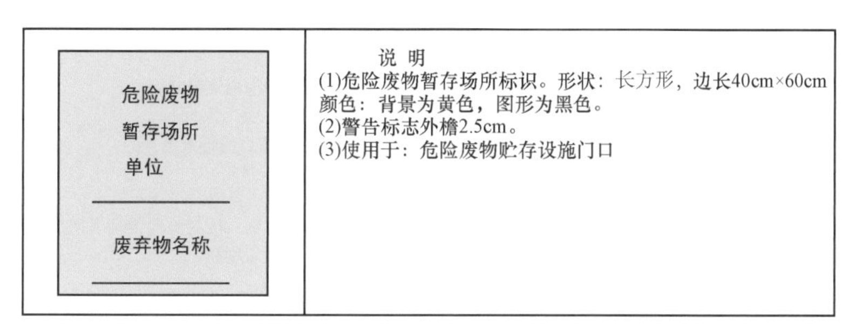

图 5-4-1　危险废物暂存场所标识（适合于室外悬挂的危险废物暂存场所标识）

说　明
(1)危险废物警告标志规格颜色。形状:等边三角形，边长40 cm;颜色：背景为黄色，图形为黑色。
(2)警告标志外檐2.5cm。
(3)使用于：危险废物贮存设施为房屋的，建有围墙或防护栅栏，且高度高于100cm时；部分危险废物利用、处置场所

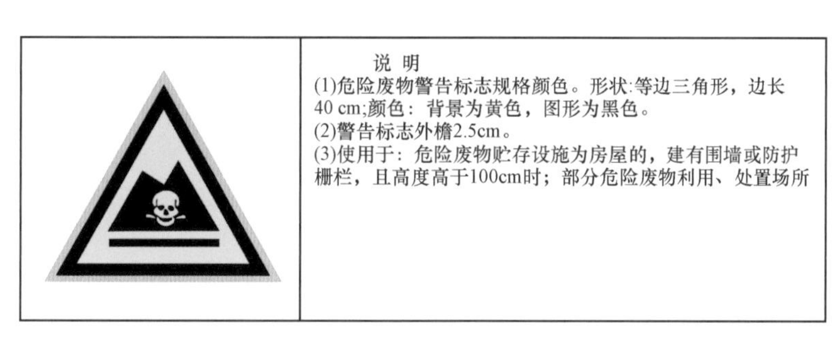

图 5-4-2　危险废物警告标志牌（适合于室内外悬挂的危险废物警告标志）

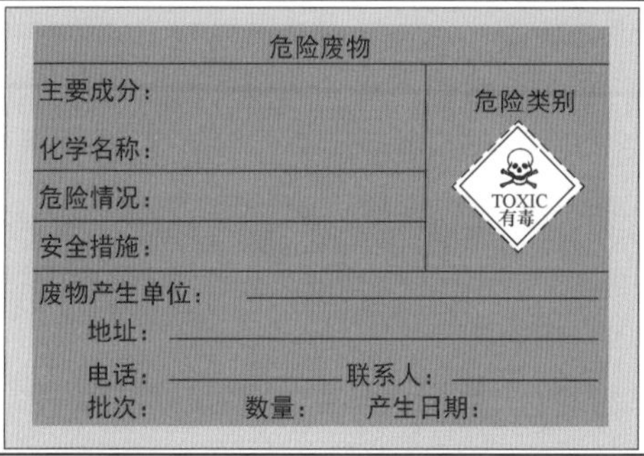

危险废物
主要成分：
化学名称：
危险情况：
安全措施：
危险类别
TOXIC
有毒
废物产生单位：
地址：
电话：
联系人：
批次：
数量：
产生日期：

说　明
(1)危险废物标签尺寸颜色。
尺　寸：40cm×40cm；
底　色：醒目的橘黄色；
字　体：黑体字；
字体颜色：黑色。
(2)危险类别：按危险废物种类选择。
(3)使用于：危险废物贮存设施为房屋的；或建有围墙或防护栅栏，且高度高于100cm时

图 5-4-3　危险废物标签一（适合于室内外悬挂的危险废物标签）

危险废物
主要成分：
化学名称：
危险情况：
安全措施：
危险类别
TOXIC
有毒
废物产生单位：
地址：
电话：
联系人：
批次：
数量：
产生日期：

说　明
(1)危险废物标签尺寸颜色。
尺　寸：20cm×20cm；
底　色：醒目的橘黄色；
字　体：黑体字；
字体颜色：黑色。
(2)危险类别：按危险废物种类选择。
(3)材料为不干胶印刷品

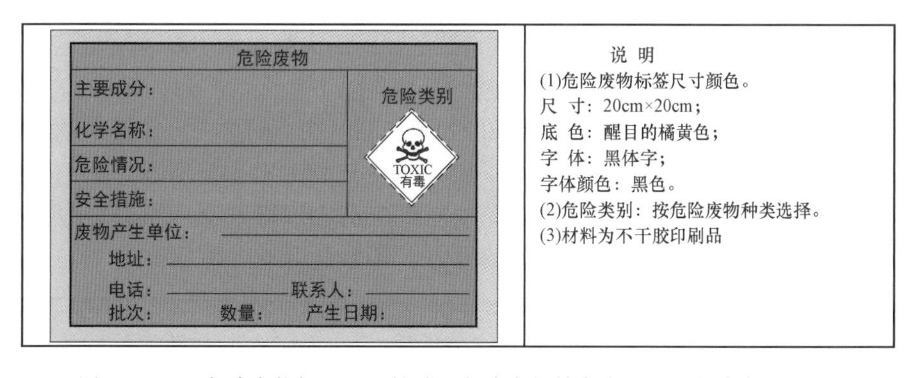

图 5-4-4　危险废物标签二（粘贴于危险废物储存容器上的危险废物标签）

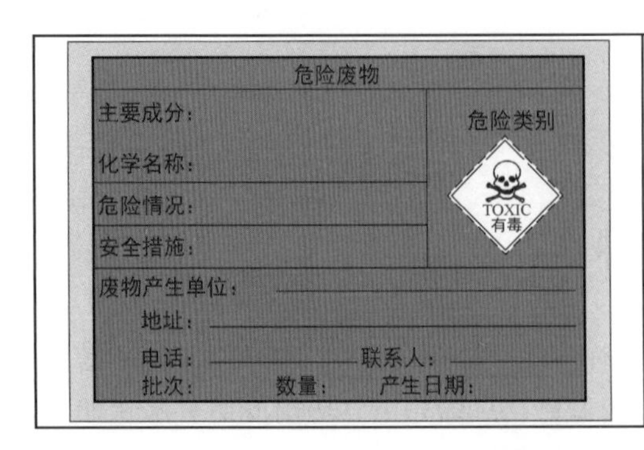

说 明

(1)危险废物标签尺寸颜色。

尺 寸：10cm×10cm；

底 色：醒目的橘黄色；

字 体：黑体字；

字体颜色：黑色。

(2)危险类别：按危险废物种类选择。

(3)材料为印刷品

图 5-4-5 危险废物标签三（系挂于袋装危险废物包装物上的危险废物标签）

4）标签的内容填写要全面、准确。危险废物的类别分为有毒性、腐蚀性、易燃性、反应性和感染性，具体可参考《国家危险废物名录》（2021 年版）。例如，抽水蓄能电站产生最多的废油危险类别为有毒和易燃，废蓄铅酸电池的危险类别为有毒。

（3）危险废物存储要求。

1）贮存场所要求。贮存场所应宽敞、干燥、通风，符合消防安全要求，按照危险废物特性进行分类贮存，并设有隔离间隔断，不得混合贮存性质不相容且未经安全性处置的危险废物，禁止将危险废物混入非危险废物中贮存；在常温常压下不水解、不挥发的固体危险废物可在贮存设施内分别堆放。

2）包装要求。危险废物必须进行包装（袋装、桶装），不得散装，在常温常压下不水解、不挥发的固体危险废物除外；包装物（容器）应完好无损，应达到防爆、防渗、防漏要求；无法装入常用容器的危险废物可用防漏胶袋等盛装。产生气味或有危害的一类挥发性有机物的危险废物应实行密闭包装，并且危险废物贮存库（间）应设置气体导出口并在导出口处安装气体净化装置；应定期对所贮存的危废包装容器及贮存设施进行检查，发现破损泄漏的，应及时采取措施清理更换。

3）存储要求。在常温常压下易燃易爆及排出有毒气体的危险废物必须进行预处理，使之稳定后贮存，否则按易燃、易爆危险品贮存；禁止将不相容（相互反应）的危险废物在同一库房或同一容器内；装载液体、半固体废物的容器内必须留足够空间，容器顶部与液体表面之间保留 100mm 以上的空间，密封存放，设置呼吸孔，防止膨胀；贮存液态或半固态废物区域必须有泄漏液体收集装置，地面为耐腐蚀防渗透硬化地面，且表面无裂隙，紧急情况下，可使用防渗透托盘进行贮存。

需特别注意的是废矿物油、废电池和废旧消防器材的存储要求。①废矿物油应使用具有防腐功能的容器收集贮存，容器材质和衬里要与废矿物油不相溶、不发生化学反应，不同型号废矿物油应分类贮存。②废电池贮存前应进行安全性检测，禁止露天堆放，不得存放在阳光直射、高温及潮湿的地方，环境温度不得超过 45℃；不得直接堆放在地面上，应放在专门的电池架或者与地面有一定距离的具有绝缘功能的承重板上，并保持一定的通风散热间距。③废铅蓄电池的贮存场所应防止电解液泄漏，废铅蓄电池的贮存应避免遭受雨淋水浸；顶部朝上，防止废酸液溢出；金属部分不可触正、负极，防止产生电火花；破损的废电池应单独贮存，收集贮存容器应具有防腐功能，防止对环境造成二次污染；拆除的废铅酸蓄电池应直立放置，采取措施防止发生爆炸。④废旧消防器材主要是各种灭火器。以氯化钠、氯化钾、氯化钡、碳酸钠等为基料的干粉灭火器为危险废物，检查灭火器是否有压力，有压和无压灭火器应分开存放；灭火器应放置稳固，不应放置在潮湿或强腐蚀性地点；有压灭火器一般不宜放置在环境温度高于45度的地方，环境温度过高有爆炸的危险；对报废的灭火器气瓶（筒体）或贮气瓶应进行消除使用功能处理；处理应在确认报废的灭火器气瓶（筒体）或贮气瓶内部无压力的情况下进行、应采用压扁或者解体等不可修复的方式，不应采用钻孔或破坏瓶口螺纹的方式。

4）存储时间。危险废物贮存不能超过一年，超过一年需经环保部门批准。

3. 危险废物回收商资质及处置方式

（1）回收商资质。危险废物回收商除了要有营业执照外，还需要有危险废物经营许可证，并且经营范围包含所回收的危险废物。危险废物经营许可证按照经营方式，分为危险废物收集、贮存、处置综合经营许可证和危险废物收集经营许可证。具有危险废物综合经营许可证的单位，可以从事相应类别危险废物的收集、贮存、利用、处置经营活动；具有危险废物收集经营许可证的单位，只能从事机动车危险维修活动中产生的废矿物油和居民日常生活中产生的废镉镍电池等危险废物的收集经营活动。

所有参加抽水蓄能电站危险废物授权处置活动的回收商，应具有设区的市级以上地方环境保护主管部门颁发的危险废物综合经营许可证，且在5年有效期内，核准经营方式应与从事回收业务一致，核准经营危险废物类别应包含所处置危险废物类别。

危险废物的回收商同时须具备危险货物道路运输许可证或与具备危险货物道路运输许可证的运输公司合作。

（2）处置流程。在处置前，先委托评估机构对危险废物进行评估，依据评估结果可分为有处置价值和无处置价值。有处置价值的，可委托具备相关资质的代理机构开展竞价活动，竞价委托服务费用按相关规定执行，也可自行组织公开竞价确定回收商；无处置价值的，电站自行委托经属地环保管理部门认可、具备相关资质的企业或机构回收处理，处置费用从本单位成本费用列支。

（3）处置建议。关于危险废物处置的其他建议：

1）签订合同时，抽水蓄能电站可根据该类报废物资处置量，合理确定服务期限，推荐采用多年（2～3年）框架服务形式。

2）废化学试剂、废矿物油等报废物资处置范围应包含其盛装容器。

3）对于使用危险化学品气体的项目，购置危险化学品气体时可在采购文件中明确只购买气体，气瓶采用租赁方式，使用后由供应商收回。

4）按照《国家电网公司六氟化硫气体回收处理和循环再利用监督管理办法》［国网（科/4）875—2017］要求，各省（自治区、直辖市）电力公司均建有六氟化硫气体回收处理中心（以下简称“省级六氟化硫气体回收处理中心”），有关抽水蓄能电站可与省级六氟化硫气体回收处理中心直接签订合同或者按照单一来源采购方式（单次采购或框架协议）进行废物处置。

5）不同类别的危险废物处置也可以通过合并采购的方式确定回收商，回收商需同时具备多个危险废物处置资质。

4. 合同签订

资产转让合同分为两种，一种实物资产转让合同，与回收商签订的；另一种是资产转让委托合同，与拍卖所、拍卖机构签订，委托其拍卖处置资产。属于环保监管范围危险废物处置时，抽水蓄能电站应将国家法律、行政法规、公司规定等有关要求列入委托合同条款，防范处置风险。

抽水蓄能电站与回收商签订的实物资产转让合同中，可以要求回收商协助办理向抽水蓄能电站所在地县级以上地方人民政府环境保护行政主管部门进行相关危险废物转移的申请和危险废物的种类、产生量、流向、贮存、处置等相关资料的申报，建议明确现场装卸以及运输的责任划分。

合同签订前（或者处置前），电站须提供废物的样品给回收商，以便回收商对废物的性状、包装及运输条件进行评估，并且确认是否有能力处置；若抽水蓄能电站产生新的废物或废物性状发生较大变化，或因为某种特殊原因导致某些批次废物性状发生重大变化，应及时通知回收商，并重新取样，重新确认废物名称、废物成分、包装容器和处置费用等事项，经双方协商达成一致意见后，签订补充协议。

5. 运输交接

危险废物需要经批准后方可进行转移、运输和处置，涉及跨省、自治区、直辖市转移运输的，抽水蓄能电站应监督回收商按法律法规要求，办理相关转运审批手续。

（1）运输转移。

1）回收商在转移运输过程中，必须严格按照《危险废物转移联单管理办法》办理转移手续，满足《危险废物收集贮存运输技术规范》相关要求，如有违法违规行为，回收商自行承担相关责任。

2）回收商负责装卸及运输，运输废蓄电池、废油类特殊性报废物资时必须使用具有货物道路运输经营许可证的专项运输车辆，所需费用包含在报价中。

3）每转移一车同类物资，回收商应协助电站填写一份联单；每车有多类危险废物的，应当按每一类物资填写一份联单；回收商应当按照联单填写的内容对特殊性废旧物资核实验收，如实填写联单中接受单位栏目并加盖公章。

4）回收商应当如实填写联单的运输单位栏目，按照国家有关危险物品运输的规定，将危险废物安全运抵联单载明的接受地点，并将相关附联同转移的危险废物一起交付危险废物接受单位。

5）危险废物转移时需按照《中华人民共和国固体废物污染环境防治法》第二十三条规定：移出固体废物出省、自治区、直辖市行政区域存储、处置的，应当向固体废物物资移出省、自治区、直辖市环境主管部门提出申请。移出省、自治区、直辖市人民政府环境主管部门应当商经接受地的省、自治区、直辖市人民政府环境主管部门同意后，方可批准转移，未经批准的，不得转移。

（2）转运资质。

1）承担危险废物运输的单位，应获得交通运输部门颁发的相应危险货物的运输资质。

2）运输单位应满足 HJ 2025—2012《危险废物收集贮存运输技术规范》相关要求。

6. 过程资料管理

危险废物处置过程中需要归档的资料包括年度退出退役计划、固定/非固定资产报废审批表、报废物资鉴定表、鉴定报告、移交单、评估报告、危险废物转移联单、合同、回收商资质文件、回收商交接单等，危险废物处置归档资料见表5-4-2。

表5-4-2　　危险废物处置归档资料

序号	移交资料	单位	有关说明
1	年度退出退役计划	份	□原件☑复印件
2	固定/非固定资产报废审批表	份	□原件☑复印件
3	报废物资鉴定表	份	□原件☑复印件
4	鉴定报告	份	□原件☑复印件
5	移交单	份	□原件☑复印件
6	评估报告	份	□原件☑复印件
7	入库单	份	□原件☑复印件
8	出库单	份	□原件☑复印件
9	危险废物转移联单	份	□原件☑复印件
10	合同	份	□原件☑复印件
11	回收商资质文件	份	□原件☑复印件
12	回收商交接单	份	□原件☑复印件

三、报废车辆、船只等管理

报废车船属于特殊性报废物资，处置管理流程与一般的报废物资有较大差别，但不属于环保监管的报废物资，也不属于危险废物。

1. 国家强制性管理的报废车辆管理

抽水蓄能电站使用车辆主要包括一般机动车辆和特种设备车辆，其中特种设备车辆又包括叉车、登高车和电瓶车等；应及时报废存在严重安全隐患、无改造和维修价值或者超过规范规定使用年限的车辆。

一般机动车辆由抽水蓄能电站实物资产使用（保管）部门负责提出报废，而特种设备报废申请由抽水蓄能电站生产部门提出，并应在处置前向当地省市特种设备安全监督管理部门办理注销。目前车辆报废申请统一使用车辆管理系统进行线上申请，历史遗留、不在车辆管理系统内登记过的车辆需电站向主管部门行文申请，经审批同意后方可开展处置工作。

由实物资产管理部门组织实物资产使用（保管）部门按照《报废汽车回收管理办法》《机动车强制报废标准规定》，依据当地车辆报废有关规定进行处置，达到《机动车强制报废标准规定》强制报废条件的，采用就近原则选择车辆登记所在地公安机关指定回收企业拆解处理，处置完成后取得车辆注销证明和车辆回收证明；未达到《机动车强制报废标准规定》的强制报废条件，但车辆继续使用的维修成本较高，经批准退役的，按照批复的处置方式（如调拨、转让）或授权电站竞价处置。通过竞价处置方式转让报废车辆的，在完成报废手续后，编制车辆处置方案，完成资产评估，履行内部审批手续，选择从事企业国有资产交易业务的地方产权交易机构进行公开拍卖，需要准备的材料清单，机动车转让应提交的文件、证件目录见表5-4-3；处置工作完成后向电站相关部门备案，并在车辆管理系统完成相关登记工作。

表5-4-3　　机动车转让应提交的文件、证件目录

序号	文件、证件/名称	有关说明	份数	交易客体	电站
1	车辆基本情况及风险提示（黑牌车须做特别声明）	☑原件 □复印件	1	√	
2	营业执照（三证合一）	□原件☑复印件	1		√
3	法定代表人有效证件	□原件☑复印件	1		√
4	内部决策文件（股东会或董事会决议）	□原件☑复印件	1		√
5	机动车转让合同书	☑原件 □复印件	1		√
6	机动车产权登记证、行驶证、保险凭证、购置税凭证、环保证等相关证件	□原件☑复印件	1	√	
7	资产评估报告书	□原件☑复印件	1		√
8	国有资产管理部门或主管部门审批文件	□原件☑复印件	1		√
9	国有资产评估项目备案或核准文件	□原件☑复印件	1		√
10	授权委托书或介绍信	☑原件 □复印件	1		√
11	代理人的有效证件	□原件☑复印件	1		√
12	产（股）权转让委托代理协议	☑原件 □复印件	2		√
13	其他需要提供的资料	□原件 □复印件			

注　以上所提供的文件中的复印件均需加盖公章。

2. 报废船只管理

（1）船舶报废条件。国家对老旧运输船舶实行分类技术监督管理制度，对已达到强制报废船龄的运输船舶实施强制报废制度，强制退出水路运输市场，不得在中华人民共和国登记从事水路运输。根据我国《老旧运输船舶管理规定》，老旧运输船舶达到规定的特别定期检验的船龄，继续经营水路运输的，船舶所有人或经营人应当在达到特别定期检验船龄的前后半年内向海事管理机构认可的船舶检验机构申请特别定期检验，取得相应的船舶检验证书，并报批准其经营水路运输的交通运输主管部门备案；经特别定期检验不合格的老旧运输船舶或达到强制报废船龄的船舶，应予以报废。

抽水蓄能电站主要涉及的各类运输船舶的强制报废船龄如下：

客船类，包括高速客船、客滚船、客货船、客渡船、客货渡船、旅游船、客船，报废船龄为30年（含）以上（其中高速客船为25年）。

液体货船类，包括油船、化学品船、液化气船，报废船龄为31年（含）以上。

散货船类，包括散货船、矿砂船，报废船龄为33年（含）以上；其中黑龙江水系船舶报废船龄为39年（含）以上。

杂货船类，包括滚装船、散装水泥船、冷藏船、杂货船、多用途船、集装箱船、木材船、拖/推轮、驳船（含油驳）等，报废船龄为35年（含）以上；其中黑龙江水系船舶报废船龄为41年（含）以上。

（2）船舶报废流程。船舶报废处置的流程与一般性报废物资的报废处置流程类似，对于需要报废的船舶，可先履行内部报废手续，然后由第三方机构进行价值评估，参与公司集中拍卖。但是船舶注销需要进行拆解，抽水蓄能电站可要求回收商或者自行联系具备资质的船坞进行拆解，拆解完成后去船籍所在海事部门办理船舶登记注销手续，注销后方可将报废船舶移交回收商。

船舶报废后，其船舶运营证或国际船舶备案证明文件自报废之日起失效，船舶所有人或者经营人，应在船舶报废之日起十五日内将船舶运营证交回原发证机关予以注销，并在该船舶检验证书原件每页盖注销章。船舶报废流程图如5-4-6所示。

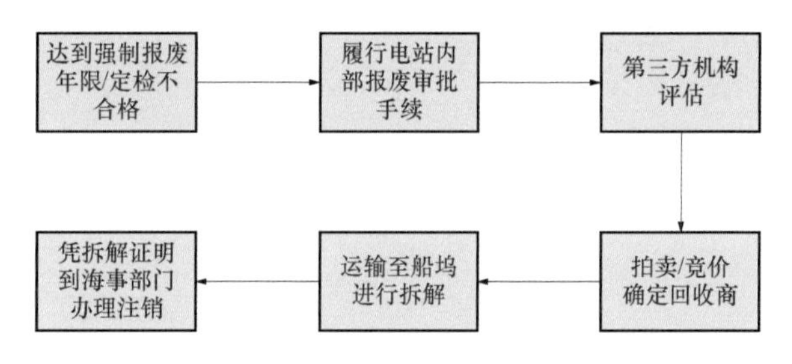

图5-4-6　船舶报废流程图

3. 车辆竞价处置实例

车辆报废处置一般为授权处置，流程比较复杂。为了方便了解，以一个抽水蓄能电站的车辆报废处置实例对处置流程进行进一步说明。

2020年9月，某抽水蓄能电站综合管理部组织车辆报废技术鉴定、办理车辆资产报废审批，并报请上级公司党委会审议通过。某抽水蓄能电站综合管理部将报废审批表、技术鉴定报告送物资管理部门办理资产移交手续。

2020年11月18日，某资产评估事务所有限公司对车辆资产评估并出具评估报告，资产评估价值××万元。物资管理部门凭接收的资料查验物资编制废旧物资处置清单，启动处置程序。

2020年11月27日，物资管理部门选取当地一家产权交易所作为车辆竞价处置的交易机构，编制废旧物资处置方案，向法律部门提交重大决策合法性审核。废旧物资处置方案经抽水蓄能电站党委会审议通过。

2020年12月11日，抽水蓄能电站与产权交易所取得电话联系，接洽车辆处置相关事宜。抽水蓄能电站按照产权交易所相关规定提供处置车辆的评估资料与审批手续。

2020年12月16日，电站与产权交易所签订了资产转让委托书。

2020年12月26日至2021年1月9日，产权交易所进行车辆信息挂网披露，1月10日发出竞价结果通知，最终以××万元成交，成交人在交易所办理了交割手续。2020年1月15日，电站与车辆受让方签订了车辆转让协议书，将该协议书送达产权交易所。1月16日产权交易所将拍卖所得款项付到抽水蓄能电站指定账户，完成了整个车辆拍卖处置流程。

第五节　废旧物资档案管理

对于再利用的废旧物资，需做好报废审批单、技术鉴定报告（如有）、废旧物资移交单、再利用环节的有关资料的保管工作。

对于报废物资，原则上要求在每批次报废物资销售合同签订后30日内应将报废物资竞价处置活动有关资料［包含但不限于处置计划、报废审批单、技术鉴定报告（如有）、内部决策会议纪要（如有）、报废物资移交单、评估报告、竞价处置文件、底价、成交通知书、销售合同、销售发票凭证、实物交接单等］及时存档并做好保管工作。报废物资竞价活动归档文件材料应以纸质和电子载体形式，按照企业档案文件材料管理相关规定进行归档，确保报废物资竞价活动归档文件材料的完整、准确、系统、规范，保证归档数据与信息系统原始数据一致。

第六章　仓储管理信息化

仓储管理信息化是运用现代信息技术和自动化手段来提高仓储运作的速度和效益。仓储信息化管理系统的应用，实现了仓储的信息化、精细化管理，为抽水蓄能电站打造高效、透明及快速反应的供应链管理平台，智能化仓储管理系统作业管控、自动定位、高效盘点、数据管控，很大程度提升仓储管理效率和全程监控的能力。本章以国网新源控股有限公司仓储管理信息化为例，主要介绍仓储信息管理系统、仓库主数据及其编码规则、智能化仓储管理系统建设、智能化仓储管理系统操作流程、无人值守仓建设及业务流程、仓储管理信息化案例6部分内容。

第一节　仓储信息管理系统

仓储信息管理系统是为了管理货物而开发的数据库软件，充分利用移动技术、条码技术、仓储自动化设备以及其他先进手段，全面提高仓储管理水平。

一、企业资源计划管理系统简介

企业资源计划管理系统（ERP）是针对物资资源管理、人力资源管理、财务资源管理、信息资源管理集成一体化的企业管理软件。通过ERP中IM模块（库存管理模块）对库存物资进行管理，能避免物料积压或短缺，有效支持生产经营，不断提升仓储管理的效率与效益。ERP中IM模块集合了实体库存地点内实物收、发、转、存信息的管理。

二、智能化仓储管理系统简介

智能化仓储管理系统（WMS）是充分应用“大云物移”等新技术，结合抽水蓄能电站物资管理的实际情况建设，实现仓储管理业务的精益化管理、标准化作业、可视化管控、智能化运作的管理要求。

WMS通过基于二维码（条形码）、射频识别技术（RFID）、手持终端等设备，实现物资接货、验收、入库、盘点、出库、移库等扫码移动式标准化作业流程，降低基层操作人员的操作复杂度，提高作业效率；通过完善在库物资的基础信息、设备树信息、供应信息、图片、使用手册等数字化信息，方便后续的领用和维护保养，确保在库物资的合理储备、保质可用的精益化管理要求；通过在库物资、出入库业务的大数据分析，实现仓库、仓位、托盘、库存、业务分析等可视化管控；通过采用智能防盗通道门、智能门禁、智能货架等智能化设备，提升仓库的智能化运作水平；同时与ERP进行互联互通，拓展物资仓储管理信息系统功能，为电站管理者提供科学的决策支持。

第二节　仓库主数据及其编码规则

要实现仓储信息化管理，需要将与仓储管理有关的信息转化成信息系统可识别的数据，再对数据进行可塑管理，以达到预期目的。

一、物料主数据

国网新源控股有限公司的物料主数据根据物资分类结构体系，按照相关规则，赋予物资的信息化代码，包括了描述物料的一些属性数据（如名称、尺寸、质量、规格型号等）以及一些控制功能数据（如物料类型、采购、分类、销售、会计、成本、仓储等），主要体现为物料编码、物料类型、物料组、物料分类、特征项及特征值、物料评估类、价格控制、物料批次等数据信息。

物料编码体系包括物料编码（电网及通用类物资）和水电物料编码（水电专用物资）两大类编码。①电网物料编码采用的是分类流水编码方式，每种物料分别隶属于不同物料大类、中类和小类，每种物料小类有不同的特征项，每种特征项有不同的特征值；不同的大、中、小类编码组合成物料组编码，每种小类名称与该小类下的不同特征项的特征值组合成物料描述，系统自动产生一个表征该物料描述的物料编码。②水电物料分类及编码遵循电网物料分类与编码原则，由 9 位数字组成，编码的第 1 位数字为 5；为与电网物料编码区分，水电物料编码的第 2 位数字采用 8，即水电物料编码以 58 开头，其他字符仍采用随机流水号。水电物料编码专供水电单位使用，同时各水电单位可直接使用电网通用类物料及其编码。

二、仓库主数据

国网新源控股有限公司通过 WMS 对各实体库进行统一注册，包括仓库名称、地址、面积及库存地点编码等信息；注册完成后，按照 WMS 仓储管理编码规范，对 WMS 基础数据模块进行创建和应用；在基础数据模块中，对仓库主数据，即仓库编码、货架编码、区域编码、托盘编码、货位的编码及标签 ID 编码进行定义和设置，其编码规则如下：

（1）仓库编码：仓库编码的位数为 2 位，需和实体仓库进行对应。

（2）货架编码：货架编码的位数为 2 位。

（3）货位编码：仓位编码位数为 8 位，采用仓库编码（2 位）＋货架（2 位）＋层（2 位）＋位（2 位）作为编码；格式为 CCRRSSLL：CC 代表仓库编码，RR 代表货架层号，SS 代表层号，LL 代表位置号。

编码示例：货位编码 01030401 指 01 号仓库 03 号货架第 4 层第 1 个位置。

（4）存储区：存储区编码为 2 位，编码设置规则，存储区编码见表 6-2-1。

表 6-2-1　　存储区编码

编码	仓储区描述	编码	仓储区描述
AXX	设备区	BXX	导地线，光缆，电缆区
CXX	非标金具区	DXX	标准金具区
EXX	金属材料区	FXX	水泥制品区
GXX	绝缘子区	HXX	电缆附件区
IXX	备品备件区	JXX	劳保类物资区
KXX	五金交化区（工具类）	LXX	应急物资区

续表

编码	仓储区描述	编码	仓储区描述
MXX	办公用品区	NXX	仪表仪器区
OXX	危险品区	PXX	废旧物资区
QXX	附件区	RXX	生产物资耗材区
SXX	水电物业耗材		
999	通用存储区		

对于进行简单物资区域管理的仓库可以只使用999通用存储区。

（5）标签ID编码规则。仓储物料标签ID采用国网新源控股有限公司水电资产统一身份编码（以下简称"仓储ID"）。仓储ID编码由24位十进制数据组成，代码结构由公司代码段、识别码、流水号三部分构成，该编码体系生命力较强，不会随专业管理规则调整而重新调整编码体系，同时也不会对历史编码进行调整清理。标签ID编码规则，见表6-2-2。

表6-2-2　　标签ID编码规则

编码	046　××××　02　D　××××××××××××××× ①　②　③　④　⑤
编码说明	① 新源代码：按国网下发的代码段，新源公司为046（国网系统内）
	② 公司代码：公司代码段的位数为4位，用于标识新源公司水电资产仓储ID归属单位，如：宜兴5726蒲石河5719丰宁5755
	③ 识别码：智能化仓储管理系统固定为02
	④ 标识：标识D的位数为1位，用于标识仓储ID标签的类型，0代表无源标签，8代表有源标签，9代表虚拟标签
	⑤ 流水号：流水号的位数为15位，按照数字序列自动生成

第三节　智能化仓储管理系统建设

一、智能化仓储管理系统功能

智能化仓储管理系统功能实现了物资仓储管理的各个业务场景下的信息化作业需求，包括了对实体仓库、储备物资信息维护、出入库作业、仓库日常运维作业等场景。

智能化仓储管理系统主要分PC端和移动端App两个用户操作界面。PC端共包含Web操作界面及数据大屏和工作大屏两个展示大屏，实现了6个一级模块、56个二级模块，PC端系统功能图如图6-3-1所示。

一级模块业务中心包含供应计划管理、入库业务管理、出库业务管理、冲销业务管理、物资转储管理、盘库业务管理、调剂业务管理、废旧处置管理、基建物资管理、库存总览10个二级模块。主要实现仓储的全部业务操作，用户通过此模块，实现仓储物资的出库、入库、盘库、调剂、报废等业务。

一级模块统计分析包含订单到货情况、入库数据统计、出库数据统计、在库物资统

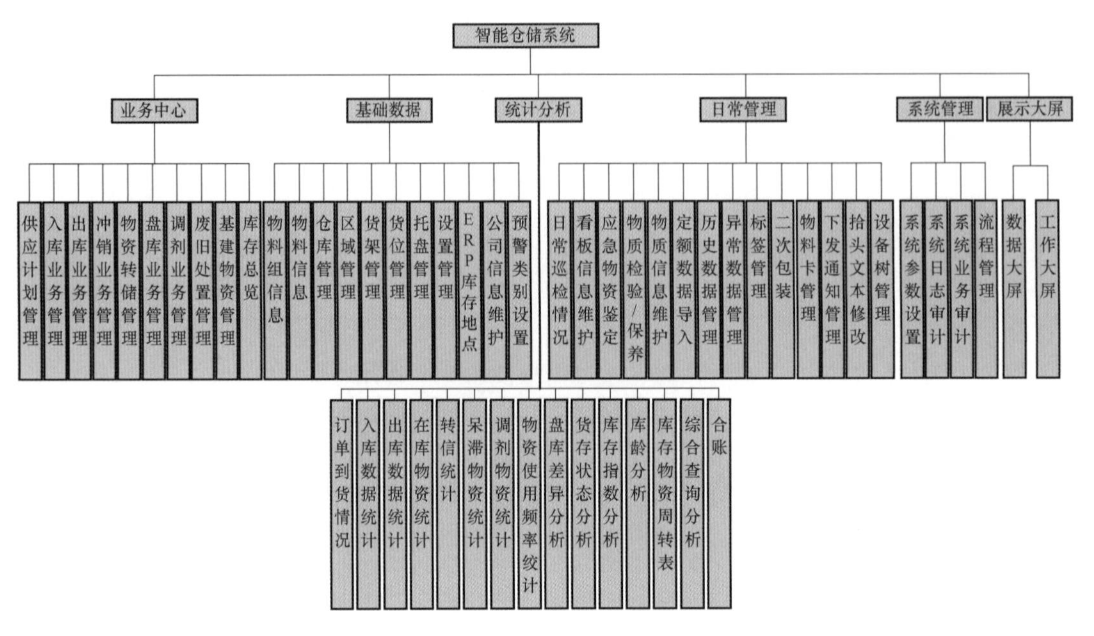

图 6-3-1　PC 端系统功能图

计、转储统计、呆滞物资统计、调剂物资统计、物资使用频率统计、盘库差异分析、货位状态分析、库存指数分析、库龄分析、库存物资周转率、综合查询分析、台账 15 个二级模块，主要实现多维度统计分析物资及仓库使用情况功能。

一级模块基础数据主要包含物料组信息、物料信息、仓库管理、区域管理、货架管理、货位管理、托盘管理、设备管理、ERP 库存地点、公司信息维护、预警类型设置 11 个二级模块，主要实现了仓储管理系统的物资类型、仓库信息、预警类型设置等业务基础数据维护功能。

一级模块日常管理主要包括日常巡检情况、看板信息维护、应急物资鉴定、物资检验/保养、物资信息维护、定额信息维护、历史数据导入、异常数据导入、标签管理、二次包装、物料卡管理、下发通知管理、抬头文本修改、设备树管理 14 个二级功能，主要实现对仓储日常管理的功能。

一级模块系统管理主要包括系统参数设置、系统日志审计、系统业务审计、流程管理 4 个二级功能，主要设置系统基本类型和审批流程设置功能。

一级模块展示大屏主要包括了数据大屏和工作大屏 2 个功能，通过不同维度展示物资在库状况。

移动端 App 功能主要包括业务、查询、我的 3 个一级模块，主要实现物资的出入盘移库、查找及统计物资的功能，移动端 App 功能图如图 6-3-2 所示。

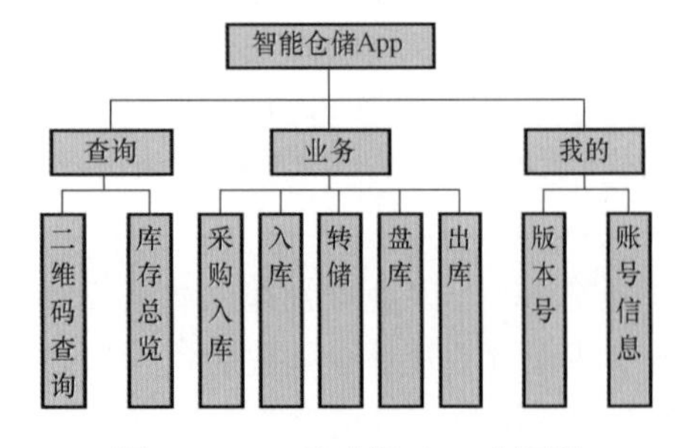

图 6-3-2　移动端 App 功能图

二、智能化仓储管理系统的优势

智能化仓储管理系统的优势主要为在库物

资的数字化信息更加丰富、操作流程和操作方式更加简单化、日常运作更加智能化、利库更加科学化等四个方面：

在库物资的数字化信息更加丰富。在物资入库的阶段，新增了物资的分类、设备树信息、供应信息、维护保养、图片、使用说明等多维度信息的录入。为后续物资的领用、调剂、维护保养等工作打好基础，让需求部门更加方便地查到仓库里有什么、找得到、领得快，从而改变了之前人工方式很难查找，出库效率慢的情况，适应物料快速出入库的库房管理。

操作流程和操作方式更加简单化。智能化仓储管理系统的PC端和移动端App都采用了符合当前现代互联网简约易懂的交互设计，提升了系统的简洁性和实用性，从而降低了对使用人员的操作要求，减少了人员培训时间，提升了工作效率，最终推进物资仓储业务的有序开展。

日常运作更加智能化。智能化仓储管理系统通过接入物联网的智能设备，来辅助和协同操作人员的日常操作。例如通过智能货架、智能安防的无人值守仓模式，满足了随到随领的24h物资领料需求；通过仓储物资分析和自动化监控模块，可以自动提醒操作人员进行物资采购、维护保养等日常操作；系统的智能化可以更方便地协同管理人员进行日常管理，以便完成从人控到智控的转变。

利库更加科学化。利用系统的数据分析模块，从物资、人员、时间等多种维度进行统计分析，深入挖掘出入库数据、供应数据、在库物资数据、仓位数据来建立物资需求预测、库存预警、报废预警等分析模块；从而让采购和报废有据可依，并且通过减少重复采购、提高库存物资周转率、有效利用率三个方面的数据分析，为管理者能够进行有效利库的决策提供科学支持。

三、智能化仓储管理系统建设流程

智能化仓储管理系统建设流程主要包括了项目准备、项目实施、试运行（系统培训、系统试用、问题收集及解决）、验收、正式运行5个阶段。根据基建单位/生产单位的临时仓库、永久仓库的管理方式及现场环境的不同，流程会有所调整，智能化仓储管理系统建设流程如图6-3-3所示。

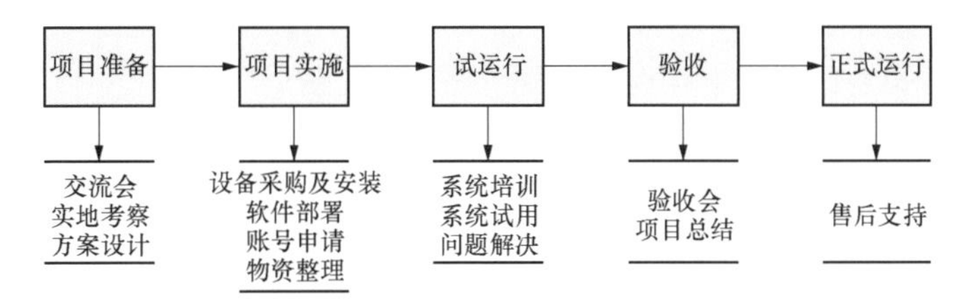

图6-3-3 智能化仓储管理系统建设流程

1. 项目准备

抽水蓄能电站应配合软硬件实施供应商提供实施所需要的现场情况、仓库图纸、系统操作人员信息等所需资料；供应商根据现场情况，编制符合电站现场需求的实施方案，包括总体结构方案、实施方案、设备清单、工作计划等实施资料。

抽水蓄能电站收到实施资料后应召开工作联络会：

（1）讨论和审查项目实施方案，方案内容包括但不限于安装、联调方案和工作计划。

（2）讨论和审查仓储系统的总体结构方案、配置和各设备的性能及技术参数，项目推进过程主要联络人、协调工作点及其工作要求。

（3）讨论和确定后续实施工作的人员配置、工作联络人等具体事宜。

（4）讨论下一次工作联络会安排的有关事宜。

2. 项目实施

（1）硬件建设过程。硬件供应商根据实施方案将硬件设备发到指定的地点，抽水蓄能电站组织人员进行设备交接验收工作；验收合格的设备由供应商根据实施方案开展安装调试工作。

（2）软件建设过程。国网新源控股有限公司的WMS采用统一部署的模式，服务器部署在国网新源控股有限公司总部服务集群中，各抽水蓄能电站无需在现场另行部署。抽水蓄能电站需要安装客户端并根据《智能化仓储管理系统账号开通指导手册》《智能化仓储管理系统PDA（手持终端）接入专网指导手册》，开通系统的使用账号并完成移动端的接入工作。

（3）数据整理过程。抽水蓄能电站需根据WMS对仓库、货位、物资基础数据、审批流程的系统基础参数要求，组织人员对现有的仓库物资进行信息整理和完善工作，完成系统初始数据的准备工作。

（4）系统联调过程。在硬件供应商完成硬件安装工作后，抽水蓄能电站需组织软件实施单位对硬件进行软件联调测试，并提供硬件测试合格报告。

软件实施单位还需将数据整理过程完成的系统初始数据录入系统，完成系统的初始化工作。抽水蓄能电站具备系统试运行条件，并提供系统测试合格报告。

抽水蓄能电站在此阶段应召开第二次工作联络会：

1）审查验收合同设备安装、调试及性能情况。

2）讨论和审查供应商提交的系统、设备试运行方案和计划。

3）讨论和确定项目验收计划。

4）讨论和确定详细的培训计划。

5）讨论解决安装、调试中存在的问题（如有）。

6）讨论下一次工作联络会安排的有关事宜。

3. 试运行

抽水蓄能电站应组织人员参加软件实施单位组织的系统培训，并积极配合实施单位的操作要求；培训完成后应及时组织人员进行实际系统操作，主动与实施单位沟通解决实际操作中出现的问题，确保操作人员具备系统操作经验。

4. 验收

试运行阶段结束后，抽水蓄能电站需组织各方召开验收会议。验收会议上主要内容：

（1）审查验收合同设备试运行情况，组织合同设备投运验收。

（2）讨论仓储系统、设备完善和技术服务的相关事宜。

（3）解决WMS软件、硬件安装、调试、试运行中发现或遗留的问题（如有）。

5. 正式运行

抽水蓄能电站应通过 WMS 进行日常仓储作业，如发现系统问题及改进需求，及时与系统运维或售后服务人员进行联系。

第四节　智能化仓储管理系统操作流程

一、WMS 业务流程清单

WMS 业务流程清单是通过 ERP、WMS 规范物资入库、存储、出库、盘点和查询等业务，对不同业务形成的实物库存进行有区别的管理，准确反映实体仓库内库存实物信息，实现账卡物一致，形成库存物资仓储管理信息系统。WMS 业务流程清单见表 6-4-1。

表 6-4-1　　WMS 业务流程清单

编号	流程大类	序号	流程名
1	主数据管理	WMS1.1	物料组数据同步流程
		WMS1.2	物料编码数据同步流程
		WMS1.3	仓位主数据维护流程
2	在库物资	WMS2.1	RFID 电子标签维护流程
		WMS2.2	二次包装流程
3	物资入库	WMS3.1	采购物资入库流程
		WMS3.2	代管物资入库流程
		WMS3.3	结余物资/历史物资退库流程
		WMS3.4	寄存物资入库流程
		WMS3.5	固定资产报废入库流程
		WMS3.6	固定资产局部报废入库流程
		WMS3.7	在库物资报废入库流程
		WMS3.8	未在库物资报废入库流程
4	物资出库	WMS4.1	领料出库流程
		WMS4.2	代管物资出库流程
		WMS4.3	紧急领料出库流程
		WMS4.4	废旧物资处置出库流程
		WMS4.5	废旧物资出库流程
5	移库管理	WMS5.1	仓库内转储流程
6	冲销管理	WMS6.1	冲销流程
7	盘点管理	WMS7.1	库存物资盘点流程
8	基建管理	WMS8.1	基建物资入库流程
		WMS8.2	基建物资用料出库流程
		WMS8.3	基建物资盘库流程
		WMS8.4	基建物资维护流程

续表

编号	流程大类	序号	流程名
9	统计分析	WMS9.1	数据分析
		WMS9.2	月报、季报、半年报、年报

二、WMS业务角色职责

在WMS流程中，根据仓库作业的职能不同，划分以下角色职责：

（1）仓储主管职责。仓储主管职责的计划职能：制定仓库工作计划；制定本月工作计划，总结和分析上月部门工作情况，带领督促员工完成目标，负责组织仓库盘点工作，确保卡、账、物一致。

窗口职能：统一负责仓库作业过程中与其他部门的协调；统一负责对外接收单据或指令；分配任务并下达至仓储管理员执行。

监控职能：负责监督仓库作业的执行情况与不良物料的处理情况。

（2）仓储管理员职责：负责WMS入库、出库、盘点、过账；WMS转储、盘点操作，以及手持终端操作；整合相关单据，使日常工作做到高效、准确、有序。

（3）运检人员职责：查看物资情况，代管物资，结余物资的出入库流程发起，完善物资的设备树关联信息。

（4）施工单位职责：基建物资用料出库申请。

三、WMS业务流程简介

1. WMS1.1 物料组数据同步流程

（1）适用范围：本流程适用于ERP同步物料组数据至WMS。未实施WMS无需执行此流程。

（2）流程关键点：物料组数据的新增及删除在采购阶段已完成申报，仓储管理阶段同步申报数据信息。

（3）WMS物料组数据同步流程说明如图6-4-1所示。

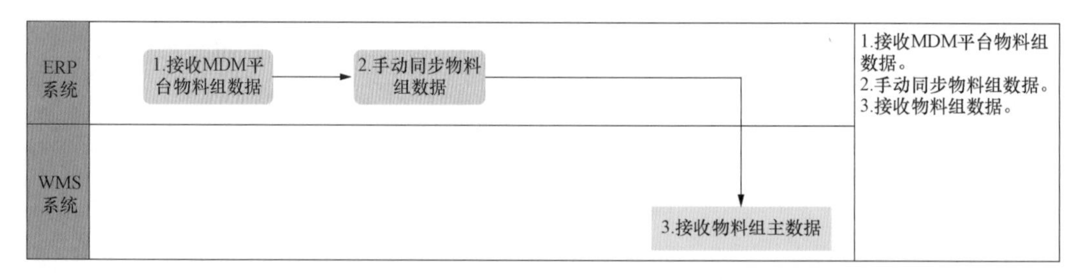

图6-4-1 WMS物料组数据同步流程

2. WMS1.2 物料编码数据同步流程

（1）适用范围：本流程适用于ERP同步物料主数据至WMS。未实施WMS无需执行此流程。

（2）流程关键点：物料主数据新增及删除在采购阶段已完成申报，仓储管理阶段同步申报数据信息。

（3）WMS 物料主数据同步流程说明如图 6-4-2 所示。

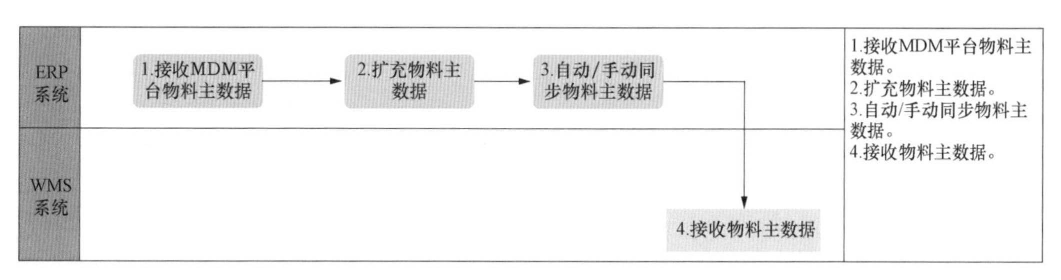

图 6-4-2　WMS 物料主数据同步流程

3. WMS1.3 仓位主数据维护流程

（1）适用范围：本流程适用于仓位主数据的申报、创建、修改和删除处理。ERP 未管理仓位主数据。

（2）流程关键点：仓库主管需要对新提交的申请进行审核，避免创建多余的仓位编码。

（3）WMS 仓位主数据维护流程说明如图 6-4-3 所示。

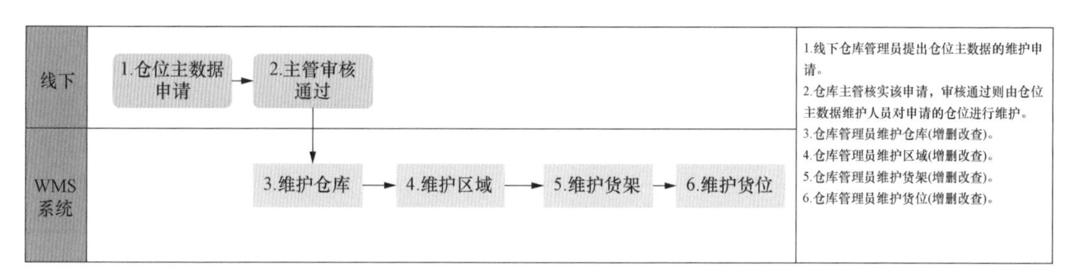

图 6-4-3　WMS 仓位主数据维护流程

4. WMS2.1 RFID 电子标签维护流程

（1）适用范围：本流程适用于物料的仓储信息维护（厂内物料描述、货位号、物料图片、物料的基本信息、保管期限、保养周期、质保期限的维护、调整物料的所属设备树）。

（2）流程简述：RFID 电子标签维护内容展示如图 6-4-4 所示。

5. WMS2.2 二次包装流程

（1）适用范围：本流程适用于仓库管理员对物资进行精细化管理。

（2）流程关键点：仓库管理员按照规则进行包装后，需要在每一个包装外贴上仓储 ID/箱体二维码，并录入到系统。

（3）WMS 二次包装流程说明如图 6-4-5 所示。

6. WMS3.1 采购物资入库流程

（1）适用范围：本流程适用于供应商送货到仓库，仓库管理员进行交接、验收、入库的业务。

（2）流程关键点：

1）物资入库按照“先物后账”进行办理，即实物完成交接、验收后仓库管理原则上应在 30 日内办理实物上架和仓储管理信息系统入账手续。

2）仓储管理员依据完成审核签字的货物交接单和到货验收单核对现场物资的品名、

图 6-4-4　RFID 电子标签维护内容

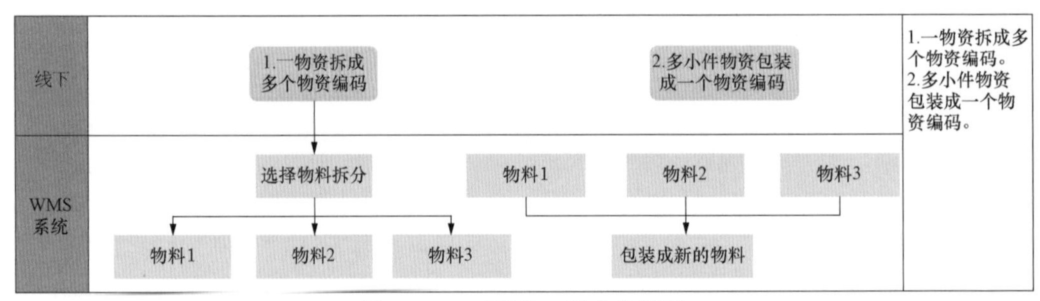

图 6-4-5　WMS 二次包装流程

规格型号、数量和相关资料（包括但不限于装箱单、技术资料等），核对无误后完成到货验收单签署。

3）仓库管理员需要打印仓储 ID 标签并贴在物料或包装上。

4）打印两份入库单，合同承办人、仓库管理员、仓储主管签字确认，由物资管理部门和财务部门分别存档，入库单。

（3）WMS 采购物资入库流程说明如图 6-4-6 所示。

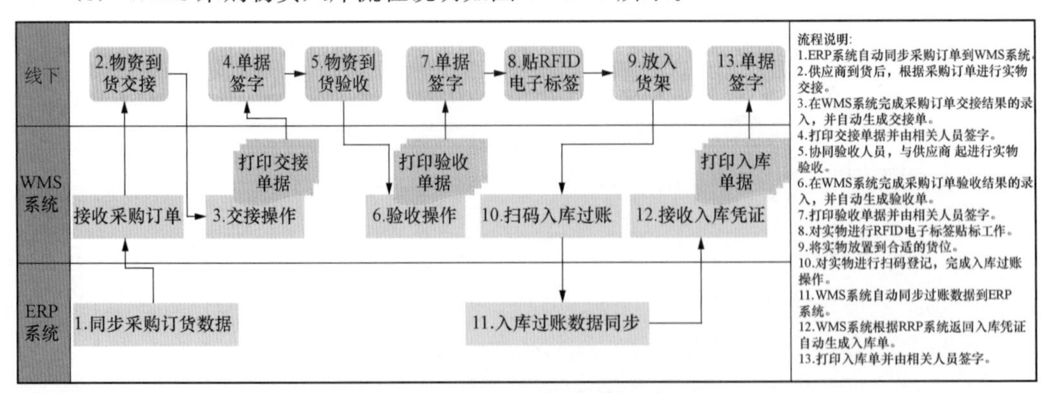

图 6-4-6　WMS 采购物资入库流程

（4）本流程涉及的采购物资入库单据和报表见表 6-4-2。

表 6-4-2　　采购物资入库单据和报表

名称	类型	格式	备注
交接单据	系统内单据	统一格式	未部署 WMS 为线下单据
采购订单	系统报表	自主开发格式	
验收单据	系统内单据	统一格式	未部署 WMS 为线下单据
入库单	系统内单据	自主开发格式	

7. WMS3.2 代管物资入库流程

（1）适用范围：本流程适用于经实物资产管理部门、原物资需求部门技术鉴定为再利用的退役退出实物，由原实物资产使用（保管）部门申请办理入库代保管手续，在物资仓库中进行代保管的业务。

（2）流程关键点：

1）代管物资入库应入无价值工厂。

2）代管物资原则上在库时间不超过 720 天。

3）技术鉴定报告时间应早于或等于委托代保管申请表时间，委托代保管申请表时间应早于或等于入库单时间。

（3）WMS 代管物资入库流程说明如图 6-4-7 所示。

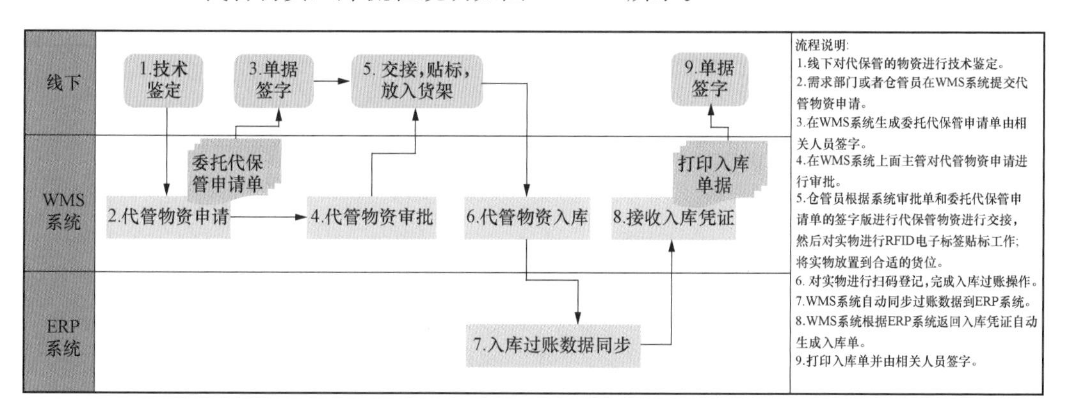

图 6-4-7　WMS 代管物资入库流程

（4）本流程涉及的单据和报表见表 6-4-3。

表 6-4-3　　代管物资入库单据和报表

名称	类型	格式	备注
代保管申请表	系统外单据	统一格式	
技术鉴定报告	系统外单据	自主开发格式	

8. WMS3.3 结余物资/历史物资退库流程

（1）适用范围：

该流程适用于申领物资部门将使用过程中的结余物资退还仓库的业务，经由本系统出库（存在对应出库单）的物资按结余物资进行退库操作，而未经本系统出库的（无对应出库单）的物资按历史物资进行退库操作。

（2）流程关键点：

1）技术鉴定报告时间应早于或等于结余物资退库/历史物资退库申请时间，结余物资退库/历史物资退库申请时间应早于价值评估报告时间，价值评估报告时间应早于或等于出库单（即退库单）时间。

2）结余物资退库/历史物资退库金额大于50万元时，应经财务分管领导批准后方可办理退库手续。

（3）WMS结余物资/历史物资退库流程说明如图6-4-8所示。

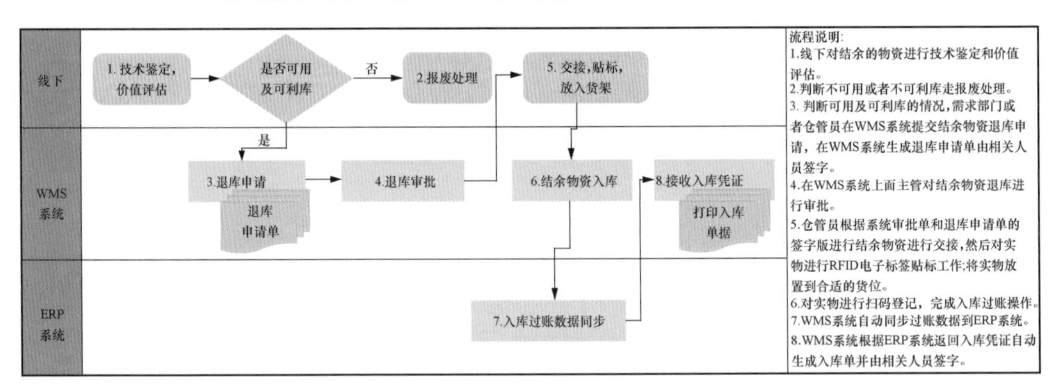

图6-4-8　WMS结余物资/历史物资退库流程

（4）本流程涉及的结余物资/历史物资退库单据和报表见表6-4-4。

表6-4-4　结余物资/历史物资退库单据和报表

名称	类型	格式	备注
技术鉴定报告	系统外单据	统一格式	
结余物资退货申请	系统外单据	统一格式	
价值评估报告（如有）	系统外单据	统一格式	

9. WMS3.4寄存物资入库流程

场景一：

（1）适用范围：电站因现场不具备收货条件或无法安排场地存放货物，而委托供应商进行保管的物资。

（2）流程简述：

1）物资验收合格，抽水蓄能电站与供应商协商一致后签订物资寄存协议，明确物资明细、权属、保管要求及其他责任与义务等事项，抽水蓄能电站需密切关注物资所寄存供应商的生产经营状况和物资存放情况。

2）仓储管理员依据物资寄存协议办理仓储管理信息系统入库，配合物资合同承办人办理相关到货款的结算手续。

（3）流程关键点：做好货款的结算手续，进行快速入库。

场景二：

（1）适用范围：供应商送货物资在验收时发现部分产品存在缺陷需修、退、换货，或提供的资料不齐全，或发票不合格，而将到货物资委托电站进行保管的。

（2）流程关键点：

1）电站与供应商协商一致并签订物资寄存协议，明确物资明细、权属、保管要求及其他责任与义务等事项，并通过拍照、录像等方式做好现场证据的收集、留存。

2）仓储管理员依据物资寄存协议办理实物入库，存放收货暂存区或入库待检区，也可在仓库活动空间临时隔离有关区域作为寄存物资的存放场所，并做好隔离警示、安放对应标识牌。

（3）WMS寄存物资入库流程说明如图6-4-9所示。

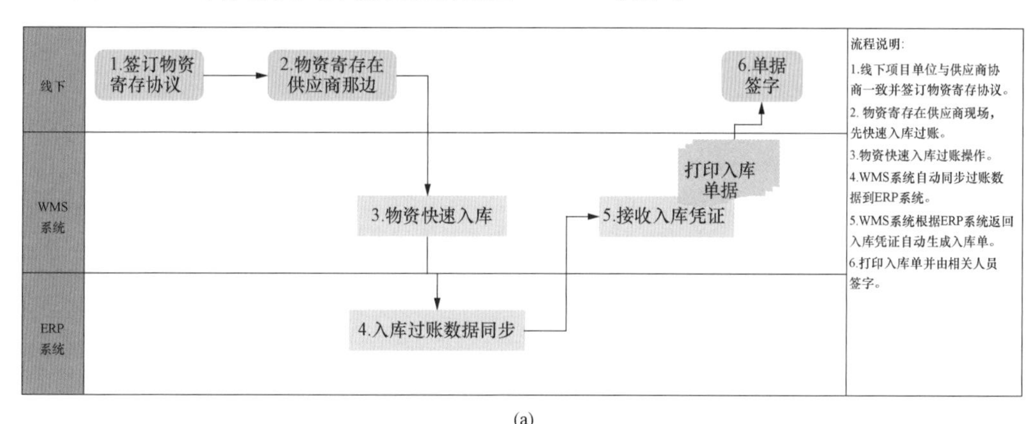

(a)

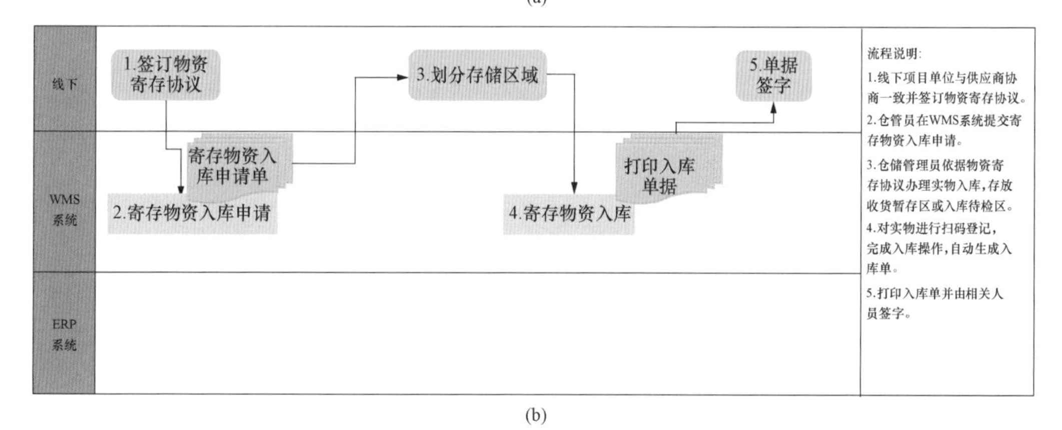

(b)

图6-4-9　WMS寄存物资入库流程

（a）场景一；（b）场景二

本流程涉及的结余物资/历史物资退库单据和报表见表6-4-5。

表6-4-5　　　结余物资/历史物资退库单据和报表

名称	类型	格式	备注
物资寄存协议	系统内单据	统一格式	

10. WMS3.5 固定资产报废入库流程

（1）适用范围：本流程适用于固定资产报废入库流程。

（2）流程关键点：为了保证废旧物资管理规范有序，应在报废实物移交入库后方可在 ERP 办理入库；固定资产报废交接单打印签字后，再办理实物交接入库手续。

（3）WMS 固定资产报废入库流程说明如图 6-4-10 所示。

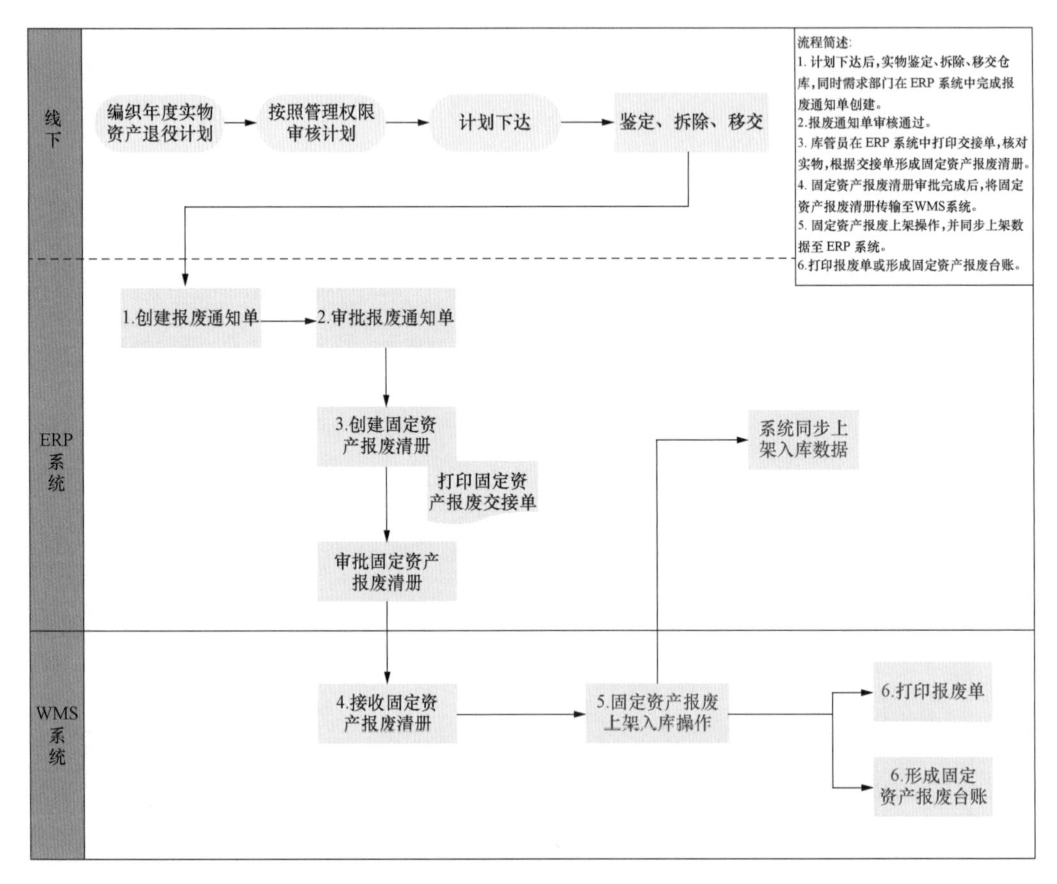

图 6-4-10 WMS 固定资产报废入库流程

（4）本流程涉及的固定资产报废入库单据和报表见表 6-4-6。

表 6-4-6 固定资产报废入库单据和报表

名称	类型	格式	备注
固定资产报废通知单	系统内单据	自主开发格式	
年度实物资产退役计划	系统外报表	统一格式	
技术鉴定报告	系统外报告		
固定资产报废审批表	系统外单据	统一格式	
内部决策会议纪要（如有）	系统外文档		
废旧物资移交单	系统外单据	统一格式	
固定资产报废交接单	系统内单据	自主开发格式	

续表

名称	类型	格式	备注
固定资产报废清册	系统内报表	自主开发格式	
固定资产报废台账	系统内报表	自主开发格式	
报废入库单	系统内单据	自主开发格式	

11. WMS3.6 固定资产局部报废入库流程

（1）适用范围：本流程适用于固定资产局部报废入库流程。

（2）流程关键点：为了保证废旧物资管理规范有序，应在报废实物移交后方可在系统办理报废入库手续。若某项固定资产拆分后最后一部分的局部报废，应按照固定资产报废入库流程完成操作。

（3）WMS 固定资产局部报废入库流程说明如图 6-4-11 所示。

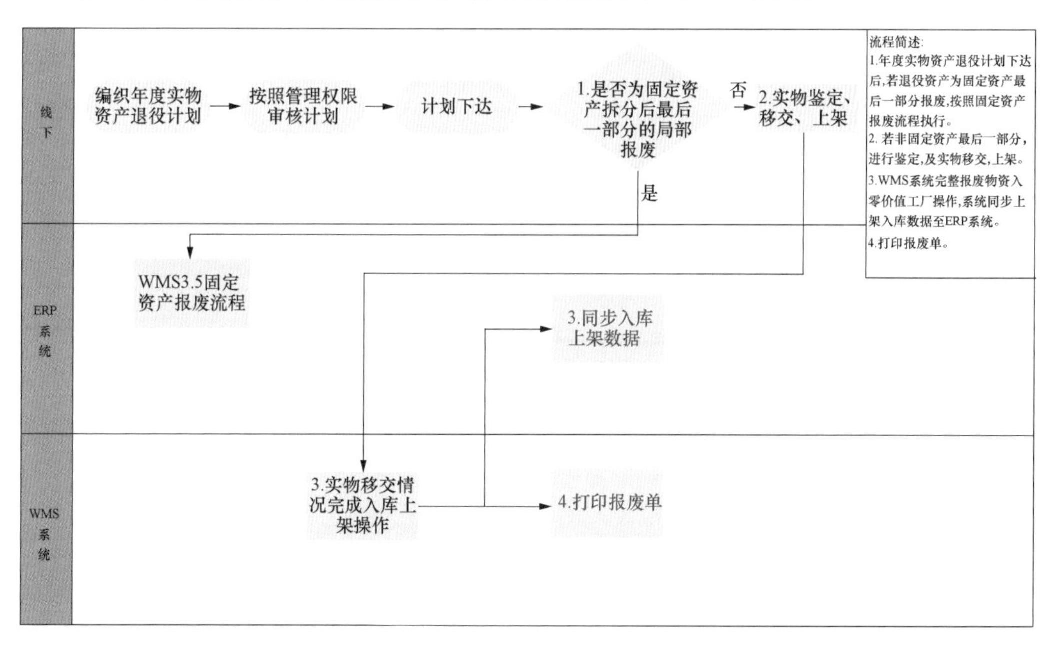

图 6-4-11 WMS 固定资产局部报废入库流程

（4）本流程涉及的固定资产局部报废入库单据和报表见表 6-4-7。

表 6-4-7 固定资产局部报废入库单据和报表

名称	类型	格式	备注
技术鉴定报告	系统外报告		
固定资产局部报废审批表	系统外单据		参考固定资产报废审批表
废旧物资移交单	系统外单据	统一格式	
内部决策会议纪要（如有）	系统外单据		
报废入库单	系统内单据	自主开发格式	

12. WMS3.7 在库物资报废入库流程

（1）适用范围：本流程适用于非固定资产在库物资报废。

（2）流程关键点：为了保证废旧物资管理规范有序，应在报废实物移交后方可在系统办理报废入库手续；若某项固定资产拆分后最后一部分的局部报废，应按照固定资产报废入库流程完成操作。

（3）WMS 在库物资报废入库流程说明如图 6-4-12 所示。

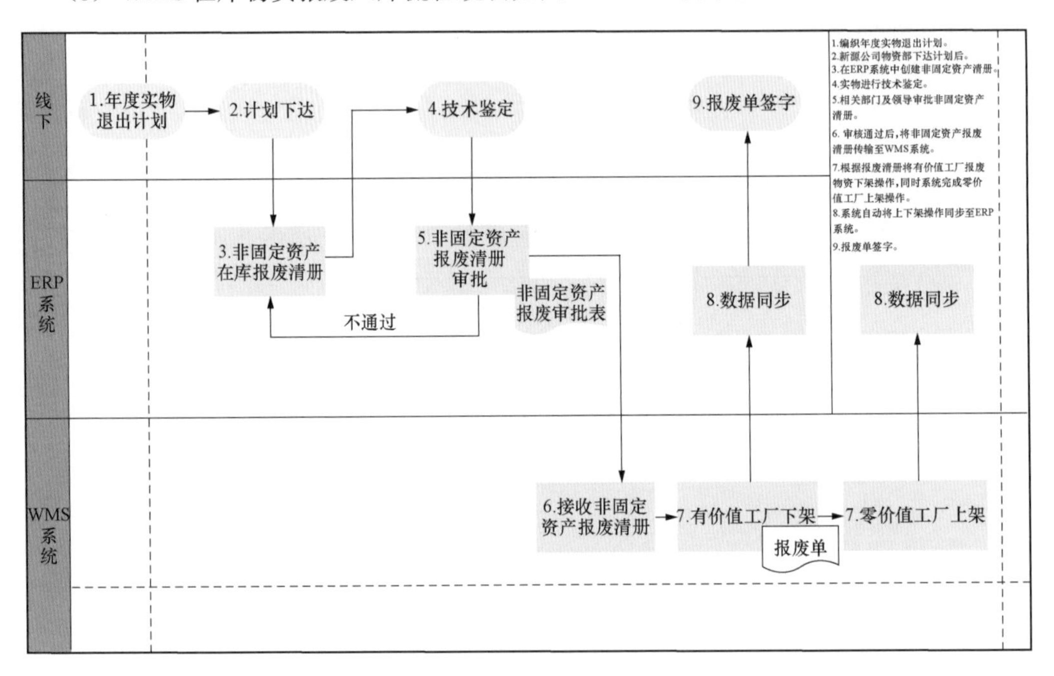

图 6-4-12　WMS 在库物资报废入库流程

（4）本流程涉及的在库物资报废入库单据和报表见表 6-4-8。

表 6-4-8　在库物资报废入库单据和报表

名称	类型	格式	备注
技术鉴定报告	系统外报告		
非固定资产报废审批单	系统外单据	统一格式	
非固定资产报废清册	系统内单据		
报废入库单	系统内单据	自主开发格式	

13. WMS3.8 未在库物资报废入库流程

（1）适用范围：本流程适用于非固定资产未在库物资报废。

（2）流程关键点：

1）重点低值易耗品具备有资产号而无设备号的特点，在创建非固定资产报废清册并履行完审批流程后，财务过账时应手动注销其资产号。

2）报废的非固定资产入库在非固定资产清册最后一级审批单位领导审批通过时会自动弹出“是否立即入库”的对话框，若已完成报废实物移交，则点击“是”；若未完成报废实物移交，应点击“否”，在报废实物移交后由库管员在 ERP 进行手动入库操作。

（3）WMS 未在库物资报废入库流程说明如图 6-4-13 所示。

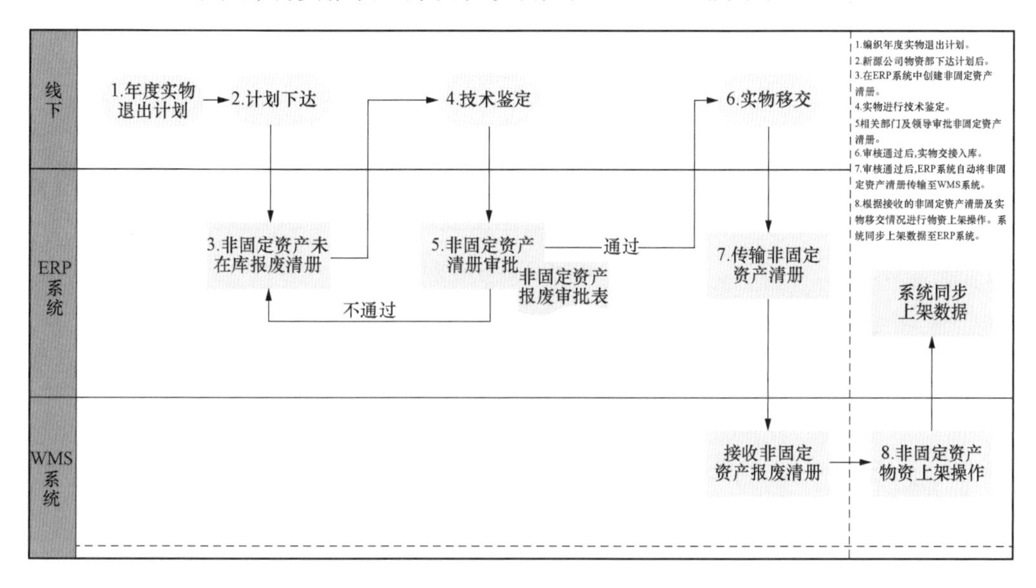

图 6-4-13　WMS 未在库物资报废入库流程

（4）本流程涉及的未在库物资报废入库单据和报表见表 6-4-9。

表 6-4-9　　未在库物资报废入库单据和报表

名称	类型	格式	备注
技术鉴定报告	系统外报告		
非固定资产报废审批单	系统外单据	统一格式	
非固定资产报废清册	系统内单据		
报废入库单	系统内单据	自主开发格式	

14. WMS4.1 领料出库流程

（1）适用范围：本流程适用于仓库中的物资依据领料单被领用出库的业务。

（2）流程关键点：

1）下架过程中如发现所在仓位的物料数量、可用状态与系统信息有差异，必须及时反馈并查实原因，确保出库单数量与实际出库数量一致。

2）仓库管理员与领料部门必须按实发数量签收出库单。

3）仓库主管必须每天检查系统未清转储申请和转储单，向仓库管理员落实物料的状态，确保实物流与信息流一致。

（3）WMS 领料出库流程说明如图 6-4-14 所示。

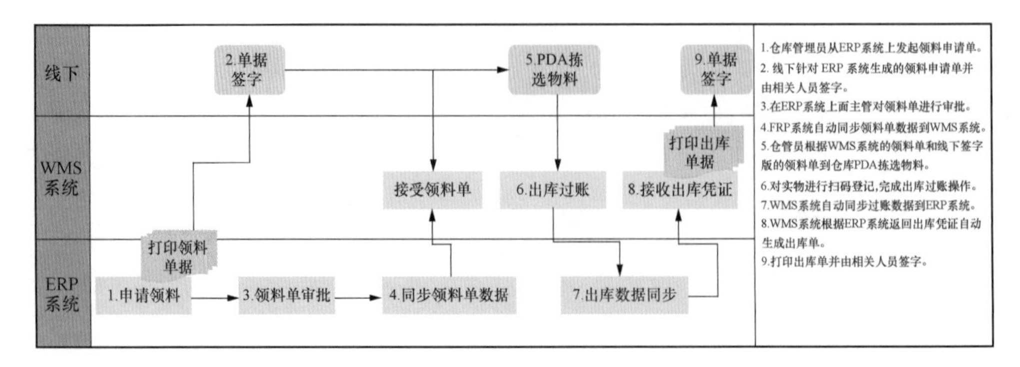

图 6-4-14　WMS 领料出库流程

（4）本流程涉及的单据和报表见表 6-4-10。

表 6-4-10　　领料出库单据和报表

名称	类型	格式	备注
领料单	系统内单据	自主开发格式	可增加条码信息
出库单	系统内单据	自主开发格式	增加物资仓位信息

15. WMS4.2 代管物资出库流程

（1）适用范围：本流程适用于由仓库代保管物资被领用出库的业务。

（2）流程关键点：

1）代保管的退役退出实物出库时，由委托部门填写代保管物资领用申请，经委托部门（领料部门）、物资管理部门双重审批后和代保管物资入库单一起交仓库保管员；仓库保管员根据审批后的代保管物资领料单，在仓储管理信息系统内执行发货操作，打印代保管物资出库单，经实物领料人、仓库主管、仓库保管员签字确认后，核对实物及相关资料，确认无误后进行实物移交；出库单由物资管理部门进行存档，委托部门（领料部门）进行核对和留存。

2）代管物资出库发料时，有配套设备（包括附件、工具备件等）、相关资料（包括但不限于合格证、说明书、装箱单、技术资料、商务资料等）的，应一并交予领料人员。

（3）WMS 代保管物资出库流程说明如图 6-4-15 所示。

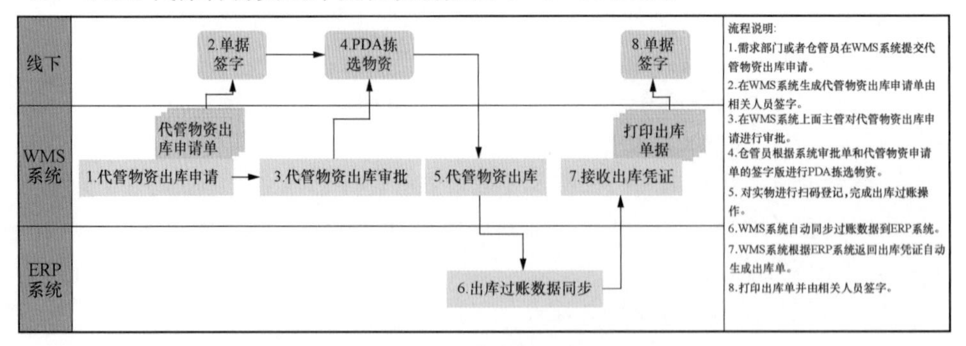

图 6-4-15　WMS 代保管物资出库流程

（4）本流程涉及的代保管物资出库单据和报表见表 6-4-11。

表 6-4-11　　代保管物资出库单据和报表

名称	类型	格式	备注
代管物资出库申请单	系统内单据	自主开发格式	
出库单	系统内单据	自主开发格式	

16. WMS4.3 紧急领料出库流程

（1）适用范围：本流程适用于现场用料紧急，来不及审核签字，物料先行领用出库后补出库单的流程。

（2）流程关键点：领料单须在领料后 5 天内开出，并补齐出库相关手续。

（3）WMS 紧急领料出库流程说明如图 6-4-16 所示。

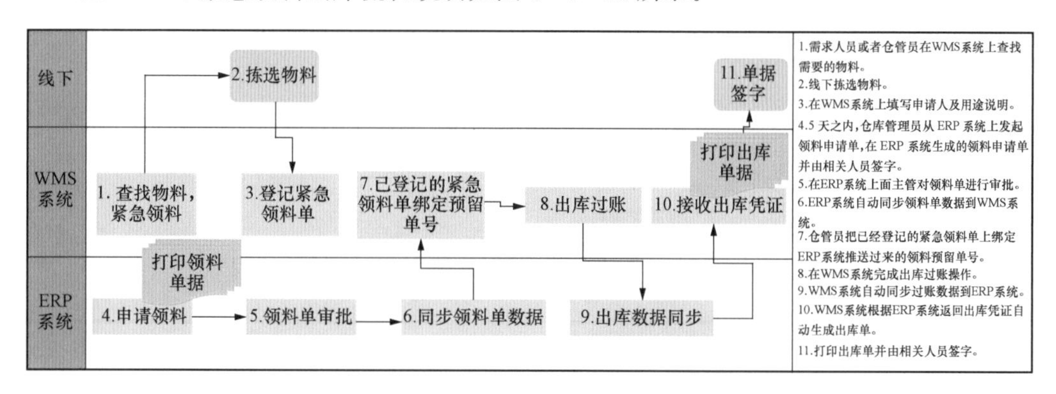

图 6-4-16　WMS 紧急领料出库流程

（4）本流程涉及的紧急领料出库单据和报表见表 6-4-12。

表 6-4-12　　紧急领料出库单据和报表

名称	类型	格式	备注
领料单	系统内单据	自主开发格式	可增加条码信息
出库单	系统内单据	自主开发格式	增加物资仓位信息

17. WMS4.4 废旧物资处置出库流程

（1）适用范围：本流程适用于有处置价值的废旧物资处置出库。

（2）流程关键点：授权处置批次电站在维护时，在 ERP 通过事物代码 ZMMR257C 启用相应的批次，并维护开始时间和结束时间。注意：在创建废旧物资处置计划时，需在处置批次允许的时间范围内进行。

（3）WMS 废旧物资处置出库流程说明如图 6-4-17 所示。

（4）本流程涉及的废旧物资处置出库单据和报表见表 6-4-13。

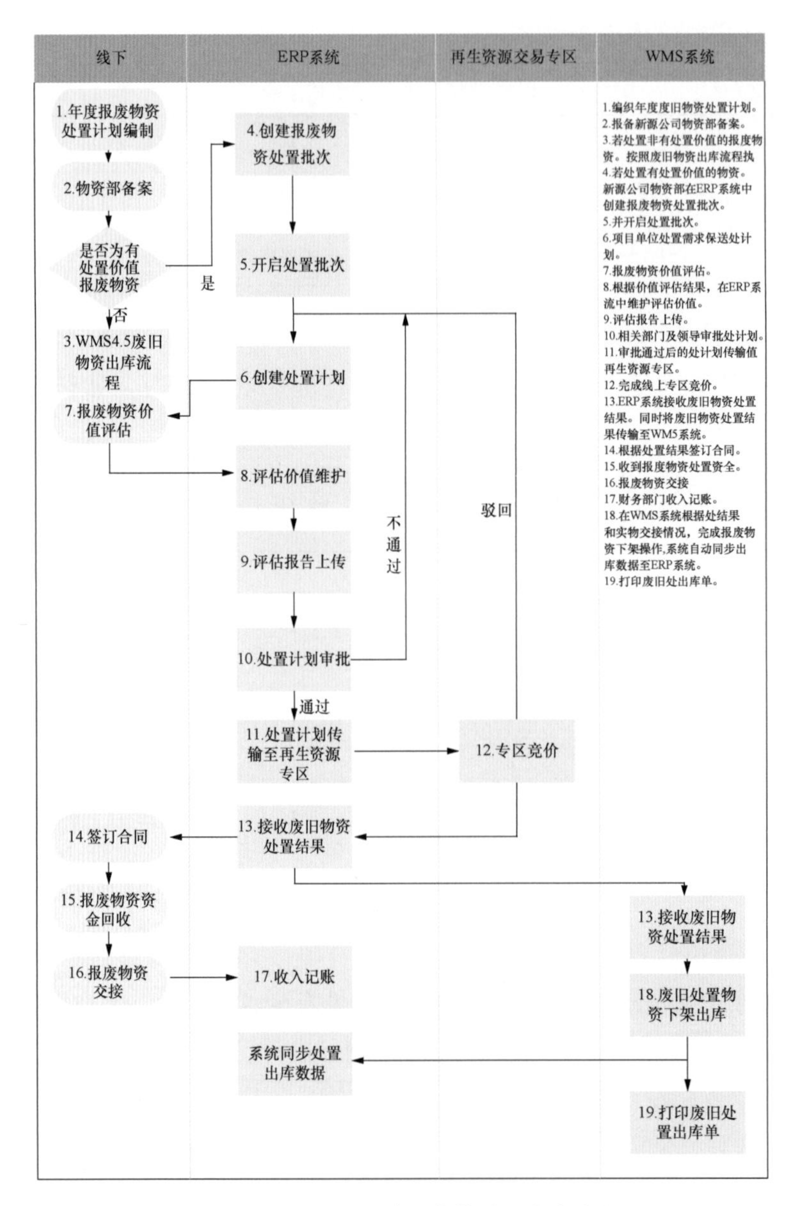

图 6 - 4 - 17　WMS 废旧物资处置出库流程

表 6 - 4 - 13　　废旧物资处置出库单据和报表

名称	类型	格式	备注
年度报废物资处置计划	系统外单据		
评估报告	系统外报告		
废旧物资销售合同	系统外单据		
报废物资实物交接单	系统外单据	统一格式	
报废物资出库单	系统内单据	自主开发格式	

18. WMS4.5 废旧物资出库流程

（1）适用范围：本流程适用于无处置价值及特殊性报废物资出库。

（2）流程关键点：为了保证废旧物资管理规范有序，应在报废实物移交后方可在系统办理报废入库手续；若某项固定资产拆分后最后一部分的局部报废，应按照固定资产报废入库流程完成操作。

（3）WMS 废旧物资出库流程说明如图 6-4-18 所示。

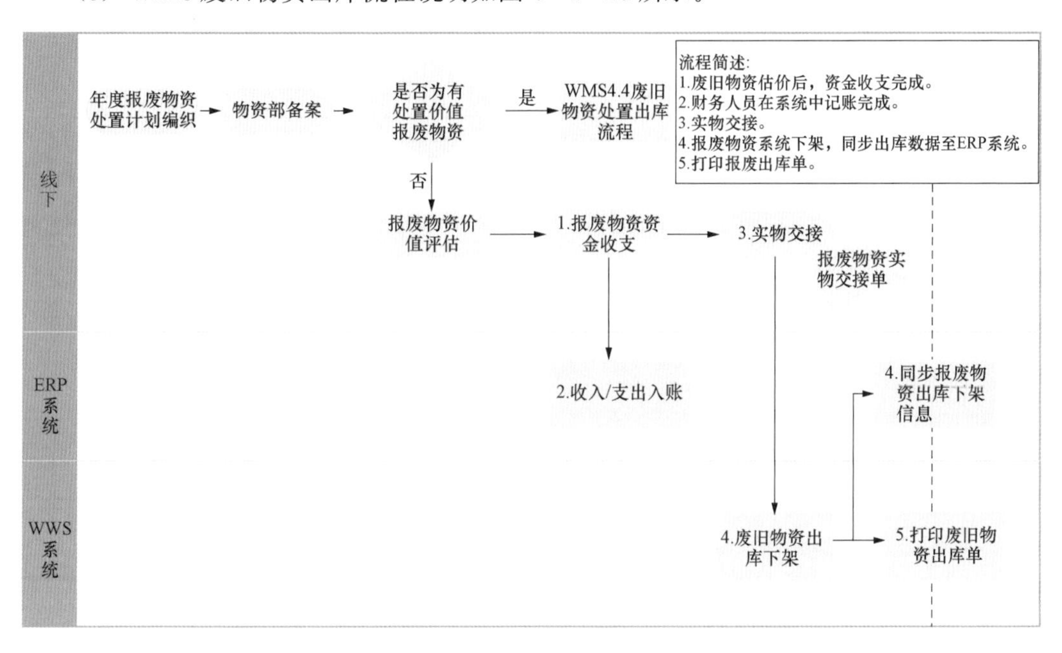

图 6-4-18　WMS 废旧物资出库流程

（4）本流程涉及的废旧物资出库单据和报表见表 6-4-14。

表 6-4-14　　废旧物资出库单据和报表

名称	类型	格式	备注
年度报废物资处置计划	系统外单据		
评估报告	系统外报告		
报废物资实物交接单	系统外单据	统一格式	
报废物资出库单	系统内单据	自主开发格式	

19. WMS5.1 仓库内转储流程

（1）适用范围：本流程适用于库内物资进行仓位调整及借用出库业务。

（2）流程简述：仓库管理员扫描原仓位后将物料移动到目的仓位，扫描目的仓位后，创建并确认转储单。

（3）流程关键点：明确原仓位和目的仓位。

（4）WMS 仓库内转储流程说明如图 6-4-19 所示。

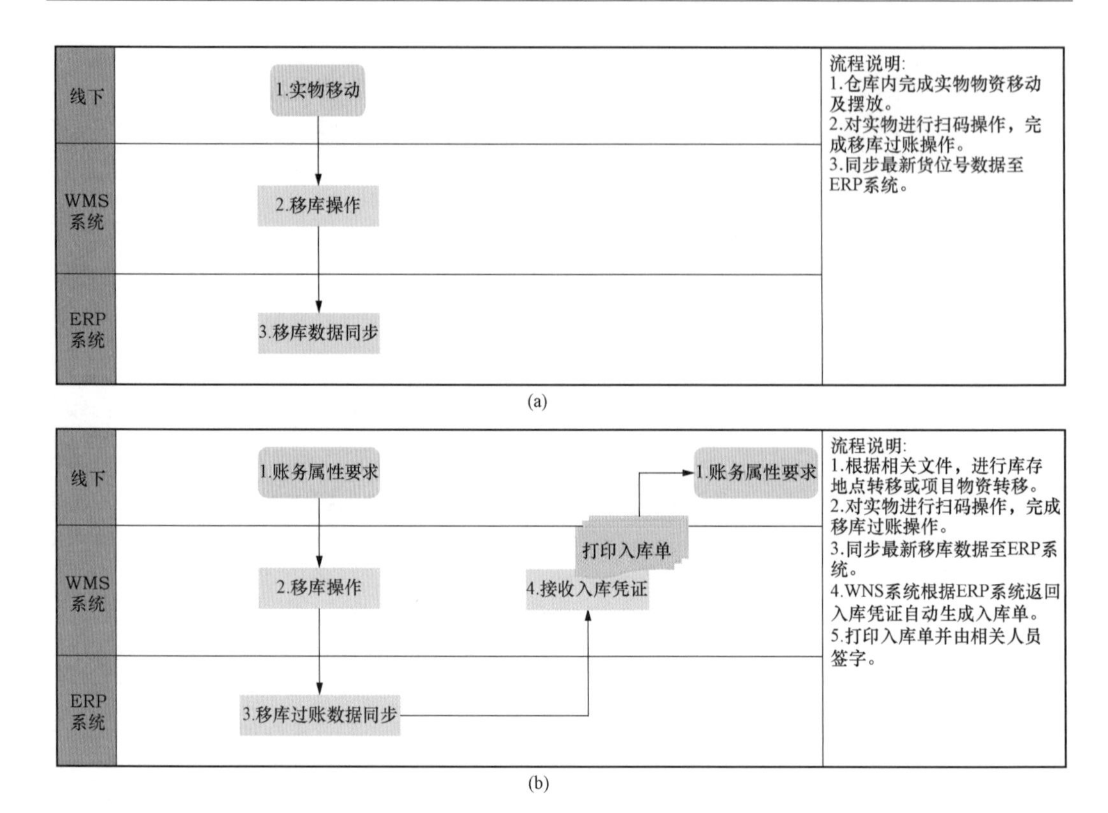

图 6-4-19　WMS 仓库内转储流程

(a) WMS 仓库内转储 - 存放位置转移流程；(b) WMS 仓库内转储 - 库存状态转移流程

(5) 本流程涉及的仓库内转储单据和报表见表 6-4-15。

表 6-4-15　　仓库内转储单据和报表

名称	类型	状态	备注
转储单	系统内单据	系统自有格式	

20. WMS6.1 冲销流程

(1) 适用范围：本流程适用于仓库管理中各种收货、发货、转储业务产生的物料凭证的冲销，已创建但未确认的转储单的冲销等系统操作。

(2) 流程简述：

1) 仓库管理员新建出库/入库冲销申请。

2) 仓库主管通过申请单号找到该条申请数据进行审批。

(3) 流程关键点：

1) 冲销操作须说明冲销原因，并经得仓库主管同意或提交申请单由相关领导审核。

2) 在进行冲销操作前，如果是采购收货，应先检查发票的处理情况，如果发票已经校验，则不允许直接冲销。

3) 在进行冲销物料凭证前，应先检查物资的上下架完成情况，如果转储单未确认，则先冲销转储单。

4）仓库主管必须每天检查系统入库相关的未清转储申请与转储单，并向仓库管理员逐一落实相应物料的状态，以确保实物流与信息流更新一致。

（4）WMS 冲销流程说明如图 6-4-20 所示。

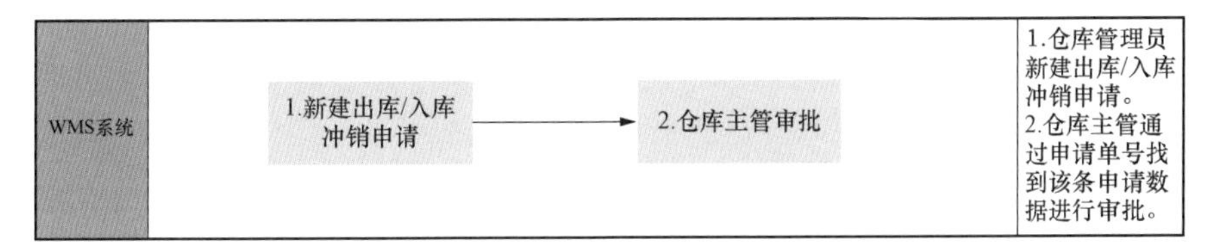

图 6-4-20　WMS 冲销流程

（5）本流程涉及的冲销单据和报表见表 6-4-16。

表 6-4-16　冲销单据和报表

名称	类型	格式	备注
凭证冲销申请单	系统外单据		

21. WMS7.1 库存物资盘点流程

（1）适用范围：本流程适用于仓库内物资盘点业务。

（2）流程关键点：

1）盘点之前必须明确盘点范围。

2）创建盘点凭证之前必须确认相应仓储类型中的转储单已经结清。

3）打印盘点凭证时必须确认相应的仓位已经进行盘点冻结。

4）实物盘点时需财务人员在场监督。

5）盘点时发现差异，必须记录。

6）盘点时已经拆包物料必须打开包装逐一清点，确认盘点数量的单位与系统盘点凭证单位一致。

7）盘点差异报告必须列明差异原因。

（3）WMS 库存物资盘点流程说明如图 6-4-21 所示。

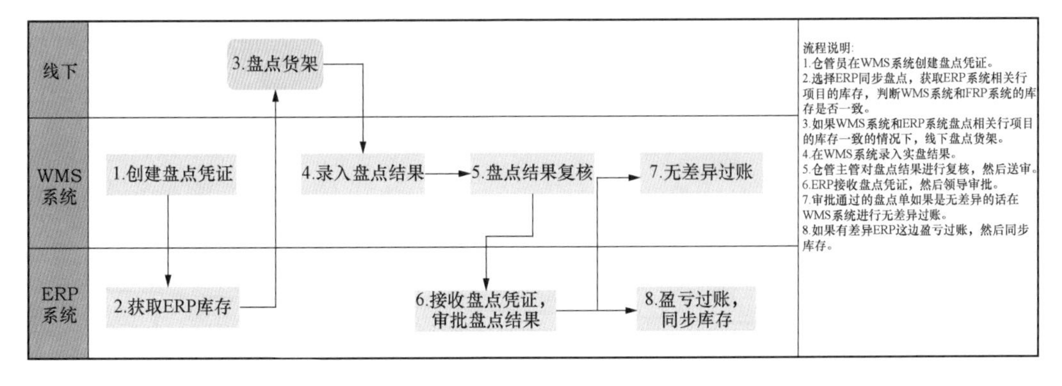

图 6-4-21　WMS 库存物资盘点流程

22. WMS8.1 基建物资入库流程

（1）适用范围：本流程适用于基建期电站根据实际情况做出采购计划后且物资到货的情况下根据物资到货单对物资进行整箱或拆箱入库，入库成功后保留入库单据。

（2）流程关键点：需正确导入到货单据才可进行入库操作。仓库管理员对基建物资开箱后，根据箱装物资内的装箱清单，在系统内进行箱装物资的拆箱入库或者整箱入库，提交后在电脑端填写货位号，最终形成物资的入库单。

（3）WMS 基建物资入库流程说明如图 6-4-22 所示。

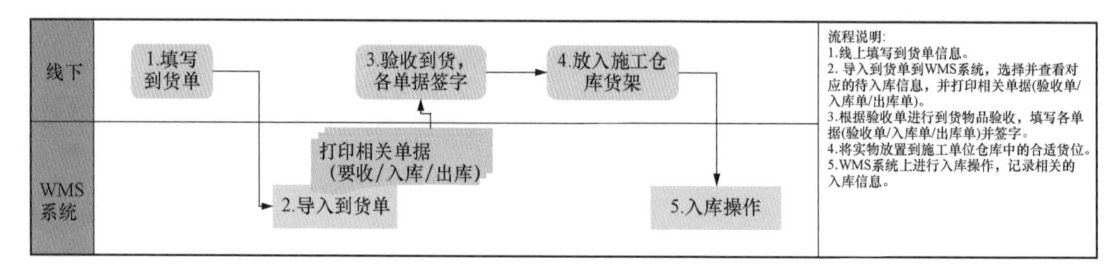

图 6-4-22　WMS 基建物资入库流程

（4）本流程涉及的基建物资入库单据和报表见表 6-4-17。

表 6-4-17　基建物资入库单据和报表

名称	类型	格式	备注
到货单据	系统外单据	自主开发格式	
领料单据	系统内单据	自主开发格式	
验收单据	系统外单据	统一格式	
出库单据	系统内单据	自主开发格式	

23. WMS8.2 基建物资用料出库流程

（1）适用范围：本流程适用于施工方依据物资部做的物资台账，申请用料单，用料单提交给仓库管理员进行对于基建物资的用料。

（2）流程关键点：新建用料单后，需填写项目名称和用料数量。

（3）WMS 基建物资用料出库流程说明如图 6-4-23 所示。

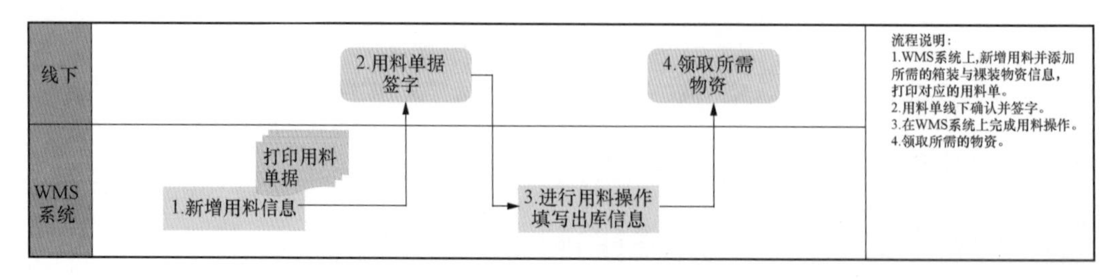

图 6-4-23　WMS 基建物资用料出库流程

（4）本流程涉及的基建物资用料出库单据和报表见表 6-7-18。

表 6-4-18　　基建物资用料出库单据和报表

名称	类型	格式	备注
用料单据	系统外单据	自主开发格式	

24. WMS8.3 基建物资盘库流程

(1) 适用范围：本流程适用于施工方对在库物资进行数量清点，与 WMS 上的信息进行比对。

(2) 流程关键点：需将真实盘点结果数据录入到系统，可以选择手动录入或利用盘库单文档直接导入。

(3) WMS 基建物资盘库流程说明如图 6-4-24 所示。

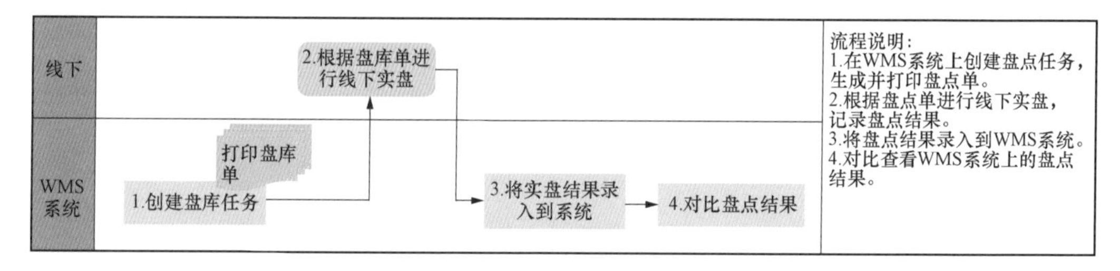

图 6-4-24　WMS 基建物资盘库流程

(4) 本流程涉及的基建物资盘库单据和报表见表 6-4-19。

表 6-4-19　　基建物资盘库单据和报表

名称	类型	格式	备注
盘库单	系统外单据	自主开发格式	

25. WMS8.4 基建物资维护流程

(1) 适用范围：本流程适用于施工方对 WMS 中基建物资信息的进行维护与修改。

(2) 流程关键点：可修改的信息包括物资名称、工作号、机组号、装配号、图纸编号、箱编号、单位、规格型号、货物毛重、货位号，其余信息不可修改。

(3) 基建物资维护流程说明如图 6-4-25 所示。

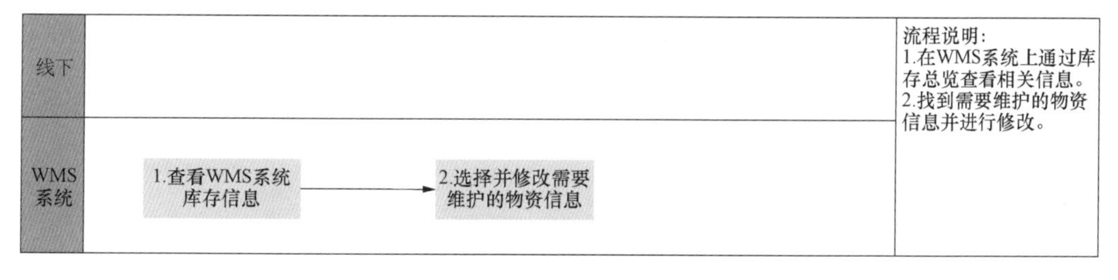

图 6-4-25　基建物资维护流程

26. WMS9.1 数据分析

适用范围：主管查看库内各个维度数据的统计分析。

(1) 盘库差异分析如图 6-4-26 所示。

打印

盘库计划单号：　　盈亏标识：　　查询　重置

物料编码	盘库计划单号	厂内物料描述	批次号	货位号	计量单位	库存数量	实盘数量	盈亏标识
500011691	PKDH202202100001	润滑脂3# 15kg/桶	1408010068	05840117	kg	60	60	正常
CHONG029	PKDH202202100001	武行者醉打孔亮 锦毛虎义释宋江	2110260059	05990101	册	100	100	正常
500043386	PKDH202202100001	1	1712190327	05990102	kg	12	12	正常
500022941	PKDH202202100001	机油,这里1把代表1kg	1511100271	05840126	BA	20	20	正常
500011691	PKDH202202100001	通用锂基润滑脂0号，15kg/桶	1605090017	05840128	kg	15	10	盘亏
500011736	PKDH202202100001	A46冷冻机油，这里1kg=1瓶/2L	1612060349	05440101	kg	7	7	正常
500011743	PKDH202202100001	抗磨液压油L-HM46(长城) 170kg/...	1506020015	05840134	L	1200	1200	正常
500022190	PKDH202202100001	制冷剂 R410A 11.3kg/瓶	1409150105	05840124	L	67.8	67.8	正常
500011687	PKDH202202100001	美孚润滑油 15W-40，12L/桶	1303250023	05840125	L	12	12	正常
500011691	PKDH202202100001	润滑脂 3# 15kg/桶	1403140120	05840127	kg	40	40	正常

图 6-4-26　盘库差异分析

（2）入库数据统计如图 6-4-27 所示。

打印

仓库：　　执行人：

项目名称：　　入库时间：　　到：　　查询　重置

入库数量	已入数量	入库单号	入库申请单号	项目名称	入库时间	执行人	入库类型	状态	仓库
240	240	RCDH20200716000002	4100023106	××公司2020年空压机备品备件购置采购合同	2020-07-16 16:36:30	崔庆荣		已完成	恒温仓库
1	1	RCDH20200616000001	4100022884	××公司电网二次设备（南瑞）事故备品备件购置采购合同	2020-06-16 15:37:10	shilijuan		已完成	恒温仓库
9	9	RCDH20200616000002	WDRK20200616000001		2020-06-16 18:27:48	cuiqingrong		已完成	烟库
4	4	RCDH20200708000001	4100023016	××公司2019年事故备品备件购置采购合同	2020-07-08 11:33:42	崔庆荣		已完成	封闭库
3	3	RCDH20200803000001	WDRK20200803000001		2020-08-03 09:21:24	崔庆荣		已完成	五金金属材料库
246	246	RCDH20200807000001	4700013996	××公司400V控制系统PLC升级改造设备购置及安装合同	2020-08-07 08:53:24	吕静炜		已完成	恒温仓库
246	0	RCDH20200907000001	4700013996	××公司400V控制系统PLC升级改造设备购置及安装合同	2020-09-07 11:05:43	吕静炜		已完成	
246	0	RCDH20200907000002	4700013996	××公司400V控制系统PLC升级改造设备购置及安装合同	2020-09-07 11:10:35	吕静炜		已完成	
246	0	RCDH20200907000003	4700013996	××公司400V控制系统PLC升级改造设备购置及安装合同	2020-09-07 14:28:32	吕静炜		已完成	
42	42	RCDH20200910000001	4700014094	××公司行政交换网升级改造设备购置及安装合同	2020-09-10 10:41:49	吕静炜		已完成	恒温仓库

图 6-4-27　入库数据统计

（3）出库数据统计如图 6-4-28 所示。

打印

仓库：　　领用部门：

项目名称：　　出库时间：　　到：

查询　重置

出库数量	已出数量	出库单号	出库申请单号	出库时间	执行人	项目名称	出库类型	状态	仓库	领用部门
1	1	CCDH20200612000001	LLGD20200612000001	2020-06-12 15:24:29	cuiqingrong		ERP领料出库	已完成	恒温仓库	
360	360	CCDH20200613000001	LLGD20200612000002	2020-06-13 09:23:25	cuiqingrong	国网新源控...	ERP领料出库	已完成	封闭库	
1	1	CCDH20200708000001	LLGD20200708000001	2020-07-08 08:44:25	cuiqingrong		ERP领料出库	已完成	封闭库	
4	4	CCDH20200619000001	LLGD20200619000001	2020-06-19 14:01:07	cuiqingrong		ERP领料出库	已完成	恒温仓库	
23	23	CCDH20200713000001	LLGD20200713000001	2020-07-13 09:13:46	zhangxuefeng		ERP领料出库	已完成	恒温仓库	
4	4	CCDH20200713000002	LLGD20200713000002	2020-07-13 11:19:28	lvjingwei		ERP领料出库	已完成	恒温仓库	
14	14	CCDH20200720000001	LLGD20200720000001	2020-07-20 09:46:37	zhangxuefeng		ERP领料出库	已完成	恒温仓库	
1	1	CCDH20200803000001	DGCK202008030000...	2020-08-03 10:09:20	cuiqingrong		代管物资出库	已完成	封闭库	计划物资部
1	1	CCDH20200807000001	LLGD20200807000001	2020-08-07 09:04:36	zhangxuefeng		ERP领料出库	已完成	恒温仓库	
3	3	CCDH20200810000001	LLGD20200810000001	2020-08-10 10:15:36	lvjingwei		ERP领料出库	已完成	恒温仓库	

图 6-4-28　出库数据统计

（4）货位状态分析如图 6－4－29 所示。

查看

仓库：　　货架编码：　　查询　重置

公司编码	仓库编码	货架编码	空置数量	存放数量	锁定数量	使用率(%)
5726	01	0130	434	121	0	21.8
5726	01	0152	493	2	0	0.4
5726	01	0174	457	38	0	7.68
5726	01	0120	449	46	0	9.29
5726	01	0131	452	43	0	8.69
5726	01	0175	454	41	0	8.28
5726	01	0150	490	5	0	1.01
5726	01	0172	486	9	0	1.82
5726	01	0151	488	7	0	1.41
5726	01	0173	458	37	0	7.47

图 6－4－29　货位状态分析

（5）转储统计如图 6－4－30 所示。

打印

统计地点：　　仓库：　　转储人：

转储类型：　　转储时间：　　到：　　查询　重置

转储数量	已转储数量	转储单号	转储时间	转储人	转储类型	状态	仓库
70	70	ZCSQ20200715000002	2020-07-15	lvjingwei	存放位置转移	已完成	封闭库
83	0	ZCSQ20200929000001	2020-09-29	lvjingwei	存放位置转移	已完成	应急物资库
4	4	ZCSQ20201119000001	2020-11-19	lvjingwei	生产库存转...	已完成	恒温仓库
1	1	ZCSQ20201231000001	2020-12-31	cuiqingrong	存放位置转移	已完成	恒温仓库
3	3	ZCSQ20210107000002	2021-01-07	cuiqingrong	存放位置转移	已完成	封闭库
1212	1212	ZCSQ20210204000002	2021-02-04	lvjingwei	项目库存转...	已完成	棚库
1	1	ZCSQ20210209000001	2021-02-09	cuiqingrong	存放位置转移	已完成	封闭库
10	10	ZCSQ20210315000001	2021-03-15	lvjingwei	存放位置转移	已完成	应急物资库
0	0	ZCSQ20210706000001	2021-07-06	yixing001	库存地点转移	已完成	封闭库
0	0	ZCSQ20210706000002	2021-07-06	yixing001	存放位置转移	已完成	封闭库

图 6－4－30　转储统计

（6）在库物资统计如图 6－4－31 所示。

打印　物资储存情况

仓库：　　物料编码：

物料描述：　　批次号：　　查询　重置

物料编码	物料描述	货位号	批次号	入库时间	计量单位	单价	库存数量	ERP库存	保管期限	校验期限	仓库	状态
500020421	联结金具-调整板,DB-...	03680315	2104060035	2021-04-06	个	5555.17	2.000	2.000			封闭库	在库
500020421	联结金具-调整板,DB-...	03680315	2104060035	2021-04-06	个	5555.17	2.000	2.000			封闭库	在库
500074391	密封圈HAQN400695...	03680315	2104060036	2021-04-06	颗	2137.07	1.000	1.000			封闭库	在库
500056748	"销,开口销,φ3,16mm"	03680315	2104060037	2021-04-06	个	20.69	4.000	4.000			封闭库	在库
500062760	地埋U型连接件,φ16,1...	03680315	2104060038	2021-04-06	个	38.80	6.000	6.000			封闭库	在库
500062760	地埋U型连接件,φ16,1...	03680315	2104060038	2021-04-06	个	38.80	6.000	6.000			封闭库	在库
500013535	密封件,垫片	03680315	2104060039	2021-04-06	只	73.28	4.000	4.000			封闭库	在库
500022985	组合绝缘杆	03680315	2104060040	2021-04-06	根	23931.89	1.000	1.000			封闭库	在库
500013535	密封件,垫片	03680315	2104060041	2021-04-06	只	46.55	2.000	2.000			封闭库	在库
500056748	"销,开口销,φ3,16mm"	03680315	2104060042	2021-04-06	个	20.69	3.000	3.000			封闭库	在库

图 6－4－31　在库物资统计

（7）综合查询分析如图 6-4-32 所示。

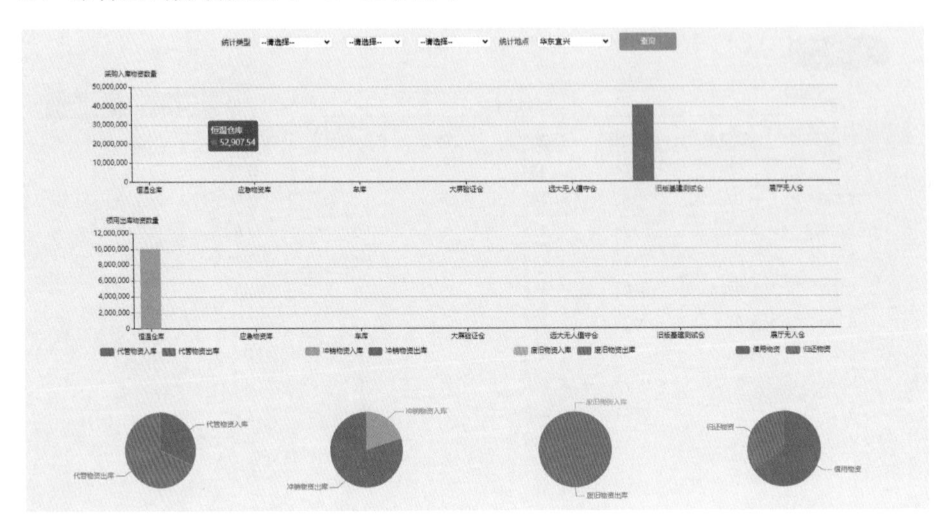

图 6-4-32　综合查询分析

（8）库存指数分析如图 6-4-33 所示。

打印

统计类型：季　　年：2021　　月/季份：1

查询　重置

仓库编号	库存周转天数	库存周转率	日均吞吐量	呆滞库存	仓库利用率	报废率
01	-1471.61	0	784.56	494270	0.35	0
02	-2367.35	0	11.29	7113	0.35	0
03	-314.49	0	8909.83	5613198	0.35	0
05	0	0	0	0	0.35	0
06	-328.51	0	1127.9	710580	0.35	0

图 6-4-33　库存指数分析

（9）库龄统计如图 6-4-34 所示。

打印

批次号：　　物料编码：　　库龄(月)：

查询　重置

公司编码	批次号	物料编码	厂内物料描述	规格	型号	制造商	供应商	库龄	WBS元素	货位号
5726	2007160017	580013243	O型圈（中间曲轴支撑座）42025015					28.2		01760101
5726	2007160029	500055581	螺栓（三级阀盒/气缸）48231542					28.2		01760101
5726	2007160022	580001094	密封垫片（二级冷却器处)3634300283					28.2		01760101
5726	2007160007	580013243	O型圈（二级阀盖与气缸）42025486					28.2		01760101
5726	2007160010	580013243	O型圈（1、2、3、平衡气缸与曲轴箱；一级气...					28.2		01760101
5726	2007160032	580016715	三级安全阀3302012013					28.2		01760101
5726	2007160023	580001094	密封垫片（2级冷却器处）3634300283					28.2		01760101
5726	2007160018	580001094	密封垫片（一级冷却器处）3612300180					28.2		01760101
5726	2007160036	580009287	油滤芯ZS1059789					28.2		01760101
5726	2007160011	580013243	O型圈（三级气阀与阀盖）42014571					28.2		01760101

图 6-4-34　库龄分析

（10）呆滞物资统计如图 6-4-35 所示。

（11）库存物资周转率如图 6-4-36 所示。

打印

批次号:　　物料编码:　　呆滞时长(天):

查询　重置

公司编码	批次号	物料编码	厂内物料描述	规格	型号	制造商	供应商	呆滞时长	WBS元素	货位号
5726	1410140001	580011775	主配压阀，ABB M2QA180...					68		03680213
5726	1105294305	580011775	PLUNGER,FC 1250主配压阀...					68		01260334
5726	1105290277	500095737	ATOS 减压阀 DH-0431/2 73		XH1			0	20220718.01.01	01280401
5726	1105290372	500095676	止回阀 DN50 PN64	DN50	PN64			39	22572421N004.12.04	03620102
5726	2102070010	580011775	fc1250配压阀					68		03710332
5726	2108020004	AOTU004	智能物料四号					1030	wbsC	52020102
5726	2109170002	TANZ001	槛外长江空自流1111					1009	wbsC	02240108
5726	2109300002	ZUIHY001	薄雾浓云愁永昼，瑞脑销金兽	645454	4656			1009	YXSTE210917.0001	01310108
5726	2110140001	JIANJA001	历史中的蒹葭	3*5-10CN	JJ2000011...			1009	EB31579.20211014	02240121
5726	2110140003	DAODJ001	历史中的道德经	3*5-10CN	DDJ68745...			1009	EB31579.20211014	31010119

图 6-4-35　呆滞物资统计

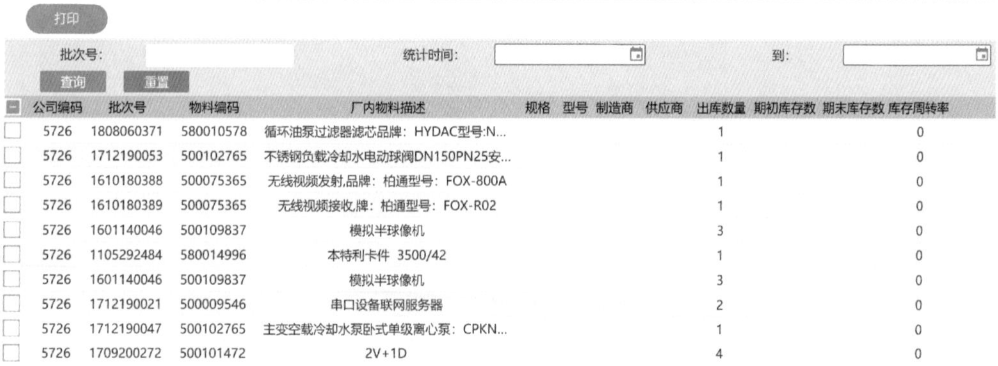

打印

批次号:　　统计时间:　　到:

查询　重置

公司编码	批次号	物料编码	厂内物料描述	规格	型号	制造商	供应商	出库数量	期初库存数	期末库存数	库存周转率
5726	1808060371	580010578	循环油泵过滤器滤芯品牌：HYDAC型号:N...					1			0
5726	1712190053	500102765	不锈钢负载冷却水电动球阀DN150PN25安...					1			0
5726	1610180388	500075365	无线视频发射,品牌：柏通型号：FOX-800A					1			0
5726	1610180389	500075365	无线视频接收,牌：柏通型号：FOX-R02					1			0
5726	1601140046	500109837	模拟半球像机					3			0
5726	1105292484	580014996	本特利卡件 3500/42					1			0
5726	1601140046	500109837	模拟半球像机					3			0
5726	1712190021	500009546	串口设备联网服务器					2			0
5726	1712190047	500102765	主变空载冷却水泵卧式单级离心泵：CPKN...					1			0
5726	1709200272	500101472	2V+1D					4			0

图 6-4-36　库存物资周转率

（12）物资使用频率统计如图 6-4-37 所示。

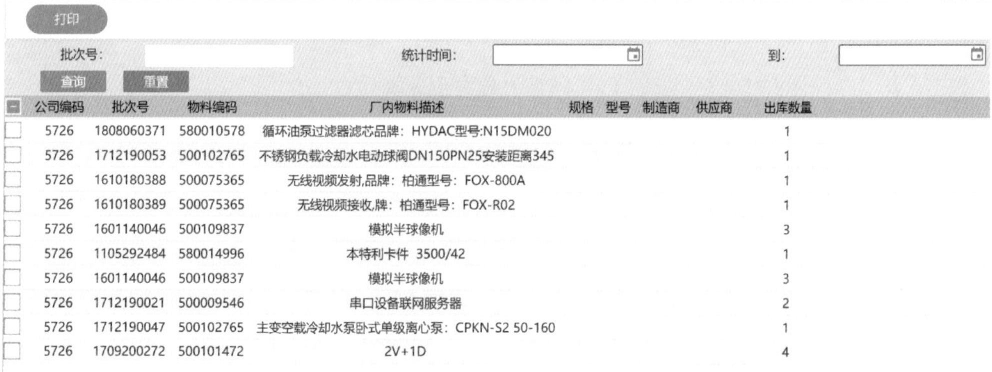

打印

批次号:　　统计时间:　　到:

查询　重置

公司编码	批次号	物料编码	厂内物料描述	规格	型号	制造商	供应商	出库数量
5726	1808060371	580010578	循环油泵过滤器滤芯品牌：HYDAC型号:N15DM020					1
5726	1712190053	500102765	不锈钢负载冷却水电动球阀DN150PN25安装距离345					1
5726	1610180388	500075365	无线视频发射,品牌：柏通型号：FOX-800A					1
5726	1610180389	500075365	无线视频接收,牌：柏通型号：FOX-R02					1
5726	1601140046	500109837	模拟半球像机					3
5726	1105292484	580014996	本特利卡件 3500/42					1
5726	1601140046	500109837	模拟半球像机					3
5726	1712190021	500009546	串口设备联网服务器					2
5726	1712190047	500102765	主变空载冷却水泵卧式单级离心泵：CPKN-S2 50-160					1
5726	1709200272	500101472	2V+1D					4

图 6-4-37　物资使用频率统计

（13）调剂物资统计如图 6-4-38 所示。

（14）订单到货情况如图 6-4-39 所示。

（15）库存业务统计如图 6-4-40 所示。

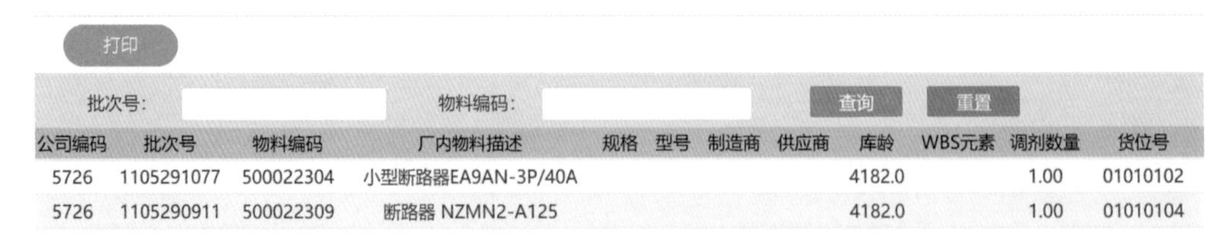

打印

批次号： 物料编码： 查询 重置

公司编码	批次号	物料编码	厂内物料描述	规格	型号	制造商	供应商	库龄	WBS元素	调剂数量	货位号
5726	1105291077	500022304	小型断路器EA9AN-3P/40A					4182.0		1.00	01010102
5726	1105290911	500022309	断路器 NZMN2-A125					4182.0		1.00	01010104

图 6-4-38　调剂物资统计

查看　导出

订单号：　订单类型：　合同编码：

查询　重置

订单号	订单类型	合同编码	供应商	工厂编码	采购组织名称	状态	到货率（%）
1667883933	PO1	h202	慧供应商101	2600	5726	完成	100
1667814870	PO1	h202	慧供应商101	2600	5726	完成	0
1667813406	PO1	h202	慧供应商101	2600	5726	完成	100
1667813226	PO1	h202	慧供应商101	2600	5726	完成	100
1667791384	PO1	h202	慧供应商101	2600	5726	完成	100
1667790355	PO1	h202	慧供应商101	2600	5726	完成	66.67
1667790054	PO1	h202	慧供应商101	2600	5726	完成	0
1667788399	PO4	h202	慧供应商101	2600	5726	完成	100
1667785763	PO1	h202	慧供应商101	2600	5726	完成	0
1667556919	PO1	h202	慧供应商101	2600	5726	完成	100

图 6-4-39　订单到货情况

打印

统计地点：　过账时间：　到：　查询　重置

申请单号	业务单号	物料凭证	业务类型	过账时间	制单时间	执行人
LLGD20221102000001	CCDH20221102000001	4917548033	261	2022-11-02	2022-11-02	王××
LLGD20220923000001	CCDH20221102000002	3976655874	261	2022-11-02	2022-11-02	王××
LLGD20220923000001	CCDH20221102000003	8338250754	261	2022-11-02	2022-11-02	王××
DGCK20221024000001	CCDH20221102000004	6966444034	Z93	2022-11-02	2022-11-02	王××
DGCK20221024000001	CCDH20221102000005	9410462721	Z93	2022-11-02	2022-11-02	王××
LLGD20221018000001	CCDH20221020000001	8090968066	261	2022-10-20	2022-10-20	王××
LLGD20221018000003	CCDH20221018000001	4703472641	261	2022-10-18	2022-10-18	王××
LLGD20221018000005	CCDH20221018000002	9929279490	261	2022-10-18	2022-10-18	王××
LLGD20221018000006	CCDH20221018000004	0882854913	221	2022-10-18	2022-10-18	王××
LLGD20221018000007	CCDH20221018000005	6014874626	261	2022-10-18	2022-10-18	王××

图 6-4-40　库存业务统计

（16）台账如图 6-4-41 所示。

导出

物料属性：　仓库：　货架：

库存地点：　入库时间：2022-11-01　到：2022-11-30

批次号：　物料编码：　查询　重置

批次号	货位号	物料编码	物料描述	厂内物料描述	物料属性	入库数量	出库数量	系统库存数量
2211080005	01010561	500012872	"普通螺栓,M8,30mm,不锈钢,无表面处理…	"普通螺栓,M8,30mm,不锈钢…	常规备品备件	10	1	9
2211080004	01010560	5000012369	测试物料5000012369	测试物料5000012369	常规备品备件	10	1	9
2211080003	01010559	500060764	10kV电缆中间接头,3×25,直通接头,热缩,铜	10kV电缆中间接头,3×25,直…	常规备品备件	10	1	9
2211080002	01010558	500060388	低压电力电缆,YJV,铜,35,3芯,ZR,22,普通	低压电力电缆,YJV,铜,35,3芯,…	常规备品备件	10	10	0
2211080001	01010584	500057680	110kV电缆中间接头,1×630,T型接头,铜	110kV电缆中间接头,1×630,…	常规备品备件	10	1	9
2211070014	01020686	500023218	拉线卡头	拉线卡头	常规备品备件	200	0	200
2211070013	01010583	500069616	"中间继电器,JZ7-44/220V"	"中间继电器,JZ7-44/220V" …	常规备品备件	100	0	100
2205100003	37010306	580010724	主阀操作装置,直缸摇摆接力器,2,6MPa	主阀操作装置,直缸摇摆接力…	事故备品备件	0	1	7
2110010005	09020203	HJBG003	电缆夹具,400mm2,φ65,SMC,三芯,中间	电缆夹具,400mm2,φ65,SM…	应急物资	0	2	89
2211070009	01000101	5000012369	测试物料5000012369	测试物料5000012369	常规备品备件	40	0	40

图 6-4-41　台账

27. WMS9.2 月报，季报，半年报，年报

WMS9.2 月报，季报，半年报，年报如图 6-4-42 和图 6-4-43 所示。

说明
1、历史物资导入数据，不计入本期变动中。

导出数据

2022 年 11 月 | 请输入厂内物料描述 | 请输入物料编码 | 请输入批次号 | 请输入货位号 | 查询 | 重置

物料编码	物料大类	厂内物料描述	批次号	货位号	计量单位	单价(元)	上期库存		本期变动				本期结余	
									入库		出库			
							数量	金额(元)	数量	金额(元)	数量	金额(元)	数量	金额(元)
		test		11111111		0	0	0	0	0	0	0	1	0
100000001	测试组20220307	100000001描述	2205100006	10010201	个	4.01	0	0	0	0	0	0	99.99	401.33
100000001		1号物料小件数量最大值	2206160010	01010139	个	10.56	0	0	0	0	0	0	1	221.44
100000002		2号小件数量最大值	2206160011	01010140	个	172.31	0	0	0	0	0	0	1	172.31
100000003	测试组20220307	厂内描述3号物料数量	2203100001	10010106	个	169.07	0	0	0	0	0	0	1	845.35
100000003	测试组20220307	100000003描述	2203100005	22010302	个	18.7	0	0	0	0	0	0	50	935.16
100000003		3号物料数量5个	2206160009	01010138	个	169.07	0	0	0	0	0	0	1	397.38
100000004	测试组20220307	厂内	2203120002	10010301	个	0.21	0	0	0	0	0	0	93.996	209.53
100000004		测试二次创建后的紧急物料显示	2206160008	01010137	个	0.5	0	0	0	0	0	0	1	767.69
100000005	测试组20220307	没厂内描述不同批次同物料编码	2203110003	10020105	平方米	598.37	0	0	0	0	0	0	1	598.37
汇总							0	0	0	0	0	0	250.986	4548.56

共 4328 条　10条/页　1 2 3 4 5 6 … 433　前往 1 页

图 6-4-42　库存统计分析

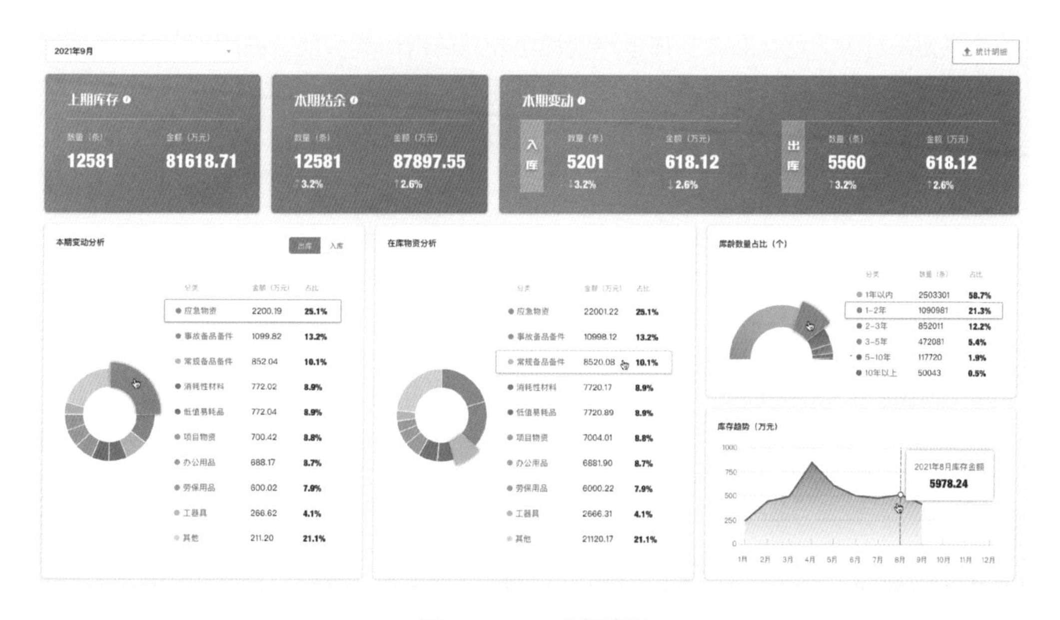

图 6-4-43　月报简报

第五节　无人值守仓建设及业务流程

一、建设背景

为给物资需求部门提供更快速的配送、更近距离的自助领料，一般采用建立前置仓、微仓的模式。抽水蓄能电站地处偏远山区，一般都会设置一定规模的生产现场仓储，存储常用的、易损的机械材料及自动化元器件等，以满足设备日常检修、消缺和紧急事故处

理所需的业务需求，解决仓储管理末端出库环节。过去由需求人办理领用单，然后到仓库提货，仓储管理人员根据需求拣选物料进行出库操作的模式，消耗较多的人力、沟通及时间，已难以满足电力生产高效运转。尤其是国家大力发展新型能源，电网对抽水蓄能机组调度频繁，要求响应快速，这就要求在设备检修、消缺、故障处理整个过程中整合资源，优化流程，提高效率。基于这些问题和需求，通过应用信息系统和物联网技术，研发无人值守仓储系统。

二、建设目标

采用成熟的物联网技术，通过智能门禁、智能操作、智能拣选、智能出库、智能监控五位一体的无人值守仓储系统研发与应用，构建抽水蓄能电站现场无人值守仓储管理模式，实现“24h 随到随领”，可以极大缩短领料时间，快速恢复机组运行，保障电网安全稳定。

三、建设要点

为了满足无人值守的场景下，实现仓库领料的完全智能化、自动化的运行模式，需解决物资需求人员的进仓、找物、办理出库手续的体验性，同时也要确保物资管理人员的日常管理和仓内物资的安全。

四、库房布局

无人值守仓的库内存放物资以满足设备日常检修、紧急事故处理的常规备品备件为主。面积无需过大，适合布置在离生产现场比较近的封闭式房间，内部安装空调、除湿机等环境控制设备，以确保物资的存放条件，布局图如图 6-5-1 所示。

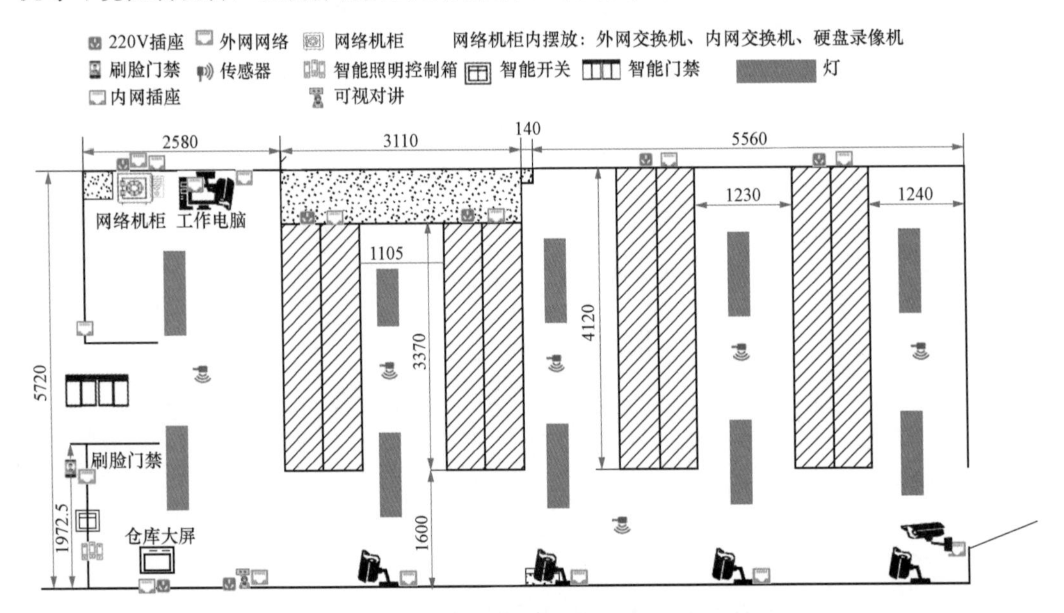

图 6-5-1　无人值守仓库布局图（单位：mm）

五、物联网设备

物联网设备主要包含了门禁、仓储设备、安防、环境及辅助系统的相关硬件，具体设备类型见表 6-5-1。

表 6-5-1　　物联网所需设备表

序号	子系统	设备名称	是否必需
1	智能门禁	智能防盗通道门	是
2		刷脸门禁终端	是
3	智能仓储设备	智能货架	是
4		智能盘库机器人	按需
5		可视对讲设备	按需
6		智能物料显示屏	是
7		智能物料管理器	是
8		智能出库操作终端	是
9	智能安防	智能安防摄像机	是
10		硬盘录像机	是
11	智能环境	智能照明控制器	按需
12		智能仓库环境传感器	按需
13	辅助系统	智能多功能大屏	按需
14		网络设备	按需

六、软件系统

软件系统以实现智能门禁＋RFID 阵列通道＋物资引导模块＋领料操作＋库存物资盘点的全流程闭环管理流程，实现从用户身份识别、库内物资查找、物资出库登记、库内环境控制、库内物资自动盘点、用户库内行为监控的全程自助化智能流程，无人值守仓软件系统架构图如图 6-5-2 所示。

七、业务流程简介

1. 人员的管理

（1）需要入库的人员首先办理《无人值守仓进入权限申请》，审核通过后；仓储管理人员通过 App 进行人员的信息采集和系统录入。

（2）对于取消授权进入的人员，仓储管理人员可以通过 App 或者 PC 后台对人员进行禁入处理，禁入的人员将无法通过智能门禁进入仓库内。

2. 入库作业流程

（1）仓储管理人员需对入库的物资上粘贴新源物资统一的仓储 ID 标签。

（2）仓储管理人员对需入库的物资进行拍照、规格参数、使用说明书、物资分类、存储货位、供应商、有效期、设备树等信息采集，并录入系统，完成物资信息的数字化信息转化工作，从源头保证物资信息的全面性。

（3）最后将物资放到指定的货位上，完成物资的入库操作。系统将物料信息自动推送到存放货位的智能物料屏上。

（4）入库作业流程说明如图 6-5-3 所示。

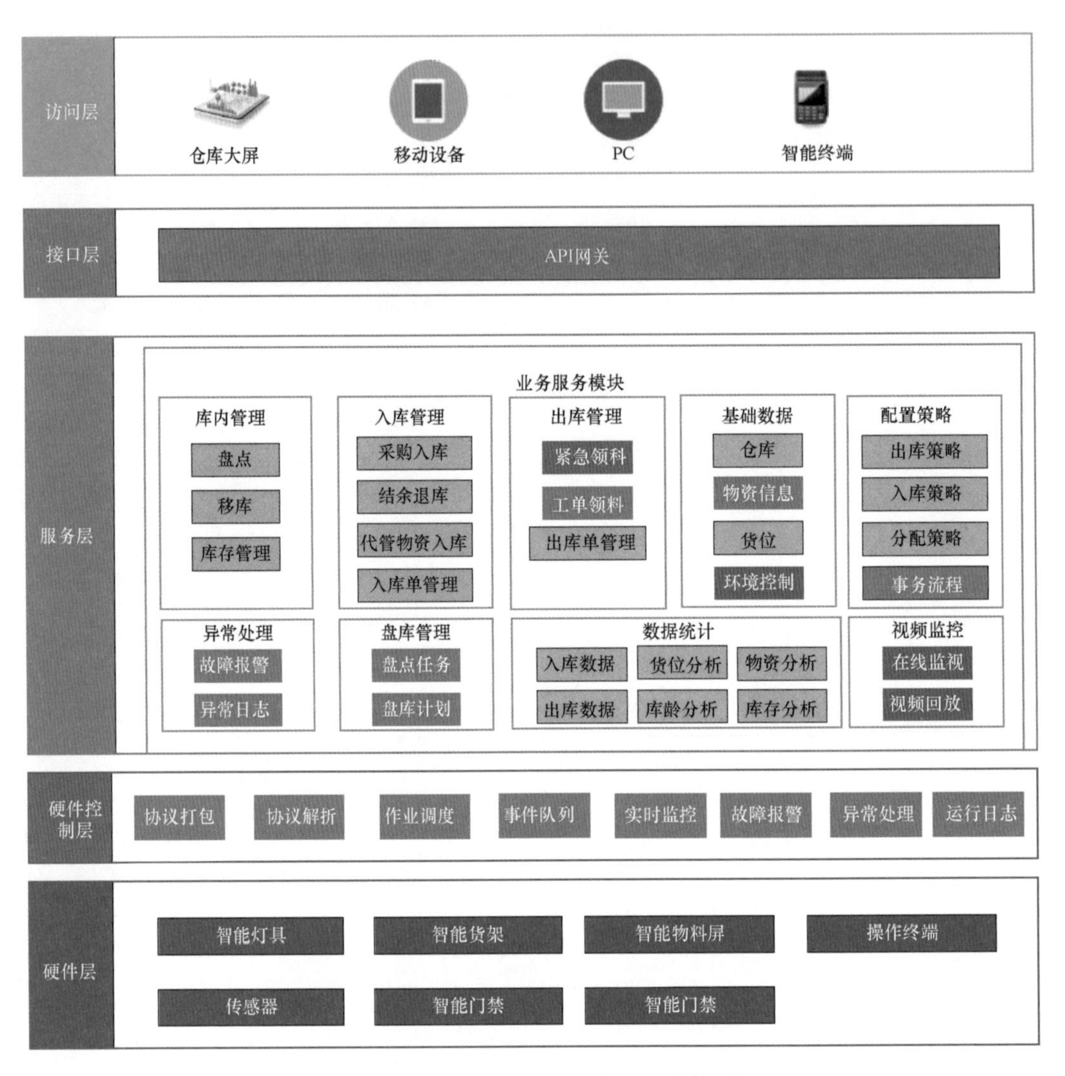

图 6-5-2　无人值守仓软件系统架构图

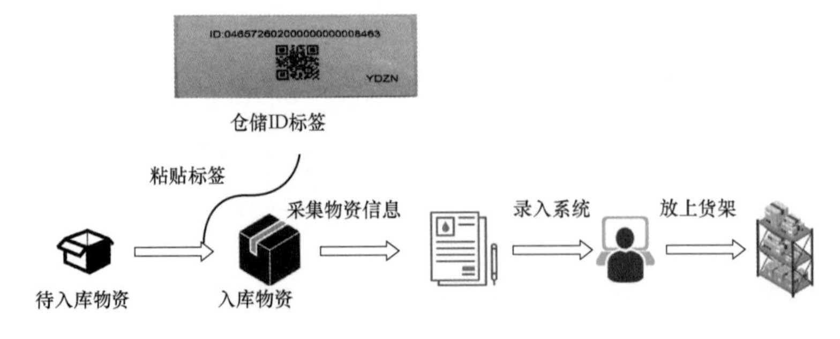

图 6-5-3　入库作业流程

3. 领料出库作业流程

(1) 开单领料。

1) 领料人员首先在智能仓储系统打印领料单据，然后凭领料单前往仓库。

2）到达仓库后，领料人员通过刷脸方式进行身份认证，认证通过后仓库将自动开门，仓库内灯光自动亮起；同时系统同步会将进入人员的信息和时间自动推送到仓储管理人员的 App 上和值班室的工作大屏上。

3）进入无人仓后首先通过智能操作终端上通过扫描领料单的二维码，系统将自动显示当前领料单上需要领取的物资，点击每个待领取物资的“一键定位”功能将开启自拣选（pick-to-light）功能，智能货架通过声光引导来引导领料人准确走到物资所在的货位。

4）领料人员拿到物资后，回到智能终端通过扫码来进行物资出库操作；系统将自动确定是否是当前领料单上的待领取物资，没有问题就自动进行系统出库处理，如果非当前领料单上待领取物资，将自动提醒异常信息；完成出库操作的物资系统将自动推送物料卡的信息给智能物料屏，智能物料屏自动更新当前物资的物料卡信息，从而确保账卡物一致。

5）当完成领料单上的所需的物资完成领料后，领料人员按下开门按钮，仓库门禁自动开门；人员在经过智能门禁时，智能门禁将扫描人员所携带的出库物资，并对比是否都已完成正常的领料手续；如果出现多拿、误拿的情况。门禁就会发出声光语音报警，提醒领料人员处理，同时将异常出库信息上报给仓储管理人员。

6）当所有的人员离开仓库后，智能照明将延时 1min 后关闭仓库的所有灯光。

7）开单领料操作流程说明如图 6-5-4 所示。

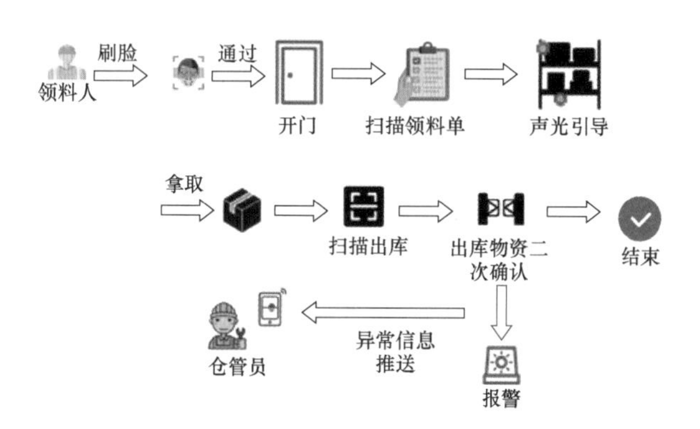

图 6-5-4　开单领料操作流程

（2）紧急领料。

1）到达仓库后，领料人员通过刷脸方式进行身份认证，认证通过后仓库将自动开门，仓库内灯光自动亮起；同时系统同步会将进入人员的信息和时间自动推送到仓储管理人员的 App 上和值班室的工作大屏上。

2）进入仓库后首先可以通过智能操作终端/智能仓储 App 上进行紧急领料操作，支持通过物料描述、物资分类、设备树信息等多种条件进行搜索，搜索到所需的物资的时候，点击每个待领取物资按“一键定位”功能将开启自拣选功能，智能货架通过声光引导来引导领料人准确走到物资所在的货位。

3）领料人员拿到物资后，可以通过智能操作终端/智能仓储 App 进行扫码登记领取物资。完成所需的物资领取后，即可开门离开仓库。

4）仓储管理人员可以在系统上看到紧急领料信息，通知相关的人员进行完善出库过账手续。

5）紧急领料操作流程说明如图6-5-5所示。

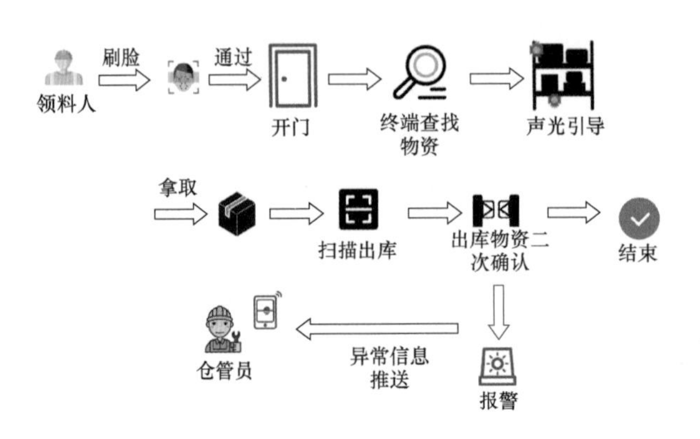

图6-5-5　紧急领料操作流程

4. 盘点

（1）仓储管理人员通过WMS创建盘库任务，设置盘库的货位及盘库开始时间，满足盘库开始时间后，仓智能硬件的控制系统将自动进行盘点操作。

（2）智能硬件的控制系统将驱动智能货架进行扫描在架物资的在位情况，并将所有物资在位信息上报系统。

（3）智能仓储系统对上报的在库物资信息与系统的在库的物资信息进行对比分析，自动输出盘库结果报表；仓储管理人员可以通过盘库结果来确认盘库正常，如果有异常，可以到仓库现场确认。

（4）盘库操作流程说明如图6-5-6所示。

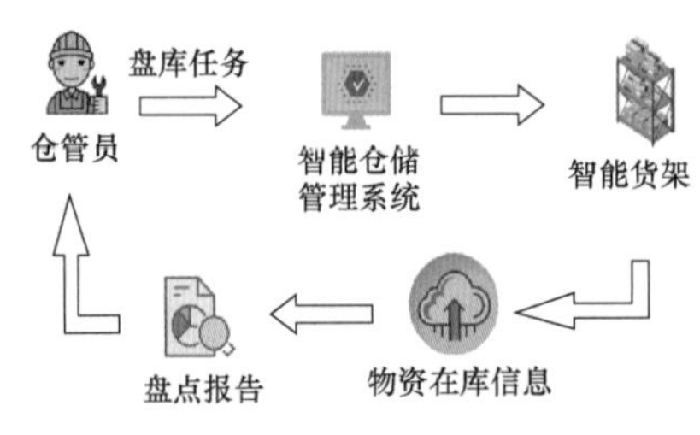

图6-5-6　盘库操作流程

第六节　24h无人值守仓应用案例

【案例6-6-1】 24h无人值守仓应用

一、背景

××抽水蓄能电站在机组检修过程中，发现配件存在老化问题，马上进行技术评估后决定立即更换配件，安排人员去无人值守仓进行领料，整个过程仅仅花费了20min。

二、主要做法

无人值守仓通过门禁设备人脸识别核对人员身份，环境检测自动开启仓内照明、智能终端展现物资多维度信息、智能货架自动引导人员取货、扫码平台自动完成出库领料、电子物料卡自动更新物料信息、智能门禁异常自动报警提醒、手机App与显示大屏实时监控仓内动态、智能货架实时自动盘点、实物ID物资信息全程应用。

三、主要成效

提高了抽水蓄能电站机组检修、设备消缺、紧急故障处理效率，快速响应电网调度需求，维护电网安全稳定运行，构建抽水蓄能电站现场“无人值守仓”管理模式，打通物资供应“最后一公里”，实现“24h随到随领”。

四、结果评析

仓储管理由传统向现代、由粗放向精益转变，基本实现了“可视化管控、精益化作业、智能化提醒、高效化运作、多系统协同”的无人值守管理模式。

24h无人值守仓实现了“智能、高效、安全、便捷”，具有显著的管理效益和经济效益，这是通过数字赋能提升物资服务水平的重要里程碑。

第七章　仓 储 人 员 管 理

仓储队伍业务能力和职业素养对抽水蓄能电站仓储业务质量有至关重要的作用，为便于新进从业者了解抽水蓄能电站仓储管理组织机构、各岗位人员职责和必须掌握的业务技能，本章介绍了仓库管理组织架构、仓库管理岗位职责和仓库业务培训等三部分内容。

第一节　仓储管理组织架构

一、组织机构

抽水蓄能电站仓储管理一般由该电站物资管理部门归口管理，设有部门负责人、仓储主管、仓储安全员、仓储综合管理员、仓储管理员、仓储信息员，仓储管理组织机构如图 7-1-1 所示。

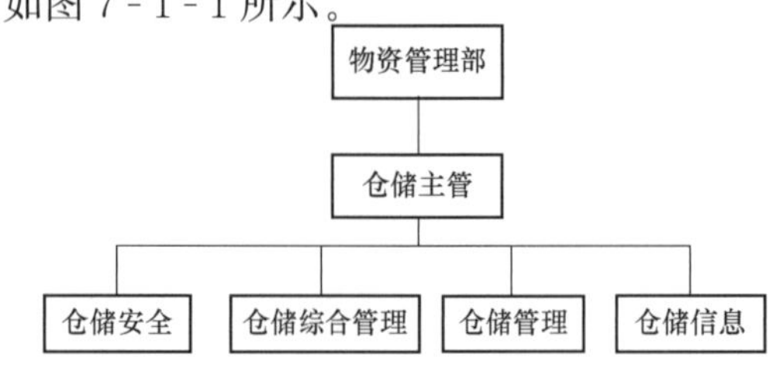

图 7-1-1　仓库管理组织架构

二、岗位配置

抽水蓄能电站按建设期分为筹建期、基建期和生产期，不同建设期对仓储管理人员配置要求不同，且基建施工准备期、主体施工期的机构设置和定岗配置也不一样。根据多年来仓储现场工作的实践，列出筹建期、基建期和生产期三种物资仓储管理部门岗位配置情况供参考，各时期岗位配置参考表见表 7-1-1。

表 7-1-1　各时期岗位配置参考表

岗位	人员数量（人）		
	筹建期	基建期	生产期
物资管理部门负责人	1	1	1
仓储主管	1	1	1
仓储安全员	1	1	1
仓储综合管理员	0 或 1	1	1
仓储管理员	1 或 2	3～5	2 或 3
仓储信息员	0 或 1	2～4	2 或 3

注　仓储管理人员的配备可根据工程的装机容量大小、机组台数和实际工作量而增减，在基建期、主体工程高峰期、主体工程尾工期可调整仓储管理人员的数量。

第二节　仓储管理岗位职责

为了规范抽水蓄能电站仓储人员管理，列出抽水蓄能电站物资管理部门岗位职责，对相应岗位人员的业务素质要求进行说明。

一、物资管理部门负责人

物资管理部门负责人岗位职责为：

（1）制定本电站仓储管理的工作计划，组织开展仓储管理各项业务，实现物资仓储管理目标。

（2）负责物资仓储管理及安全，是物资仓储安全第一责任人。

（3）完善仓储管理各项制度，提升仓储管理水平，协调物资仓储工作与其他部门的关系，推动各项仓储管理制度的执行。

（4）负责物资仓储标准化在本单位建设、推广工作。

（5）组织、协调本抽水蓄能电站物资仓储日常运维管理。

二、仓储主管

仓储主管岗位职责为：

（1）负责执行本抽水蓄能电站仓库日常运维管理，物资出入库、保管、退库、盘点等仓储业务实施，以及退役资产在库保管。

（2）负责组织开展本抽水蓄能电站库存物资技术鉴定，依据技术鉴定结论，提出库存物资报废申请，办理报废审批手续。

（3）负责统计、分析本电站库存物资信息，收集、汇总、完善可利库物资信息，定期将可利库实物库存清单发送给需求部门，供需求部门在项目策划、需求计划提报、采购文件编制等阶段开展平衡利库工作。

（4）负责仓储安全管理具体工作，组织安全制度培训及应急演练，配合做好安全检查和专项检查工作，组织制定仓库区域范围内物资的装卸、搬运、存储安全措施。

（5）检查物资退库申请及相关手续，核对无误后办理交接，并保管退库物资相关技术资料。

（6）负责本需求部门电站仓储作业凭证、库存物资管理记录的整理、汇总、归档工作，按要求报送仓储管理相关信息。

三、仓储安全员

仓储安全员岗位职责为：

（1）负责落实执行仓储安全管理的具体工作，检查各岗位安全职责落实情况；检查安全管理规章制度、反事故措施和上级安全工作指示贯彻落实情况。

（2）配合落实安全保卫、消防安全工作计划，并组织安全制度、安全技能和应急演练等培训，提高仓储作业人员安全防护意识，防止责任事故发生。

（3）加强防火安全巡视，检查仓库日常消防安全工作落实情况，发现问题及时处理并做好检查记录。

（4）熟悉仓库位置及消防重点区域基本情况，定期对消防设施进行检查、维护、保养、更换及添加，确保设施性能良好；建立设施台账。

（5）配合做好安全检查和专项检查，对人身安全防护状况，设备、设施安全技术状况检查中发现的问题和隐患，上报主管领导，并提出整改意见或建议。

（6）监督劳动防护用品、安全工器具的购置、发放和使用情况。

四、仓储综合管理员

仓储综合管理员岗位职责为：

（1）配合编制物资供应计划、与供应商沟通协调、货物催交催运、为供应商服务评价提供信息。

（2）协助编制、修订仓储突发事件应急预案等相关文件。

（3）负责完成物料编码和供应商编码的查询、新增物料和供应商信息的需求上报等工作。

（4）协助督促监理单位按照合同约定对施工承包方的仓储管理进行监管，协助开展甲供材核销工作。

（5）及时、准确地完成上级交办的各项工作。

五、仓储管理员

仓储管理员岗位职责为：

（1）负责仓库日常运维和安全管理等工作，包括仓库区域内的防火、防洪、防盗、值班、巡检、卫生保洁等；按要求填写各类日志、记录等相关文档。

（2）负责的日常仓储作业工作，包括到货物资的验收、对验收合格的物资收货入库、立账建卡、上架摆放、保管保养、倒运、盘点、发放、退库、废旧物资回收等工作。

（3）配合开展废旧物资管理工作，包括库存物资报废、废旧物资库存管理和处置后的废旧物资交接等。

（4）负责编制并定期更新库存物资台账，收集整理货物验收单、入库单、领料单、出库单等仓储管理凭证，做好相关数据核对；编制库存物资维修保养、检测检验记录，按月完成资料归档工作。

（5）负责甲供物资到货接收管理和乙供物资监管。

（6）兼职特种司驾的保管员除负责上述业务外，还需负责仓库内起重设备、叉车等特种设备的管理、操作，协助编写特种设备操作规程，编制仓储设备设施维护、保养记录。

（7）及时、准确地完成上级交办的各项工作。

六、仓储信息员

仓储信息员岗位职责为：

（1）负责货物收发、盘点、退库、报废等信息管理，包括编制、打印入库单、领料单、出库单、盘点单、报废通知单等仓储管理凭证。

（2）负责库存物资信息的整理汇总、统计分析，按规定定期报送库存物资管理各类报表。

（3）协助编制物资抽检计划、抽检方案、信息报表等，参加物资抽检的现场取样工作，负责督促检测单位出具检测报告，负责做好物资抽检的档案管理。

（4）协助开展物资仓储类归档资料的收集、整理、移交。

（5）负责物资管理部门信息系统的维护及信息安全。

（6）及时、准确地完成上级交办的各项工作。

第三节 仓储业务培训

一、培训体系

仓储业务培训体系包括培训组织、培训课程和培训讲师三部分，这三个部分相辅相成、缺一不可，直接决定培训质效。

培训组织包括培训岗位分析、培训需求调查、培训目标设立、培训课程和讲师选择、培训实施与记录、培训效果评估和相关材料归档等环节。

培训课程是在培训岗位分析和培训需求调查的基础上，明确岗位的核心技能和关键技能，明确课程目标与大纲，进行教学设计、课件制作、讲义编写、课程审核与评估等。

培训讲师需要对所授课程内容有深刻的理解，同时掌握基本授课技巧，能够清晰准确、生动形象地复盘业务重点。

二、培训内容

仓储业务培训内容应涵盖仓储业务相关的法律法规、规章制度、作业方法、信息化平台操作等，培训课程可以根据岗位实际情况设置成固定课程和动态课程相结合、自学和授课相结合，仓储业务建议培训内容见表7-3-1。

表7-3-1　仓储业务培训课程推荐表

序号	培训课程	培训岗位						培训方式
		物资部门负责人	仓储主管	仓储安全员	仓储综合管理员	仓储信息员	仓储管理员	
一、法律法规								
1	《中华人民共和国合同法》《中华人民共和国招标投标法》《中华人民共和国劳动法》《中华人民共和国安全生产法》	√	√	√	√	√	√	自学＋授课＋考试
2	《国家电网有限公司仓库运营规范》《国家电网公司仓库建设（改造）标准》	√	√					自学
3	《国网新源控股有限公司仓储标准化管理办法》《废旧物资管理办法》《固定资产管理办法》	√	√	√	√	√	√	自学＋授课＋考试
二、业务技能								
1	《仓储标准化管理概述》	√	√	√	√	√	√	在岗辅导＋考试
2	《仓库标准化建设（含库房建设、区域设置、设备与标识选择等）》	√	√	√			√	自学＋授课＋考试

续表

序号	培训课程	培训岗位						培训方式
		物资部门负责人	仓储主管	仓储安全员	仓储综合管理员	仓储信息员	仓储管理员	
3	《仓储运维管理（含仓储作业、库容库貌、设备设施管理、仓储安全等）》	√	√	√		√	√	在岗辅导+考试
4	《废旧物资管理（含废旧物资报废审批与处置、特殊废旧物资管理等）》	√	√			√	√	在岗辅导+考试
5	《仓储成本管理与库存控制方法》	√	√			√		授课+自学
6	《物联网技术在仓储业务的应用》	√	√			√		授课+自学+答疑
三、操作技巧								
1	《ERP仓储模块操作与应用》		√			√		在岗辅导+实操
2	《智能仓储系统操作与应用》		√			√	√	在岗辅导+实操
3	《电子商务平台操作与应用》		√			√		内部培训+实操
4	《特种设备操作》			√			√	在岗辅导+实操+考试
四、应急培训								
1	《地下厂房逃生应急处置》	√	√	√	√	√	√	现场培训+应急演练
2	《仓库防火应急处置》	√	√	√	√	√	√	现场培训+应急演练
3	《仓库防水、防冰冻等自然灾害应急处置》	√	√	√	√	√	√	现场培训+应急演练
4	《仓库作业防人身、设备事件应急处置》	√	√	√	√	√	√	现场培训+应急演练

续表

序号	培训课程	培训岗位						培训方式
		物资部门负责人	仓储主管	仓储安全员	仓储综合管理员	仓储信息员	仓储管理员	
5	《仓库防盗应急处置》	√	√	√	√	√	√	现场培训＋应急演练
6	《紧急收发货应急处置》	√	√	√	√	√	√	现场培训＋应急演练

三、培训目标

培训目标是指仓储培训活动的目的和预期成果，设置合理的培训目标能促进培训效果转化，不同岗位人员的培训目标也有不同，详见表7-3-2。

表7-3-2　　培　训　目　标

培训岗位	培训目标
物资部门负责人	熟悉合同法、招标投标法、劳动法及安全生产法等法律法规，掌握国家电网有限公司、国网新源控股有限公司仓储建设、管理相关制度，熟悉仓储标准化相关要求，熟悉仓储作业各项流程及注意事项，掌握仓储业务应急处置流程
仓储主管	熟悉合同法、招标投标法、劳动法及安全生产法等法律法规，掌握国家电网有限公司、国网新源控股有限公司仓储建设、管理相关制度，掌握仓储标准化相关要求，掌握仓储作业各项流程及注意事项，掌握仓储业务应急处置流程及应急处置操作方法
仓储安全员	熟悉安全生产法，熟悉国家电网有限公司、国网新源控股有限公司仓储建设、管理相关制度；掌握仓储标准化相关要求，掌握仓储作业各项流程及注意事项，掌握仓储业务应急处置流程及应急处置操作方法
仓储综合管理员	熟悉安全生产法，熟悉国家电网有限公司、国网新源控股有限公司仓储建设、管理相关制度；熟悉仓储标准化相关要求，熟悉仓储作业各项流程及注意事项，掌握仓储业务应急处置流程
仓储信息员	熟悉安全生产法，熟悉国家电网有限公司、国网新源控股有限公司仓储建设、管理相关制度；熟悉仓储标准化相关要求，熟练掌握仓储作业各项流程及注意事项，掌握仓储业务应急处置流程
仓储管理员	熟悉安全生产法，熟悉国家电网有限公司、国网新源控股有限公司仓储建设、管理相关制度；掌握仓储标准化相关要求，熟练掌握仓储作业各项流程及注意事项，熟练掌握仓储业务应急处置流程及应急处置操作方法

四、培训形式

仓储培训具体实施结合抽水蓄能电站实际而定，可以采用授课培训、在岗辅导（师带徒）及实操（特种设备）、在线培训、讨论学习培训等方式；年初应做好全年培训计划，以月为周期合理安排培训；培训完应对培训内容进行阶段性检验，保证培训效果。

（1）授课培训。授课培训适用于情景知识梳理，技能训练，态度强化，群体类学习讲师主导，学习氛围浓厚，学习目标清晰，学员之间可充分交流，但人力时间资源投入大。授课培训应以技能养成和训练为核心，准确界定培训目标、受众情况、内容纲要；其次要注意面授后学习效果的跟进，另外需搭配其他方式促进学习的转化。

（2）在岗辅导（师带徒）。在岗辅导（师带徒）适用于关键业务技能的转化、工作行为及习惯的意识养成针对性强、便于真实工作经验的传递，但受个体经验局限性影响大，员工学习和反思的效果无法跟进；应准确选定带教的老员工，对学习效果要及时跟进和考核。在岗辅导（师带徒）如图 7-3-1 所示。

图 7-3-1　在岗辅导（师带徒）

（3）在线培训。在线培训适用于应知应会的基础性知识，快速迭代的业务性知识。在线培训便捷快速，在线互动新鲜有趣，激发学习热情，但培训效果无法跟进，知识不宜向技能层面转换，可选取其他学习方式与在线培训相结合，促进培训效果转换。

（4）讨论学习培训。讨论学习培训以专题演讲为主，中途或会后允许学员与演讲者进行交流沟通，信息可以多向传递，学员参与度高。讨论学习培训多用于巩固知识，训练学员分析、解决问题的能力，但运用时对培训教师的要求较高。

（5）培训效果考察。培训效果考察应根据阶段培训的内容，由培训人根据本次培训内容归纳整理，提炼精华编制培训考核试卷，组织培训效果测试，梳理个人知识薄弱点，针对不足之处加以强化。

第八章　仓储管理效益

抽水蓄能电站的仓库肩负着抽水蓄能电站生产经营所需的各种物资的收发、存储、保管保养等多种职能，保证及时满足抽水蓄能电站生产经营供应需要。这些对于抽水蓄能电站是否能够按计划完成生产经营目标、控制仓储成本至关重要。因此，加强仓储管理工作，提高管理的业务水平和技术水平，就有必要对仓储管理效益进行分析，建立科学的指标体系。本章主要介绍仓储成本、库存控制、集团化模式下的库存规模控制、仓储管理效益指标和仓储管理效益分析方法等五部分内容。

第一节　仓储成本

一、仓储成本的定义

仓储成本是指在物资存储过程中，即装卸搬运、存储保管、质量保证、出库入库等各业务活动以及建造、购置、租赁、维修仓库等过程中设施设备所消耗的人力、财力、物力及风险成本的总和。仓储成本一般分为固定成本和变动成本两部分。

1. 仓储固定成本

仓储固定成本是在一定的仓储范围内，不随出入库量变化的成本。对抽水蓄能电站来说，仓储固定成本主要包括库房折旧、库房维修、设备折旧、库房租金、设备固定人工工资等。

2. 仓储变动成本

仓储变动成本是仓储运作过程中与出入库量有关的成本。对抽水蓄能电站来说，仓储变动成本主要包括设备维修费、物资损坏成本费、保管费、物资保养费、物资折损费、水电气费、货物仓储保险费、搬运成本费、流动资金占用成本费、变动人力成本费等。

二、影响仓储成本的因素

存储物资的种类、数量以及存储期等因素直接影响仓储成本。对抽水蓄能电站来说，提高设备的通用性和标准化，可以有效地减少备品备件种类，从而减少储备物资种类；同时，建立科学合理的库存控制机制，有效控制库存物资数量，是降低仓储成本的有效途径。

1. 物资的种类

存储的物资种类越多，需要的码垛、存储设备设施越多，实际占用的仓库面积越大，仓库的利用率就越低，仓储成本越高。

2. 物资存储量

物资存储量是物资在仓库存储的数量或价值。存储的数量越多，占用的仓库面积越大，出库入库工作量也越大，仓储成本越高；存储的价值越大，流动资金的占用越多，物资折损费用也可能越多，仓储成本越高。

3. 物资存储期

物资存储期是物资在仓库存储的时间。物资存储时间越长，累计占用的仓库面积越大，投入的维护、保养、折损成本越多，累计仓储成本越高。

4. 库存周转率

库存周转率是一定期间内（周、月、年等）的出库总金额与平均库存金额（期初、期末库存金额平均值）的比值。库存周转率越低，物资在仓库的平均存储时间越长，占用仓库的平均面积、时间越多，仓库的利用率越低，仓储成本会越高。

5. 货物积载因数

货物积载因数是指单位重量的货物所具有的体积或占用仓库的面积。货物积载因数越大，占用仓库的面积越大，仓储成本会越高。

6. 物资保管条件

物资保管条件指货物在仓库存储保管所需要的温湿度以及其他技术条件。如酒精、柴油等化工品类物资对温度要求很高，需要低温或恒温存储；如电气仪表、继电器、定转子线棒（圈）对湿度要求很高，需要仓库保持干燥。为满足不同物资的存储要求，需配备相应的降温除湿或恒温恒湿设施、设备，仓储成本也会随之升高。

第二节　库　存　控　制

库存控制是在保障供应的前提下，将库存物资的数量控制在最小值所进行的有效管理的技术经济措施。

一、库存控制的内容

合理的库存量，是保证抽水蓄能电站生产、经营活动正常进行所需要的最低库存数量。抽水蓄能电站要经常分析影响库存量的各种因素，分析供求变动情况，针对不同物资，采用适当的方法来查定和调整库存量标准。通过适当的库存量控制方法，可以及时掌握库存量动态并进行调整，对库存量不足的物资，适时、适量地提出订购；对超过合理库存量标准的物资，要及时采取措施处理超储积压。

二、库存控制的原则

抽水蓄能电站库存物资管理遵循“合理储备，加快周转，永续盘存，保质可用”的原则。

1. 合理储备原则

合理储备原则即以满足生产、经营需要为前提，合理确定储备数量，避免库存积压，按照“定额储备、按需领用、动态周转、定期补库”的模式进行管理。

2. 加快周转原则

加快周转原则即加强储备物资集中管理，加快动态周转，建立平衡利库工作机制，严把采购关口，按照“谁形成库存，谁负责利库”的原则，加大利库力度，加快库存周转。

3. 永续盘存原则

永续盘存原则即逐日逐项记录物资收、发、转储、退库等信息，确保当日实物与账面数量保持一致，定期组织开展库存物资实物盘点，检查库存物资有无积压，确保当期实物与账面数量保持一致。

4. 保质可用原则

保质可用原则即定期检查，及时组织检验，保证库存物资质量完好，随时可用。

三、库存控制模式

目前，常见的库存控制模式为定量订货库存控制模式、定期订货库存控制模式、物料需求计划（material requirement planning，MRP）库存控制模式、准时制生产方式（just in time，JIT）库存控制模式、ABC 分类库存控制（ABC method of stores control）模式、CVA 库存管理法（Critical Value Analysis）、ABC 与 CVA 综合分类法等模式。

1. 定量订货库存控制模式

定量订货库存控制模式是指预先确定一个订货点和订货批量，随时检查库存，当库存下降到订货点时就发出订货，在整个系统运作过程中订货点和订货批量都是固定的。订货点和订货批量的确定取决于库存物资的成本和需求特性，以及相关的存货持有成本和再订购成本，订货批量一般取决于经济订货批量。

2. 定期订货库存控制模式

定期订货法的原理是预先确定一个订货周期和一个最高库存量，周期性地检查库存并发出订货。订货批量的大小应使得订货后的“名义”库存量达到储备定额的最高库存量。

3. MRP 库存控制模式

MRP 库存控制模式根据当时主生产计划表上需要的物料种类、需要多少以及有多少库存来决定订货和生产，可以在数周内拟定备件需求的详细报告，用来补充订货及调整原有的订货，以满足生产变化的需求。因此，MRP 是一种根据需求和预测来测定未来物料供应、生产计划和控制的方法，提供了物料需求的准确时间和数量。

4. JIT 库存控制模式

JIT 库存控制模式的基本要求是在恰当的时间以恰当的数量提供恰当的产品。要求不断改进并全面进行质量控制，全员进行参与和努力降低库存，实现“零”库存是其理想的管理目标。

JIT 的控制模式体现了由需求方向供应方的拉动式计划的思路，即需求方居于主动地位，物料需求的品种、数量、时间、地点完全由需求方向供应方发出指令；而供应方根据需求方的指令，将需求方所需的物料在指定时间、指定地点并按指定数量及完好质量的要求及时送达。JIT 控制模式可以充分利用供应商资源，除集中采购的物资外，凡市场上可以随时采购到的物资，仓库要减少储备量，或不予储备。

5. ABC 分类库存控制模式

ABC 分类库存控制模式是根据库存品种在技术经济方面的主要特征，对库存进行分类排队，分清重点和一般，从而有区别地进行库存管理技术，是一种简洁便利又科学有效的技术方法。

一般来说，企业的库存种类繁多且价格不尽相同，有的库存品种不多但价值很高，有的库存品种很多但价值不高。企业库存资源的有限性决定了对所有库存品种均给予相同程度的重视和管理是不可能的，也是不切实际的；但对库存品种进行分类管理，将管理重点集中在重要的库存品种上，会使库存管理系统的资源得到更有效地利用。

(1) ABC分类库存控制模式基本思路。ABC分类库存控制模式是当前广泛应用于库存管理的一种方法，其基本思想是详细分析电站所拥有的产品明细与投资数额、比较各种备品备件具有的产品价值与潜在利润，然后根据相对重要性程度进行比对，并依据库存产品件的自身属性对备品备件进行分类管理。通过这种分类方法，可以区分出重要的库存产品、次要的库存产品和非重要的库存产品，并针对产品不同的重要程度采取不同的管理措施。

(2) ABC分类库存控制模式作用。ABC分类库存控制模式的应用，在存储管理中能够压缩总库存量、解放被占用的资金、使库存结构合理化、节约了管理力量。

例如利用ABC分类库存控制模式对备品备件进行分类，ABC分类库存控制模式分析表见表8-2-1，首先统计备品备件中各物料大类包含的小类品种数目、占总品种数的百分数、累积品种百分数，各物料大类的库存金额、占总库存金额的百分数、库存金额累积百分数。其次，将各备品备件大类按第7列（占总库存金额百分数）降序排列。之后，将库存金额累积百分数为0%～75%的备品备件大类确定为A类；库存金额累积百分数为75%～90%的备品备件大类确定为B类；库存金额累积百分数为90%～100%的备品备件大类确定为C类。

表8-2-1　　ABC分类库存控制模式分析表

序号	备件名称（大类）	品种数目（小类数目）	占总品种百分数	累积品种百分数	库存金额（万元）	占总库存金额百分数	库存金额累积百分数	ABC分类
1	水电配件	35000	35%	35%	44204.95	35.48%	35.48%	A
2	配件	13000	13%	48%	15684.15	12.59%	48.07%	A
3	一次设备	11000	11%	59%	13785.96	11.07%	59.14%	A
4	辅助设备设施	8000	8%	67%	10282.47	8.25%	67.39%	A
5	五金材料	5000	5%	72%	6648.80	5.34%	72.73%	A
6	装置性材料	4500	4.5%	76.5%	6078.17	4.88%	77.61%	B
7	水电设备	4000	4%	80.5%	4579.43	3.68%	81.29%	B
8	仪器仪表	3600	3.6%	84.1%	4570.17	3.67%	84.96%	B
9	二次设备	3500	3.5%	87.6%	4222.18	3.39%	88.35%	B
10	低压电器	3000	3%	90.6%	3512.84	2.82%	91.17%	C
11	工器具	2000	2%	92.6%	2303.28	1.85%	93.02%	C
	…							
汇总		100000	—	—	124577.08	—	—	—

这样，就按照ABC分类库存控制模式完成了对备品备件的分类。从库存金额角度，可以清楚地看出对各抽水蓄能电站重要、次要和一般的物资。但是这种分类方式也存在弊端，一般情况下，按照ABC分类方法，往往会倾向于把当前必需的库存制定很高的优先级，以显示其重要性；最终的结果将会导致库存品中高优先级的产品越来越多，而使其他的库存品未得到相应的重视，丢失了主次的分别。

6. CVA 库存管理法

CVA 管理法也称关键因素分析法，是指在库存管理中引入关键因素分析，把物品按照关键性分类，并分别加以管理的方法。因为在 ABC 分类法中 C 类货物在生产中得不到足够的重视，因此引进 CVA 管理法，进而有益地补充了 ABC 分类法。CVA 管理法把货物分为四个等级，依次为最高、较高、中等、较低优先级，对根据不同等级的物资，对允许缺货的数量是有区别的。相较于 ABC 库存分类管理法，CVA 分类法目的性更强。CVA 库存分类管理法以企业对物资详细的分类、分析、管理为基础，而建立和使用的，很好地弥补了 ABC 分类法不够重视 C 类物资的弊端。

例如从故障率的角度切入，利用 CVA 库存管理法对备品备件进行分类，CVA 库存管理法分析表见表 8-2-2。

表 8-2-2　　CVA 库存管理法分析表

序号	备件名称（大类）	备件名称（小类）	故障次数	故障率	影响程度	故障影响期望值	CVA 分类
1	一次设备	A	35	35%	2	70%	H
2	一次设备	B	35	35%	1	35%	M
3	一次设备	C	30	30%	0.5	15%	L
	…						
汇总		—	100	—	—	—	—

由表 8-2-2 可知，统计各物料种类的故障次数、故障率，并通过专家打分，确定该类备品备件发生故障时的影响程度（特别严重系数为 2；严重系数为 1；一般系数为 0.5），最后通过故障率与影响程度相乘得到故障影响期望值。将各备品备件按故障影响期望值降序排列，将故障影响期望值大于 60%的设为 H（发生故障次数多或影响程度大）；故障影响期望值 30%～60%的设为 *M*（发生故障次数或影响程度居中）；故障影响期望值 0%～30%的设为 *L*（发生故障次数少或影响程度小），至此就对备品备件完成了 CVA 分类。通过 CVA 分类，可以清楚地看出各类备品备件对电站的故障影响程度。

7. ABC 与 CVA 综合分类法

为结合 ABC 分类法与 CVA 分类法的优势，弥补 ABC 分类法的缺陷，将 ABC 分类法与 CVA 库存管理法的结果进行结合，起到取长补短的目的，这种分类法即为 ABC 与 CVA 综合分类法。ABC 与 CVA 综合分类法分类表见表 8-2-3。

表 8-2-3　　ABC 与 CVA 综合分类法分类表

项目	特别重要（H）	重要（M）	一般（L）
占用资金率-高（A）	AH	AM	AL
占用资金率-中（B）	BH	BM	BL
占用资金率-低（C）	CH	CM	CL

对于 AH、BH、AM、类备品备件，定义此类备件为Ⅰ类备品备件：该类设备参与构成抽水蓄能电站主要设备，承担着较重要的发电和输电任务，一旦发生故障其影响极大，因此对其运行可靠性要求较高，且此类设备价格昂贵，设备可替代性差。为确保此

类备品备件能够随时满足需求，各电站要严格控制库存，辨识每一项备品备件的安全库存后，定期盘点与检查试验，并要在保证安全系数的基础上，节约备品备件投资。

对于BM、CM、CH类备品备件，定义此类备件为Ⅱ类备品备件：相对于Ⅰ类备品备件来说，这类备品备件对电站机组正常运行的影响有所降低，但仍是日常运行、检修、维护不可或缺的物资，其流动速度平均比Ⅰ类备品备件要慢一些，且占总库存价值的比例略小于Ⅰ类物资。故总体管理原则是按照正常情况控制，对流动速度较快、价值较高的备品备件进行间隔时间短的定期盘点；对流动速度一般、价值中等的备品备件进行间隔时间长的定期盘点，及时补充库存缺额。

对于AL、BL、CL类备品备件，定义此类备件为Ⅲ类备品备件：该类备品备件的多为低值易耗品，品种数量较多，较容易在市场上采购或有替代产品，且单价不高，但是各抽水蓄能电站为了确保电站安全运行，仍有大量储备。尽管这类备品备件也是检修维护发电机组正常运作所需的物资，但因其重要性程度不高、容易获取等原因，该类物资也是优化定额重点方向之一。该类物资一般不需要大量储备，因此可适当降低该类物资的定额，同时各抽水蓄能电站需要严格盘查该类物资的储备量以及实际需求，处理过量储备的物资，从而削减库存、降低成本。

四、储备定额

抽水蓄能电站物资储备定额是根据抽水蓄能电站的实际生产、运营需要，按实物计量单位如吨、套、台等作为定额单位核定，利于加强库存物资集约化管理，在尽量减少资金占用的前提下，实现物资科学、合理储备。

抽水蓄能电站库存物资按存储期限可分为暂存物资、储备物资两类。

（1）暂存物资。暂存物资主要包括项目暂存物资、周转性物资、退出退役资产和废旧物资等四类。暂存物资一般占用仓库的时间不长、空间不大，消耗的仓储成本相对固定。

项目暂存物资是指工程建设、项目实施中所需要的物资，通常由采购或退库物资而来，占用仓库的时间和空间相对固定。

周转性物资是指在工程施工过程中能多次使用、反复周转的工具性材料、用具和配件等，该类物资能够重复利用，但也具有易损耗的特点，应坚持适用、实用、集约配备。

退出退役资产是指因自身性能、技术、经济性等原因离开安装位置、退出运行并委托进行存储保管的设备和主要材料。

废旧物资是指已办理固定资产报废手续的物资、已办理流动资产报废手续的库存物资、已办理非固定资产报废手续属于列卡登记的低值易耗品、其他废旧物资等。

（2）储备物资。储备物资按来源可分为事故备品备件、常规备品备件、应急物资、结余物资等四类；储备物资主要因存储时间不确定，从降低仓储成本、提高企业经营效益方面，需统筹考虑存储物资的种类、数量以及存储期，实行定额储备。工程结余退库物资，应部分转为备品备件纳入定额储备范畴，其他作为可利用库存物资进行管理。

事故备品备件是指为确保生产设备安全可靠运行，事故后恢复运行所必须使用、采购与制造周期较长的备品或备件。

常规备品备件是指设备在正常运行情况下容易磨损，正常运行检修中需更换的备品或备件。

应急物资是指为防范恶劣自然灾害，保障安全生产、防范环境污染所需要的应急抢修设备、材料、工器具、应急救灾物资和应急救灾装备等；应急物资应实行“定额储备”。

结余物资是指工程或项目物资由于实际用量少于采购量而产生的结余物资，包括项目因规划变更、项目取消、项目暂停、设计变化、需求计划不准等原因引起的结余物资。

五、平衡利库

1. 平衡利库概述

平衡利库是指在采购物资前，如在项目可研设计、物资需求提报等阶段，对需要采购的物资进行库存检查，结合当前库存数量、储备定额等因素来确定采购物资数量的过程。

平衡利库是降低仓储成本、释放企业流动资金、提高企业经营效益的有效途径。平衡利库是一项系统性工程，涉及物资需求管理、采购管理、合同管理、库存管理、供应商管理等多个环节。平衡利库的关键点在于库存信息共享和采购计划平衡，只有在前期准备、日常梳理、后期控制等全方面入手才能做好此项工作。

2. 平衡利库的原则

平衡利库的原则包括：按照“谁形成库存，谁负责利库”的原则，减少由于物资过量采购而造成的库存积压；坚持“先利库、后采购”，严把采购关口，凡是仓库内可利库物资，原则上不允许重新采购；需求物资与可利库物资未完全匹配，但物资型号、规格相近的，宜采取“以大代小”“型号替换”等方式进行替代。

3. 平衡利库的流程

平衡利库的流程为物资管理部门建立可利用库存物资（包含已完成报废审批的再利用物资）台账，根据可利库物资类型，分析积压原因，每月将可利库物资信息反馈至物资需求部门/项目管理部门；物资需求部门/项目管理部门在项目可研、初步设计、采购计划提报阶段，对照可利库物资信息，优先选用库存物资或可用退役资产，实施平衡利库后，形成物资采购计划。物资管理部门根据项目管理部门利库后的物资采购计划实施采购。

4. 平衡利库的方法

对库存物资进行专项分析，是开展平衡利库工作的有效方法。库存物资专项分析是对库存物资、项目采购物资、日常消耗物资、事故备品备件、常规备品备件等信息进行动态跟踪、总结和分析，结合抽水蓄能电站设备健康水平、事故（或故障）易发设备或组部件、隐患排查结果、企业流动资金等因素，进而对各抽水蓄能电站库存储备物资（含储备定额）、储备方式、物资利用或处置方式等工作提出指导性意见。

通过库存物资专项分析可以降低库存物资闲置风险，提高库存周转率，减少流动资金和仓储空间的占用和浪费，确保备品备件按需储备，提高物资仓储工作质效。

（1）库存物资专项分析组织形式。库存物资专项分析一般由物资管理部门牵头组织，物资需求部门、项目管理部门、应急管理部门等专业部门配合。

（2）库存物资专项分析主要内容。库存物资专项分析基于仓储信息系统以及仓库库存物资为基础，对在库物资进行全面盘点，补充供应商、库龄、采购使用周期、市场供应情况、物资属性、规格、型号、制造厂、储备定额、超额数量、缺额数量、定额修订建议、物资用途、处理措施、利库完成时间等信息，建立完整的、准确的、详细的库存物资台账，库存物资台账见表 8-2-4；再对库存物资台账进行进一步分析，制定利库措施并实施，进而达到平衡利库的目的。

表 8-2-4　　库存物资台账

序号	工厂	工厂名称	物料	物料描述	厂内描述	库存地点	货位号	计量单位	库存数量	单价（元）	金额（元）	批次号	供应商	库龄（月）	采购使用周期（月）	市场供应情况	物资属性	规格	型号	制造厂	储备定额	超额数量	缺额数量	定额修订建议	物资用途	处理措施	利库完成时间	备注
1																												
…																												

注 1. 可参考该表格式应用 EXCELL 制作台账，根据实际情况调整，具体类别、金额等根据物资属性按照实际填写，前 13 列可从 ERP 中导出。

2. 未填写金额的物资为无价值物资。
3. 库龄，即当前统计时间与入库时间的差值。
4. 采购使用周期，即物资采购所需时间和物资使用周期的和，一般分析近 5～10 年内本电站相同物资的采购和使用情况，可结合合同、物料编码、采购订单、出入库等数据进行分析。
5. 市场供应情况包括：充足、一般、紧缺。
6. 物资属性包括：事故备品备件、常规备品备件、应急物资、项目物资、办公用品、劳保用品等。
7. 物资用途是描述该项物资可用于哪些项目，一般包括：日常运维、检修项目、技改项目等，可根据现场实际进行进一步细化。
8. 处理措施包括：继续存放、领用出库、日常消耗、项目使用、出库转代保管、报废处置等。
9. 利库完成时间，即按照处理措施处置完成的时间。

（3）库存物资专项分析流程。

1）物资管理部门通过 ERP、WMS 导出在库物资清单，组织相关专业部门对在库物资进行全面盘点。

2）完善库存物资台账。物资管理部门完善库存物资台账供应商、库龄、采购使用周期、市场供应情况等信息。物资需求部门、项目管理部门、应急管理部门完善库存物资台账物资属性、规格、型号、制造厂、储备定额、超额数量、缺额数量、定额修订建议、物资用途、处理措施、利库完成时间等信息。

3）依据库存物资台账，进行进一步分析。分析内容包括修订储备定额、进一步形成储备物资清单和可利库物资清单、制定利库措施、制定处置措施等。

（4）库存物资专项分析注意事项。

1）需对库存物资进行技术鉴定，分析是否存在即将超保质期或已经超过保质期的库存物资，分析在库物资是否还适用现场实际使用需求、是否有继续存储的必要，尤其是基建期遗留物资，库龄较长的或库存数量较多的物资（含代保管物资）。

2）需根据物料编码、物料类别，对照实物，按照“分类分区”“同类物资仓位相近”的存放原则，分析物资移库需求，并逐步完成信息系统、实物移库操作。

3）储备定额修订后，物资需求部门/项目管理部门牵头，物资管理部门配合，结合物资属性、物资用途、存储数量，进行进一步梳理，形成储备物资清单和可利库物资清单。对于储备物资清单内的物资，物资管理部门加强库存物资保管保养，确保物资随时可用；对于可利库物资清单内的物资，物资需求部门/项目管理部门结合未来 2～3 年的项目策划、物资需求情况，明确使用途径（如通过大修技改项目消纳的，需明确项目名称、使用时间等要素）。

4）对于库龄较长的物资，物资管理部门根据历年使用情况，分析未执行库存物资“先进先出”操作原则的原因，并制定整改措施。

5）针对可报废物资和可出库转代保管物资，物资原需求部门、物资管理部门、财务管理部门协同办理库存物资报废手续。

6）通过对库存物资、历年采购物资的分析，需评估本电站物资需求计划准确性、平衡利库、“先利库，后采购”等工作成效，坚持问题导向，提出工作改进措施。

5. 平衡利库的措施

（1）规范库存管理，科学压降存量。

1）规范库存信息。结合各抽水蓄能电站库存实际情况，针对平衡利库过程全面梳理确认，制定有效管控措施，避免同类问题再次发生；对于错误信息及时修正，确保“账卡物”一致。

2）消耗性材料有序清零。在年度成本预算允许的条件下，1 年内完成库龄 3 年及以上消耗性材料库存清零，清理前需要对耗材健康状况进行评估监测；对无法一次性清零的消耗性材料制定消纳计划，结合机组检修、日常维护在 2 年内完成所有消耗性材料清零。

3）压降常规备品备件库存。常规备品备件库存较大的抽水蓄能电站开展存量识别，严格执行抽水蓄能电站常规备品备件参考定额，识别确定超出定额存储部分，在下一年度机组检修和日常维护中进行消耗，采购一律执行先利库后采购的原则；合理压降可以实施电商化采购的常规备品备件库存，既可降低库存额度，又可满足缺陷处理需求；制定常规备品备件更新周期，满足周期的常规备品备件提前纳入检修计划，确保库存备品备件常换常新。

4）消减库龄较长的无效备品备件数量。对库龄超过10年的电子产品类备品备件，进行全面检测和评估，对不合格备品备件予以报废处置，合格备品备件优先利库；对通过技术改造已淘汰的备品备件，进行全面梳理识别，无利用价值且其他电站不通用的备品备件，应予以报废处置，如其他电站可以继续使用的备品备件，报上级单位专业部门研究统一调配流程；对库龄超过10年的所有事故备品备件应进行检测评估，制定轮换计划，在生产技术改造和各级检修中及时更新，确保库存物资的健康水平。

（2）完善管理流程，探索共享机制。

1）优化备品备件管理体系。优化事故备品备件参考定额，识别精简定额储备范围，删除不影响机组启停的相关备品备件；优化常规备品备件参考定额，建议删除采购方式便捷、供货周期短的常规备品备件；明确备品备件轮换更新要求，电子类产品备品备件的轮换周期设置为5年，检测周期统一设定为3年，避免因保管不善或库龄过长，造成备品备件损坏；在制度中明确各电站间紧急调用备品备件的管理流程，确保在紧急情况下，各抽水蓄能电站间备品备件规范调用；建立备品备件轮换更新机制。在备品备件定额中补充完善供货周期，每年动态调整发布；对定额内备品备件的供货周期向主设备制造厂家进行咨询，消除因原材料价格上涨、产能不足等导致供货迟缓的不利因素，指导各抽水蓄能电站根据各自检修技改工作计划以及备品备件的供货周期提前安排采购计划，提升备品备件库存周转率。

2）探索建立联储共享机制。梳理已投产抽水蓄能电站的各专业系统的设备厂家、型号，完善各抽水蓄能电站部分专业的可通用设备详表，奠定备品备件内部调用和联合储备基础；建立抽水蓄能电站间备品备件联储机制，开展顶层设计，充分考虑地域性、通用性，按几站分存、多站共用的备品备件储备原则，避免各抽水蓄能电站重复存储同类备品备件；建立供应商联储机制，与设备使用数量较为集中的主机设备制造厂、电气设备制造厂等供应商，进行洽谈，拟定供应商储备范围，签订协议，确保事故时按需求及时供货。

3）推进新建电站设备的标准化和通用性设计。因为水头、电压等级、单机容量等因素的差异，主机设备尤其是机械部件的设计无法做到通用设计，也就不能实现共享，所以主要考虑电气设备及公共辅助设备，编制设备通用设计名录，建立、完善抽水蓄能电站设备标准化、通用性设计规范体系；开展接口通用性改造，电气设备、公共辅机设备外部接口提出通用性要求，满足内部设计不同的情况下的接口相同、功能相同，可实现设备间的互备互换；推进兼容性设计，考虑设备容量、版本的向下兼容，提高设备适用范围。

6. 物资储备定额

（1）物资储备定额概述。物资储备定额是指在一定的管理条件下，企业为保证生产顺利进行所必需的、经济合理的储备物资制定的储备数量标准；库存物资储备以保证电站建设，满足生产、经营需要为前提，制定储备定额，确定储备策略，控制库存总量。

物资储备过多，会占用较大的流动资金，造成流动性滞后；物资储备过少，会影响安全生产，带来安全隐患。所以，研究和建立物资储备的意义就在于寻求确定储备物资的种类和储备量的必要限度，以实现保证生产正常进行，充分发挥物资效用，加速流通过程，提高企业和社会经济效益的目的。确定物资储备定额主要取决于物资周转期和周转量两个因素。

抽水蓄能电站的物资储备量是不断在变动的，物资储备定额的核定除了要满足电站日常运行需要消耗的物资，在出现意外事故等情况下，也要留有一定的物资储备余量来应对紧急情况。

(2) 物资储备定额的作用。物资储备定额是企业物资管理工作的重要基础资料，主要作用如下：

1) 企业编制物资采购计划，确定采购量、订购批量和进货时间的重要依据。

2) 企业掌握和调节库存量变化，使储备经常保持在合理水平的重要工具。

3) 确定物资仓储条件，进行仓库规划的主要依据。

4) 财务管理部门核定流动资金的重要依据。

(3) 储备定额管理。

1) 寻找安全生产和企业经营效益之间的平衡点。物资储备定额是抽水蓄能电站安全生产与经营效益相互平衡的结果。抽水蓄能电站储备物资种类多、需求不确定性高、供需规律难以掌握、小批量供货频繁。为保障安全生产，生产部门（运行、维护、检修部门）往往希望加大备品备件储备范围和储备量，以提高供应安全系数；但如此做的后果是，企业流动资金被大量占用，库存物资周转慢、流动性差，影响企业经营效益。因此，物资储备定额的制定，需要在安全生产和企业经营效益之间寻找平衡点。

2) 总结分析影响定额制定的各方面因素。编制物资储备定额，需要对抽水蓄能电站日常消耗物资、事故消耗物资等信息进行动态跟踪、总结分析，结合事故隐患排查结果、抽水蓄能电站设备健康水平、事故（或故障）易发设备或组部件、企业流动资金额及资金流动性等因素，科学合理编制，滚动修订。

3) 制定储备定额。制定储备定额指抽水蓄能电站根据上级单位关于物资储备或配置的要求，结合本电站设备健康水平、多年物资消耗情况、属地物资供应特点等因素，编制抽水蓄能电站物资储备定额，一般包括备品备件储备定额、应急物资（含防汛物资）储备定额。其中，备品备件储备定额一般由物资使用部门提出，项目管理部门、财务管理部门审核，经电站领导审批后向上级专业主管部门备案；应急物资储备定额一般由物资使用部门提出，应急管理部门、财务管理部门审核，经抽水蓄能电站领导审批后向上级专业主管部门备案。

4) 储备定额区间计算。储备定额区间计算指对于常规备品备件、消耗性材料储备定额的上、下限定额数量可依据本电站近3年（或依据实际情况选取1～5年）该物资的消耗数据，计算各类储备物资的月度消耗量来确定。对于便于采购的物资可不设储备定额下限。

$$定额上限=(近3年该物资消耗总量/36)\times 3$$

$$定额下限=(近3年该物资消耗总量/36)\times 0.5$$

对于事故备品备件、应急物资储备定额，在满足抽水蓄能电站安全生产的前提下，可统计更长时间内物资的实际消耗数量，参照上述方法对储备定额进行修订。

5）储备定额的实施。储备定额的实施指物资需求（使用）部门可依据储备定额，结合抽水蓄能电站近几年各类储备物资使用的统计分析情况，提出物资储备定额清单；物资管理部门针对物资储备定额清单，结合物资采购方式、供应模式、采购周期等因素，实施物资采购与储备。

抽水蓄能电站一般会在基建期结合电站装机台数等实际情况，随抽水蓄能电站机电设备采购机电设备备品备件。

储备物资使用后，物资管理部门应根据定额储备物资耗用情况，提出补充储备采购建议，由项目管理部门审核后形成储备物资补库采购计划；为保证抽水蓄能电站安全稳定运行，物资管理部门应定期组织项目管理部门检查库存物资储备的质量和数量，及时更新或补充库存。

当抽水蓄能电站遭遇安全事故、自然灾害等紧急情况而储备物资无法满足抢险救灾需求时，物资管理部门应根据需要，按照“先实物、再协议、后动态”的储备物资调用顺序，统一调配备品备件、应急物资；在储备物资仍无法满足需求的情况下，可组织实施紧急采购。

6）储备定额的信息化管理。储备定额的信息化管理指将定额储备物资在信息化系统中作识别标志，物资使用、管理部门能够对仓库库存数量、物资使用情况进行实时分析。建立库存物资存量和消耗的基础数据收集与管理机制，定期组织专业人员分析、检查储备定额在执行中存在的问题，定期调整储备定额及储备策略。开发信息化系统的定额自动调整功能，实现更高效的定额管理。

7）物资储备定额参考。物资储备定额主要包括备品备件储备定额和应急物资储备定额，其中，备品备件储备定额又包括事故备品备件储备定额和常规备品备件储备定额。抽水蓄能电站事故备品备件储备参考定额见附录3。抽水蓄能电站应急物资储备参考定额见附录4。

第三节　集团化模式下的库存规模控制

对于抽水蓄能集团企业（拥有多家抽水蓄能电站）而言，库存控制的目标不仅仅是针对单个抽水蓄能电站的库存管理，而是要优化集团企业旗下每个抽水蓄能电站的库存结构。集团模式下的库存规模控制，需结合电站间物资的通用性，充分应用仓储信息系统，在物资需求、采购、储备等环节，实现物资互通利用，建立跨电站、跨项目的物资资源共享平台，优化物资储备策略、开展物资互通调剂（调配），实现库存物资集约化管理，提高集团企业管理效率和经营效益。

一、储备策略

抽水蓄能电站提高设备的通用性和标准化，可有效减少备品备件种类，从而减少储备物资种类，进而降低仓储成本，释放流动资金。对于集团化抽水蓄能电站，当设备的通用性、标准化达到一定程度，除采用实物储备方式，也可以采用协议储备、电商化储备、联合储备的方式。

协议储备即与设备生产厂家或代理销售商、供应商签订委托储备协议；电商化储备即将采购周期短、市场供应充足的备品备件纳入电商化采购；联合储备即对于电站间互通的工器具、材料、设备及其组部件，可多个电站分别储存一定数量，以总数量作为集团企业的储备定额，从而降低集团的储备量。物资所有权归采购方，实际发生时可办理借用或购买手续。比如5家抽水蓄能电站，可联合储备3台发电电动机转子起吊平衡梁。联合储备的范围也可以扩展到协议储备的设备及其组部件范围。本部分主要介绍联合储备方式的应用。

1. 联合储备的意义

国网新源控股有限公司由众多抽水蓄能电站构成，抽水蓄能电站所处的地域分散，抽水蓄能电站在出现问题或事故时，向国网新源控股有限公司内部进行横向备品备件的求援比较困难。因此为了保证抽水蓄能电站机组在一定时间范围的安全稳定运行，各抽水蓄能电站物资管理部门均需储备大量的使用量较小、但价格相对比较昂贵的备品备件。由于各抽水蓄能电站储备备品备件的策略是相对独立的，而且各抽水蓄能电站的储备结构、设备技术层次也参差不齐，会出现储备金额持续增加，备件保障系数和资金利用效率反而下降的局面。

针对以上情况，在不影响国网新源控股有限公司生产的大前提下，为减少每个基层电站的库存水平，引入备品备件联合储备的库存模式，将相同类型的发电机组，相同型号、相同规格的备品备件采用各抽水蓄能电站统一采购的方式（联合储备），即多个抽水蓄能电站将需求的具有相同类型的备品备件进行集中整理归纳，然后根据备品备件的类型差异进行统一采购，统一采购的备品备件再由各抽水蓄能电站分类储备。

采用联合储备方式可储备需求量小，但不可或缺的特殊备品。其优点在于可将多家电站的备品备件集中一家供应商统一采购以获得价格优势，多家电站同时存储的备品种类齐全，储备绝对数量少，进而各抽水蓄能电站所消耗在备件资金相对较少（只需要支付协议确定的部分定金和保管费用），同时又能保证生产抢修所需，避免出现急需时，无备品而四处求援，影响生产的局面。

2. 联合储备模式

联合储备模式主要有三种，分别是抽水蓄能电站内部联合储备模式、第三方供货商集中库存联合储备模式、设备生产厂商集中储备模式。

（1）抽水蓄能电站联合储备模式。抽水蓄能电站联合储备模式的优点在于抽水蓄能电站内部管理库存工作，可以借助实际工作的经验，为库存管理工作提供指导与参考意见；并负责联合储备工作的抽水蓄能电站在有备件需求时，无需调度，可直接从本抽水蓄能电站的仓库提取；同时抽水蓄能电站联合储备模式有利于节省备品备件管理费用。

在考虑该模式时，首先，要分析各个抽水蓄能电站的事故备品备件储备需求，通过抽水蓄能电站上报需求清单、统计各电站历史备件数据两种方式，分析各抽水蓄能电站的储备需求（包括设备容量、规格、型号、数量等），将有相同需求的电站归为一类；其次，要统计各抽水蓄能电站的设备历史故障信息，通过聚类方法在时间尺度上挖掘各抽水蓄能电站设备故障的季节性、周期性特征，并在储备需求分类的基础上将抽水蓄能电站再次分类；最后，考虑运输时间与成本，将发生故障时设备在抽水蓄能电站之间的运输时间少于规定时间的抽水蓄能电站在上述分类的基础上归为一类。在经过三层分类后，仍能归为一类的抽水蓄能电站即为适用抽水蓄能电站联合储备模式的抽水蓄能电站簇。

在执行抽水蓄能电站联合储备时，各抽水蓄能电站的相同类型或型号的共享备件分别存放在某一抽水蓄能电站仓库，备件的保管工作由该抽水蓄能电站负责，备件的所有权归各抽水蓄能电站；需要通过技术手段建立联合储备仓库信息库，实时反映仓库内备品备件的在库信息、出入库信息、各电站需求信息以及采购情况，临时需求时需办理相应手续。该种模式的实质是通过统筹原理，对备品备件的储备进行科学、有效、规范的管理，减少各抽水蓄能电站的重复储备，发挥国网新源控股有限公司的规模优势；但该种储备模式下，基础工作量大，且储备计划必须集中管理，需要一定的信息平台支持。

（2）供应商集中库存联合储备模式。供应商集中库存联合储备模式的优点在于供应商熟悉自己生产的设备，在库存管理方面有天然优势，并且采购费用与库存管理费用统一结算时可获得价格优惠。但是对国网新源控股有限公司及各抽水蓄能电站而言，要监管、把控供应商的生产工作与库存管理工作，且派专人负责监管供应商的库存管理工作，同时要有工作人员负责统筹所有供应商的库存管理水平。

在考虑该模式时，与抽水蓄能电站联合储备模式类似，首先，分析各抽水蓄能电站的事故备品备件储备需求，将有相同需求的抽水蓄能电站归为一类。其次，统计各抽水蓄能电站的设备历史故障信息，通过聚类方法在时间尺度上挖掘各抽水蓄能电站设备故障的季节性、周期性特征，并在储备需求分类的基础上将电站再次分类；经过两次分类后，可以得出不同的电站簇，在此基础上结合供应商信息，通过相似性分析可以筛选出适用于各个抽水蓄能电站簇的供应商。最后，考虑供应商联合储备地的位置，在各抽水蓄能电站发生需求后能及时满足设备需求。除此之外，可能存在一家供应商可满足多个抽水蓄能电站簇需求的情况，因此，集中选择该家供应商可能是更合适的选择。经过上述方式，即可确定出适用于供应商集中库存联合储备模式的抽水蓄能电站簇与供应商。

供应商针对有共同型号需求的不同抽水蓄能电站立共享的集中库存。各抽水蓄能电站利用较少的流动资金获得了较多数量的备品备件储备，降低缺货风险；可以在发挥供应商技术优势和制造优势的同时，确保了备件质量；在规范采购渠道后，通过规模优势获得优惠价格，降低采购成本。

（3）第三方集中库存联合储备模式。第三方集中库存联合储备模式的优点在于可以将事故备品备件的采购、库存管理、调度工作统一委托为第三方机构，国网新源控股有限公司负责监管工作，既可以利用第三方公司在采购、库存管理方面的专业性优势，又可以在多家电站统一签订合同时获取价格优势；但是与供应商集中库存联合储备模式类似，各抽水蓄能电站需要在国网新源控股有限公司的指导下选择合适的第三方，并且还需要专人负责对第三方公司的监管工作，需要耗费一定的人力财力。

在考虑该模式时，需要考虑第三方机构的选择、抽水蓄能电站的分类等。在此有两种方式：一是在国网新源控股有限公司的指导下，各抽水蓄能电站经过协商选择出一家第三方公司，将所有的事故备品备件采购、储备、调度工作交由该公司执行，该公司在考虑各抽水蓄能电站的设备需求（包括设备容量、规格、型号、数量等）、特征（季节性、周期性）、地理位置后，设置多个合适的储备地点；国网新源控股有限公司负责整体把控与监管工作，各抽水蓄能电站负责发出设备需求，同时各抽水蓄能电站轮流执行监管工作，该模式的优势在于只需要指定一家公司即可，便于监管。二是先将电站分类，再针对性地寻找第三方公司。首先分析各个抽水蓄能电站的事故备品备件储备需求，将有相同需求的抽水蓄能电站归为一类；其次要统计各电站的设备历史故障信息，通过聚类方法在时间尺度上挖掘各电站设备故障的季节性、周期性特征，并在储备需求分类的基础上将电站再次分类；经过两次分类后，在国网新源控股有限公司的指导下，各个抽水蓄能电站簇统一选择合适的第三方公司，将事故备品备件的采购、储备、调度工作委托给第三方公司，国网新源控股有限公司负责整体把控，各抽水蓄能电站负责发出需求，并轮流执行监管工作，该模式的优势在于可以根据各抽水蓄能电站簇的特点针对性地选择更合适的第三方公司，但是多家第三方公司会导致国网新源控股有限公司的管理压力倍增，在统筹把控与监管时存在困难。

在国网新源控股有限公司的指导下，各抽水蓄能电站统一选择认可的第三方组织。该组织面向多家抽水蓄能电站和供应商，不仅可以保证物资管理水平，还能解决单个供应商供应物资范围及供应能力有限的问题；第三方组织根据各抽水蓄能电站的需求，确定备品备件的品类及数量，向抽水蓄能电站认可的合格供应商采购，并负责库存管理工作。在这种模式下，各抽水蓄能电站直接与第三方签订库存协议，国网新源控股有限公司及各抽水蓄能电站只需委派监督人员，对第三方组织进行监督即可。

3. 联合储备应用建议

联合储备模式的目的是保障各抽水蓄能电站安全稳定运行的同时提高资金利用率、降低抽水蓄能电站库存管理成本，所以通过多个维度分析国网新源控股有限公司各抽水蓄能电站的特征，将各方面特征都相似的抽水蓄能电站联合在一起，同时考虑由于地域因素引起的设备故障季节性、周期性差异，以及地理位置导致的设备调度时间成本。针对三种模式在管理和运作机制方面各不相同，根据国网新源控股有限公司各抽水蓄能电站的特点，对三种联合储备模式提出应用建议。

（1）按相似需求维度归类。由于各抽水蓄能电站备品备件的储备策略相对独立，各抽水蓄能电站承担的发电任务存在差异，且各抽水蓄能电站的事故备品备件储备需求（设备容量、规格、型号、数量）也存在差异。因此，统计各抽水蓄能电站的事故备品备件需求，结合电站基本特征（单机容量、装机容量），利用相似性计算方法找到有相似需求的抽水蓄能电站，并在此维度将其归为同一类抽水蓄能电站。

（2）按故障地域性维度归类。由于各抽水蓄能电站所处的地域不同，气候等外部因素差异较大，导致各抽水蓄能电站的设备故障极有可能存在地域性、季节性、周期性差异。因此，统计各抽水蓄能电站的历史设备故障信息，利用聚类方法在时间尺度上挖掘各抽水蓄能电站设备故障的地域性、季节性、周期性特征，并通过聚类方法将具有相似特征的抽水蓄能电站在此维度归为同一类抽水蓄能电站。

（3）按交通运输性维度归类。因为各抽水蓄能电站所处的地理位置不同，交通状况、设备运输条件差异较大，且事故备品备件的储备需要满足各抽水蓄能电站安全稳定运行要求，所以执行联合储备的抽水蓄能电站，在有设备需求时，所需的响应时间、运输时间不宜过长，否则会引起严重损失。因此，需要统计各抽水蓄能电站的地理位置、交通条件、运输条件，将抽水蓄能电站发生故障有设备需求时，电站之间能及时响应并且能在短时间内将所需设备运达的抽水蓄能电站在此维度归为一类。

二、物资调剂（调配）

物资调剂（调配）是指将某抽水蓄能电站的结余物资、退出退役资产或其他物资调用到集团公司内其他抽水蓄能电站，实现物资互通利用、资源优化配置而开展的整体性协调工作。其中，调剂物资是指调入抽水蓄能电站需使用或储备且其他抽水蓄能电站保证安全库存情况下多余库存的物资，包括但不限于结余物资、超定额储备、可利用退出退役物资、联合储备的备品备件、仪器仪表、专业工器具、应急物资等。

1. 物资调剂的信息化管理

信息化手段可较大提升物资调剂工作效率，集团企业应建设用于物资调剂的统一信息管理平台。各抽水蓄能电站应将本抽水蓄能电站调剂物资信息录入物资调剂信息平台，物资信息应包括物资名称、规格参数、可调剂数量、采购价格、采购时间等内容，必要时提供物资质量合格证、化验单、试验记录、图纸说明书等技术资料，以实现可调剂物资的信息共享。

2. 物资调剂的原则

物资调剂应遵循“优化配置、成本优先”的原则。实施物资调剂需综合考虑调剂物资的运输成本及相关费用，确保库存物资调剂经济合理。

3. 物资调剂对仓储管理效益的影响和意义

物资管理已由粗放型向精细化迈进，面对集团化运作的经营形势，需要不断转变发展理念，建立完善的调剂程序和管理制度，保障调剂工作的有效开展。物资调剂实质也是一种物资“采购行为”，是一种面向集团公司内部的“采购行为”。实施物资调剂，可以节约采购资金，降低库存规模，减少流动资金占用，加快库存流转率，有效利用结余物资、可利用退出退役物资等闲置资源，避免资源浪费，进而提升仓储管理效益。

4. 物资调剂的模式

物资调剂模式分集团公司级和电站级两种。

（1）集团公司级物资调剂。集团公司级物资调剂由集团公司物资管理部门、安全监察管理部门、基建管理部门、生产技术管理部门等业务主管部门组织的、跨抽水蓄能电站的物资调剂行为。由集团公司物资部组织物资公司及有关技术专家，分析各抽水蓄能电站物资需求计划，结合公司可调剂物资信息，编制物资调剂计划，经集团公司业务主管部门、调入电站、调出电站讨论通过后，组织实施。

物资调剂涉及资产变动事项时，需符合法规或企业内部资产管理相关规定与审批流程。在非独立企业法定代表人的分公司性质的抽水蓄电站间开展物资调剂工作，可以由集团公司统一组织实施。

（2）电站级物资调剂。电站级物资调剂是指由各抽水蓄能电站间自主组织实施的物资调剂行为。由调入电站根据物资采购需求，结合集团公司内其他抽水蓄能电站可调剂物资信息，与调出电站间开展物资调剂工作。在独立企业法人的子公司或控股公司性质的抽水蓄能电站间开展物资调剂，涉及物资质量保证、调剂价款、调剂成本支付等问题需要协商解决。通常的做法是调出电站、调入电站通过签订货物销售合同来明确彼此的责任和义务。物资调出电站保证调剂物资质量完好，开具货物销售发票，承担物资检测、维护、评估、运输、质保、保险等所发生的费用；物资调入电站按照合同约定进行物资验收、入库、价款支付；调剂物资价格可采用原采购价格或者按照移动加权平均价，或者评估价格确定（所属地方性法规另有要求的，从其规定）。

调出电站财务管理部门应依据合同，开具物资销售发票。

调出电站应保证调剂物资质量完好，物资出库发货时，出厂资料、图纸、技术鉴定报告、价格评估报告等资料，以及（如有）产品合格证、化验单、试验记录、图纸说明书等技术资料，应一并交予调入单位；有配套设备的，必须配套齐全发放（包括附件、工具备件等），并承担物资检测、维护、评估、运输、保险等所发生的费用。

调剂物资到货后，调入电站物资管理部门应依据合同、物资调剂通知单、调出电站的出库单组织物资需求部门等进行到货验收；仓库保管员应依据验收结果完成调剂物资入库。

调剂物资涉及质保服务的，由调出电站协商物资原供应商转移服务对象，物资调剂环节发生的合同纠纷，应按照合同条款、公司合同管理规定执行。

第四节　仓储管理效益指标

仓储管理效益指标可以反映仓储经营状况，指标的种类由于仓储的经营性质不同而有繁有简。一般而言，仓储管理效益指标分为资源利用程度方面的指标、服务水平方面的指标、能力与质量方面的指标、库存效率方面的指标四大类。

一、资源利用程度方面的指标

1. 仓库面积利用率

仓库面积利用率是衡量和考核仓库利用程度的指标。仓库面积利用率越大，表明仓库面积的有效使用情况越好。仓库面积利用率计算公式为

仓库面积利用率＝仓库可利用面积/仓库建筑面积×100％

2. 仓容利用率

仓容利用率是衡量和考核仓库利用程度的另一指标。仓容利用率越大，表明仓库的利用效率越高。仓容利用率计算公式为

仓容利用率＝库仓存物资实际数量或容积/仓库应存数量或容积×100％

仓库面积利用率和仓容利用率是反映仓库管理工作水平的主要经济指标。这两项指标可以反映物资存储面积与仓库实际面积的对比关系及仓库面积的利用是否合理，也可以为挖潜多储，提高仓库面积的有效利用率提供依据。

3. 设备完好率

设备完好率是处于良好状态、随时能投入使用的设备占全部设备的百分比。设备完好率计算公式为

设备完好率＝期内设备完好台日数/同期设备总台日数×100％

期内设备完好台日数是指设备处于良好状态的累计台日数，其中不包括正在修理或待修 理设备的台日数。

4. 设备利用率

设备利用率是考核运输、装卸搬运、加工、分拣等设备利用程度的指标。设备利用率越 高，说明设备的利用程度越高。设备利用率计算公式为

设备利用率＝全部设备实际工作时数/同期设备日历工作时数×100％

仓储设备是企业的重要资源，设备利用率高表明仓储企业进出库业务量大，是经营绩效 良好的表现，为了更好地反映设备利用状况，还可用以下指标加以详细计算。

5. 设备工作日利用率

设备工作日利用率是计划期内装卸、运输等设备实际工作天数与计划工作天数之

比，反映各类设备在计划期内工作日被利用程度，其计算公式为

设备工作日利用率=计划期内设备实际工作天数/计划期内设备计划工作天数×100%

6. 设备工时利用率

设备工时利用率是装卸、运输等设备实际日工作时间与计划日工作时间之比，反映设备 工作日实际被利用程度，其计算公式为

设备工时利用率=设备每日实际工作时间/设备每日计划工作时间×100%

7. 设备作业能力利用率

设备作业能力利用率是计划期内设备实际作业能力与技术作业能力的比值，其计算公式为：

设备作业能力利用率=计划期内设备实际作业能力/计划期内设备技术作业能力×100%

作业能力单位根据不同的性能特点而定，如起重设备表示为单位时间内的起重量，设备作业能力可根据其标记作业能力并参考设备服役年数核定，该指标反映设备作业能力被利用的程度。

8. 装卸设备起重量利用率

装卸设备起重量利用率反映各种起重机、叉车、堆垛机等的额定起重量被利用的程度，也反映了装卸设备与仓库装卸作业量的适配程度，其计算公式为

装卸设备起重量利用率=计划期内设备每次平均起重量/计划期内设备额定起重量×100%

9. 全员平均劳动生产率

全员平均劳动生产率是指仓库全年出入库物资总量与仓库总工作人员数量之比，比值越大，表明仓库人均劳动生产率越高，意味着仓库效益越好。全员平均劳动生产率计算公式为

全员平均劳动生产率=全年出入库总量/仓库总人数×100%

10. 资金利润率

资金利润率指仓储所得利润与全部资金占用之比，它可以用来反映仓储的资金利用效果，其计算公式为：

资金利润率=利润总额/(固定资产平均占用额+流动资金平均占用额)×100%

二、服务水平方面的指标

1. 客户满意程度

客户满意程度是衡量企业竞争力的重要指标，客户满意与否不仅影响企业经营业绩，而且影响企业的形象。考核这项指标不仅反映出企业服务水平的高低，同时衡量出企业竞争力的大小，其计算公式为

客户满意度=满足客户要求数量/客户要求数量×100%

2. 缺货率

缺货率是对仓储物资可得性的衡量尺度，将全部物资所发生的缺货次数汇总起来与客户订货次数进行比较，就可以反映一个企业实现其服务承诺的状况，其计算公式为

缺货率=缺货次数/客户要求次数×100%

这项指标，可以衡量仓库的库存分析能力和及时组织补货的能力。

3. 准时交货率

准时交货率是满足客户需求的考核指标，其计算公式为

准时交货率＝准时交货次数/总交货次数×100％

三、能力与质量方面的指标

1. 库容量

库容量是指仓库能容纳物资的数量，是仓库内除去必要的通道和间隙后所能堆放物资的最大数量，在规划和设计仓库时首先要明确库容量。

2. 吞吐量

吞吐量是指计划期内进出库物资的总量，计量单位一般为吨，计划指标通常以年吞吐量计算。吞吐量计算公式为

计划期内物资吞吐量＝计划期内物资总入库量＋计划期内物资总出库量

其中，入库量是指经仓库验收入库的数量，不包括到货未验收、不具备验收条件、验收不合格物资；出库量是指办理完出库手续并已经移交给领料人的数量，不包括出库暂存物资。吞吐量是仓储考核的主要指标，是计算其他指标的依据。

3. 库存量

库存量通常指计划期内的平均库存量，也是反映仓库平均库存水平和库容利用状况的 指标，反映出的是一组相对静止的库存状态，其计量单位为吨（t），计算公式为

月平均库存＝(月初库存量＋月末库存量)/2

年平均库存＝各月平均库存量之和/12

库存量指仓库内所有纳入仓库管理范围的全部物资数量，不包括待处理、待验收的物品数量。

月初库存量等于上月末库存量，月末库存量等于月初库存量加上本月入库量再减去本月出库量。

4. 账实相符率

账实相符率指仓储账目上的物资存储量与实际仓库中保存的物资数量之间的相符程度，一般在对仓储物资盘点时，逐笔与账面数字核对。账实相符率反映出仓库的管理水平，是避免企业财产损失的主要考核指标，其计算公式为

账实相符率＝账实相符数/储存物资总数×100％

通过这项指标，可以衡量仓库账面物资的真实程度，反映保管工作的完成质量和管理水平，是避免物资损失的重要手段。

5. 收发差错率（收发正确率）

收发差错率是以收发货所发生差错的累计笔数占收发货总笔数的百分比来计算的，此指 标反映仓库收、发货的准备程度。其计算公式为

收发差错率＝收发差错累计笔数/收发物资总笔数×100％

收发正确率＝1－收发差错率

收发差错包括因验收不严、责任心不强而造成的错收、错发，不包括丢失、被盗等因素 造成的差错，这是仓库管理的重要质量指标。通常情况下，收发货差错率应控制在 0.1％的范围内，而对于一些单价价值高的物资或具有特殊意义的物资，应要求仓库的收发正确率是 100％。

6. 物资缺损率

物资缺损主要由两种原因造成：一是保管损失，即因保管养护不善造成的损失；二

是自然损耗，即物资因时间等自然原因发生的损耗。物资缺损率反映物资保管与养护的实际状况，这项指标是为了促进物资保管与养护水平的提高，从而使物资缺损率降到最低，其计算公式为

物资缺损率＝期内物资缺损量/期内库存物资总量×100％

7. 平均储存费用

平均储存费用指保管每吨物资每月平均所需的费用，是物资保管过程中消耗的一定数量活劳动和物化劳动等的货币形式即为各项仓储费用。这些费用包括在物资出入库、验收、存储和搬运过程中消耗的材料、燃料、人工工资和福利费、固定资产折旧费、修理费、照明费、租赁费及应分摊的管理费等，这些费用的总和构成仓库总费用。

平均储存费用是仓库经济核算的主要经济指标之一，可以综合地反映仓库的经济成果、劳动生产率、技术设备利用率、材料和燃料节约情况及管理水平等，其计算公式为

平均库存费用＝每月储存费用/月平均储存量×100％

8. 作业量系数

作业量系数反映仓库实际发生作业与任务之间的关系，计算公式为

作业量系数＝装卸作业量/进出库物资数量×100％

作业量系数为1时是最理想的，表明仓库装卸作业组织最为合理。

9. 装卸作业机械化程度

装卸作业机械化程度指仓库某段时间内装卸机械所装卸物资的作业量与这段时间内的 总装卸作业量之比，计算公式为：

装卸作业机械化程度＝装卸机械装卸物资的作业量/总装卸作业量×100％

比值越接近1，表明仓库机械化作业程度越高。

10. 平均验收时间

平均验收时间即每批物资的平均验收时间，计算公式为

平均验收时间＝各批验收天数之和/验收总批数(天/批)

四、库存效率方面的指标

库存效率方面的指标主要是以库存周转率来反映的，影响库存效率的其他指标最终都是通过库存周转率反映处理的。

库存周转率是计算库存物资的周转速度，反映仓储工作水平的重要效率指标。库存周转率是在一定时期内出库物资成本与平均库存的比例，用时间表示库存周转率即库存周转天数。

在物资总需求一定的情况下，如果能减少库存物资存储量，其周转速度就会加快。从减少流动资金占用和提高仓储利用效率的要求出发，就应该减少库存物资储备，但若一味地减少库存，就有可能影响到物资供应，进而影响安全生产。因此，库存物资应该在一个合理的水平上，做到在保证供应需求和安全生产的前提下尽量减少库存量，从而加快物资的周转速度，提高资金和仓储利用率。

1. 周转天数表示的库存周转率

周转天数表示的库存周转率计算公式为

物资的周转天数＝360/物资年周转次数(天/次)

库存年周转次数指年库存总数量（总金额）与该时间段库存平均数量（或对比）的

比，表示在一定期间（一年）库存周转的速度。

库存周转次数＝年库存总量/平均库存量(次)

物资周转次数越少，则周转天数越多，表明物资的周转速度越慢，周转的效率就越低，反之则效率就越高。从财务角度分析，库存周转次数越高越好，但结合实际的生产、采购状况来看，库存周转次数应有一个均衡点。

计算周转率的方法，根据需要可以有周单位、旬单位、月单位、半年单位、年单位等，一般企业所采取的是月单位或年单位，大多数以年单位计算，只有零售业常使用月单位、周单位。

企业也可以根据自己的实际情况选择使用库存数量或库存金额表示库存周转率。

对于库存周转率，没有绝对的评价标准，通常在同行业中相互比较，或与企业内部的其他期间相比较。

2. 物资周转率

物资周转率是用一定期间的出库额除以该期间的平均库存额而得的，表示物资的周转情形。物资周转率指标能提供适宜而正确的库存管理所需的基本资料。

计算公式为

物资周转率＝一定期间的出库额/该期间的平均库存额×100％

由于使用周转率的目的不同，物资周转率的计算公式也有差异。

3. 周转期间与周转率的关系

周转期间(月数表示)＝12/年周转率×100％

周转率的判断标准：

（1）周转率高，经济效益好。

（2）库存周转率虽高，经济效益却不佳。

（3）周转率虽低，但经济效益好。

（4）周转率低，经济效益也低。

第五节　仓储管理效益分析方法

仓储管理效益分析能从不同角度反映某一方面的情况，但某一项指标很难反映事物的总体情况，也不容易发现问题，更难找到产生问题的原因。因此，要全面、准确、深刻地认识仓储工作的现状和规律，把握其发展趋势，必须对各个指标进行系统而周密地分析，以便发现问题，并透过现象认识内在的规律，并采取相应的措施，使仓储各项工作水平得到提高，从而提高仓储管理效益。

仓储管理效益分析可以从指标分析法、程序分析法、成本分析法三种方法入手。

一、指标分析法

指标分析法指利用仓储管理效益指标的统计数据对指标因素的变动趋势、原因等进行分析，是一种比较传统的分析方法。各抽水蓄能电站仓库在使用这类方法时，需注意指标本身必须是正确的，即统计数据必须准确、可靠，指标计算法正确：在进行指标比较时，必须注意指标的可比性；对指标应进行全面的分析，不能以偏概全；在分析差距、查找原因的过程中，将影响指标变动的因素分类，并在生产技术因素、生产组织因素和经营管理因素中找出主要因素：正确运用每项指标的计算公式。

指标分析法主要包含对比分析法、因素分析法、平衡分析法、帕累托图法等四种。

1. 对比分析法

对比分析法将两个或两个以上有内在联系的、可比的指标（或数量）进行对比，从对比中寻差距、找原因。对比分析法是指标分析法中使用最普遍、最简单和最有效的方法。根据分析问题的需要，对比分析法主要有以下几种对比方法：

（1）计划完成情况的对比分析：将同类指标的实际完成数或预计完成数与计划完成数进行对比分析，从而反映计划完成的绝对数的程度，然后通过帕累托图法、工序图法等进一步分析计划完成或未完成的具体原因。

（2）纵向动态对比分析：将同类有关指标上对比，如本期与基期或上期比、与历史平均水平比、与历史最高水平比。这种对比反映了事物发展的方向和速度，表明是增长或降低，然后进一步分析产生该结果的原因，提出改进的措施。

（3）横向类比分析：将有关指标在同一时期相同类型的不同空间条件下进行对比分析。类比单位的选择一般是同类企业中的先进企业，通过横向对比找出差距，采取措施赶超先进，也称“标杆法”。

（4）结构对比分析：将总体分为不同性质的各个部分，然后以部分数值与总体数值之比来反映事物内部构成的情况，一般用百分数来表示。可以计算分析保管过程中质量正常的物资数量占总仓储量的百分比。

某仓库某年成本和费用的分析，见表 8-5-1。

表 8-5-1　某仓库某年成本和费用的分析　（万元）

指标	本期		上年实际	同行先进	差距（增+）（减-）		
	实际	计划			比计划	比上年	比先进
仓储总成本	149	150	140	145	-1	+9	+4
仓库单位成本	0.149	0.15	0.14	0.145	-0.001	+0.009	+0.004
仓储服务成本	115	120	110	110	-5	+5	+5
单位仓储服务成本	11.5	12	11	11	-0.5	+0.5	+0.5
…							

应用对比分析法进行对比分析时，需要注意以下几点：

（1）注意所对比的指标或现象之间的可比性。在进行纵向对比时，考虑指标所包括的范围、内容、计算方法、所属时间等相互适应、彼此协调；在进行横向对比时，考虑对比的单位之间必须在经济职能或经济活动性质、经营规模上基本相同，否则缺乏可比性。

（2）结合使用各种对比分析方法。每个对比指标只能从一个侧面来反映情况，只做单项指标的对比会出现片面的结果，甚至可能得出误导性的分析结果，把有联系的对比指标结合运用，有利于全面、深入地研究、分析问题。

（3）正确选择对比的基数。对比基数的选择，应根据不同的分析和目的进行，一般应选择具有代表性的作为基数。例如，在进行指标的纵向动态对比分析时，应选择企业发展比较稳定的年份作为基数，这种对比分析才更有现实意义，与过高或过低的年份作比较，都达不到预期的效果和目的。

2. 因素分析法

因素分析法用来分析影响指标变化的各个因素及它们对指标的影响程度。因素分析法的基本做法是假定影响指标变化的诸因素之中，在分析某一因素变动对总指标变动的影响时，假定只有这一个因素在变动，而其余因素都必须是同度量因素（固定因素），然后逐个进行替代，使某一项因素单独变化，从而得到每项因素对该指标的影响程度。

在采用因素分析法时，应注意各因素按合理的顺序排列，以及前后因素按合乎逻辑的衔接原则处理。如果顺序改变，各因素变动影响程度之积（或之和）虽仍等于总指标的变动量，但各因素的影响值会发生变化，从而得出不同的答案。

在进行两因素分析时，一般是数量因素在前、质量因素在后，在分析数量指标时，另一质量指标的同度量因素固定在基期（或计划）指标：在分析质量指标时，另一数量指标的同度量因素固定在报告期（或实际）指标。在进行多因素分析时，同度量因素的选择要按顺序依次进行，当分析第一个因素时，其他因素均以基期（或计划）指标为同度量因素；而在分析第二个因素时，则在第一个因素已经改变的基础上进行，即第一个因素以报告期（或实际）指标作为同度量因素，依此类推。

某仓库某月燃油消耗见表 8-5-2，试计算各因素的变动使仓库燃油消耗额发生了怎样的变化？

表 8-5-2　　某仓库某月燃油消耗

指标	单位	计划	实际	差数
装卸作业量	t	300	350	+50
单位燃油消耗量	升/t	0.9	0.85	−0.05
燃油单价	元/L	7.7	8.4	+0.7
燃油消耗额	元	2079	2499	+420

计算过程如下：

装卸作业量变化使燃油消耗额变化：(+50)×0.9×7.7=346.5（元）。

单位消耗量变化使燃油消耗额变化：(−0.05)×350×7.7=−134.75（元）。

燃油单价变化使燃油消耗额变化：(+0.7)×350×0.85=208.25（元）。

合计：420 元。

3. 平衡分析法

平衡分析法是利用各项具有平衡关系的经济指标之间的依存情况来测定各项指标对经济指标变动的影响程度的一种分析方法，某企业某年度进、出、存情况分析见表 8-5-3。

表 8-5-3　　某企业某年度进、出、存情况分析　　（万元）

指标	计划	实际	差额（±）
年初库存	4000	4100	+100
全年进库	3000	3200	+200
全年出库	3000	3100	+100
年末库存	4000	4200	+200

在此平衡分析表的基础上，进一步分析各项差额产生的原因和在该年度内产生的影响（正反两方面都有）。

4. 帕累托图法

帕累托图法是由意大利经济学家帕累托首创的。帕累托图法分析方法的核心思想是在决定一个事物的众多因素中分清主次，识别出少数的但对事物起决定作用的关键因素和多数的但对事物影响较小的次要因素，即A类因素，发生率为70%～80%，是主要影响因素；B类因素，发生率为10%～20%，是次要影响因素；C类因素，发生率为0%～10%，是一般影响因素。帕累托法被不断应用于管理的各个方面，这种方法有利于人们找出主次矛盾，有针对性地采取对策。

从某批次物资中出现的100个缺陷产品中采集有关数据，数据表明，100个缺陷中划痕80个、尺寸偏差10个、漆膜厚度不均6个、焊缝缺陷4个，帕累托图（缺陷分析图如图8-5-1所示）明确显示80%的缺陷是由划痕这一原因造成的，一旦主要原因找到并加以校正，大部分的缺陷就可以消除。

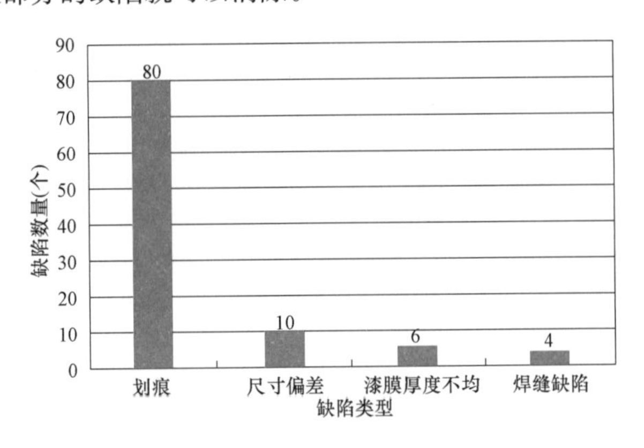

图8-5-1　缺陷分析图

二、程序分析法

程序分析使人们懂得如何按流程开展工作，以便找出改进的方法。程序分析的目的有两点，一是准确掌握工艺过程的整体状态、工艺流程的顺序、明确工序的总体关系、各工序的作业时间确认和发现总体工序不平衡的状态；二是发现并产生浪费的工序、发现工时消耗较多的工序并重排简化此工序、减少停滞及闲余工序和合并一些过于细分或重复的工作。程序分析主要包括工序图法、因果分析图法两种。

1. 工序图法

工序图法是一种通过一件产品或服务的形成过程来帮助理解工序的分析方法，用工序流程图标示出各步骤及各步骤之间的关系。

仓库可以在指标对比分析的基础上，运用工序图法进行整个仓储流程或某个作业环节的分析，将其中的主要问题分离出来，并进行进一步分析。例如，经过对比分析发现物资验收入库时间出现增加的情况，那就可以运用工序图法，对验收流程（验收准备—核对凭证—实物检验—入库—堆码上架—实物入账）进行分析，以确定验收入库时间增加的主要问题出现在哪一个环节上，然后采取相应的措施。

2. 因果分析图法

因果分析图法也称鱼刺图，每根“鱼刺”代表一个可能的差错原因，一张鱼刺图可以反映仓储质量管理中的所有问题。因果分析图可以从物料、仓储设备、人员和方法等4个方面进行。因果分析图法为开始分析提供了一个好的框架，当系统地将此深入进行下去时，很容易找出可能的质量问题并设立检验点进行重点管理。

例如，对仓储服务的满意度下降，物资管理部门可使用因果分析图分析原因，以便改进服务体系，因果分析图如图8-5-2所示。

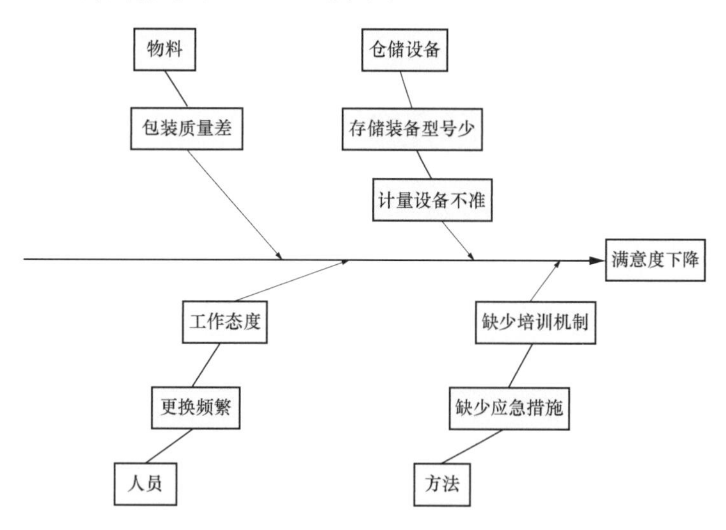

图8-5-2　因果分析图

三、成本分析法

传统的成本分析法将产品所需的劳动量作为核算产品成本的基础，再把其他开销作为直接劳动（或相关劳动）的加权系数追加到产品中去，在多流程生产中，产品成本是所有单元生产的总和，每个单元的生产都对劳动小时数和材料的需求量进行估算和调整。

传统的成本分析法的表达式为

成本＝材料费＋劳动成本费×(1＋其他开销)＋工具费

其中：劳动成本费＝劳动时间×工资；其他开销＝间接成本＋耗能＋损耗＋…；工具费＝工具成本＋设备成本。

当劳动成本在总成本中起主要作用时，利用传统的成本分析法可得到很好的结果。在企业越来越复杂和自动化后，劳动成本在总成本中所占的百分比越来越小，而各种开销所占的百分比越来越大，传统的成本分析法已不能揭示生产过程中的诸元素对成本的影响。传统的成本分析法对产品容量、工具成本和其他重要参数的不敏感性，常常会误导管理决策层。

附录1 仓储管理制度模板

1. 仓储管理人员岗位职责制度模板

仓储管理人员岗位职责

一、仓储管理员是所负责仓库的管理第一责任人，对仓库的安全、在库物资、业务单据管理等工作负全面责任。

二、仓储管理员应熟悉仓库作业流程及相关设备、材料知识，熟悉并熟练应用仓储业务信息系统。

三、严格执行各项安全规章制度，做好防火、防盗、防潮、防冻、防爆等工作。遵守防火制度，对所管仓库适时（实时）巡查，发现异常及时汇报，尽快处理，对危及仓库安全的行为要立即制止。做到上班不离人，离人关闭门窗电灯，不允许无关人员进入仓库。

四、严格遵守劳动纪律，做好日常及节假日值班工作。

五、配合合同承办人做好采购物资的到货验收工作，并负责做好调剂物资入库、工程结余物资退库、退出退役资产代保管入库、寄存物资入库以及废旧物资入库的验收与交接。入库物资要保质保量按时验收，按要求认真做好到货记录及验收记录。对物资在验收中出现的问题及时反映。

六、负责库存物资的建账、卡片，物资存放合理、标识清楚，进出物资及时、准确地记录、建账、归类。做到日清月结，定期盘点，确保账、卡、物相符。

七、负责物资的发放工作。遵循先进先出的发料原则，做到发料手续无差错，料单整洁。对物资在发放中出现的问题及时反映。

八、掌握物料名称、规格、性能、用途、保养知识、消耗规律以及相关业务流程，确保库容整洁，物资摆放整齐合理，标志明显。使保管物资不潮、不锈、不腐、不霉、不冻、不变质、不坏、不漏。

九、不得私自动用或外借仓库物资；不得拿公家物资做私人交易；对盘亏盘盈物资及时上报审批。

十、熟练掌握仓储业务信息系统各相关业务模块及终端设备的操作。

十一、认真学习政治、业务技术知识，及时、准确地完成上级交办的各项工作。

2. 物资验收管理制度模板

物资验收管理

一、按相关管理制度，加强验收管理，提高工作效率，为安全生产提供质量可靠的备品备件、材料、设备等各项物资。

二、组织方式

（一）按照职责分工，到货验收工作由物资合同承办部门组织。

（二）验收成员由合同承办人、仓储管理员、供应商、物资需求部门专工以及项目管理部门、施工单位、监理单位等相关人员组成。

三、验收程序

（一）供应商送货到指定地点后，合同承办人组织展开物资交接清点工作，待检物资存放在“待检入库区”，不满足合同要求的物资不予交接。交接完毕签署交接单。

（二）完成实物交接后，合同承办人组织物资管理部门、物资需求部门、项目管理部门、施工单位、监理单位、供应商进行物资到货验收。

（三）验收过程中应仔细核对到货物资名称、规格型号、数量、包装是否完整，标记、质量证明材料、说明书、图纸等原始凭据是否齐全，附带的专用工器具及备品备件是否齐全完好，生产厂家是否与合同相符，外观检查是否完好等。

（四）验收数量（或质量）时的一般规定：

1. 使用磅秤称量物资的质量或按理论计算方法核对物项的数量。

2. 定尺或按件标明质量的物资，抽查的比例一般为10%～20%。

3. 不能换算和抽查的物资，一律过磅计量。

4. 包装完整且不易取出计量的物资，可按包装物上标明的数据验收。

（五）合格品存放在“收货暂存区”；货物不符合合同条款的质量要求时，要做好记录，由参与验收人员签字确认，存放在“不合格品暂存区”。验收成员在验收单上签字确认，并签署明确的验收意见。

（六）需化验、检验的物资，应按要求取样化验、检验，并出具检验报告。

（七）安全监察质量管理部门派人参加对化工品、安全工器具、安全防护设施、特种劳动防护用品、特种设备的验收。国家有规定必须检验的，由安全管理部门负责送检。

（八）对验收合格的物资，仓储管理员应及时完成物资的入库上架管理。

（九）经验收不合格物资，合同承办人填写“不合格品处理单”，组织参验部门进行评审，并向业务分管领导汇报。

（十）合同承办人根据业务分管领导的处置意见实施不合格品处置，并做好供应商的不合格记录等验收过程记录痕迹管理。

3. 物资入库管理制度模板

物资入库管理

一、物资入库分为采购物资入库、结余物资入库、代保管物资入库、寄存物资入库和废旧物资入库。

二、物资入库按照“先物后账”的原则进行办理。

三、仓储管理员依据完成审核签字的合同供货清单、货物交接单、到货验收单或调剂通知单、委托代保管申请单、技术鉴定报告、报废审批单、废旧物资移交单等单据核对到货物资的品名、规格型号、数量和相关资料（包括但不限于装箱单、技术资料等），核对无误后办理实物入库上架。

四、仓储管理人员应在实物入库上架完成后及时在仓储业务信息系统中办理入库手续，生成入库单，打印并签字。

五、仓储管理人员应在完成仓储业务信息系统入库操作后，及时完成实物立卡。

六、项目物资暂存入库的，需明确项目名称、暂存原因及暂存时限；超过暂存时限的，仓储管理员应及时提醒物资使用部门尽快领用。

七、项目结余物资入库参见物资退库流程办理。

八、废旧物资入库按照废旧物资管理有关规定执行。

4. 物资出库管理制度模板

物资出库管理

一、物资领用人通过业务信息系统办理物资领用申请与审批手续，审批通过后生成领料单。

二、仓储管理人员根据审核通过的领料单据，在仓储业务信息系统确认需求物资的使用状态，并和需求部门人员确认物资入库批次，完成领料过账，打印出库单。

三、仓储管理员根据出库单进行备料、发料；信息系统发料和实物发料要保持同步，在信息系统完成出库操作后，应在当天完成实物发货，确保账物一致。

四、物资发放时，凡附有合格证、化验单、试验记录、图纸说明书等技术资料的，应一并交予领料人员；有配套设备的，必须同步发放。

五、如遇紧急情况，暂不能通过系统办理正式领料单的，领用人应出具书面凭据（借料申请单），且至少有相应批准人的口头通知，仓储管理员才能放行出库，但应在3个工作日内完成手续补办。

六、物资领用人应在办理完领料手续后立即领用，如遇特殊情况，可以委托仓库暂时保管已领出的物资，但要明确暂存原因及时限；仓储管理员应将暂存物资放在出库暂存区，并跟踪管理。

七、物资领用出库时，如同一领料单需分批领用，按实际领用需求办理领料过账，并在下批领料时重新提供领料单。

八、仓储管理员、仓储主管和实物领料人在出库单上签字确认。

5. 值班制度模板

值班制度

一、仓库执行24h值班制度，值班人员不得离岗、脱岗，应按时到岗到位。

二、值班人员应做好外来人员接待联系，登记来访人员信息。

三、值班人员必须认真登记外来进库车辆信息，对出库车辆应严格检查，并依据出门证仔细核对出库车辆所载货物。

四、值班人员值班期间应保持通信通畅，方便联系。

五、值班人员负责值班期间物资收、发、存管理，并做好相关记录及交接工作。

六、遇重大、紧急和超出职责范围的事项，及时报告、请示，经有关领导批示后方可进行。

七、值班人员应按规定进行库区巡查，发现异常及时报告，按要求处置。

八、值班人员应掌握各项应急预案及紧急处置措施，熟悉火警、公安报警、急救中心等报警电话，会报警、会使用各种消防器材、会组织人员疏散。

6. 日常巡视制度模板

日常巡视制度

一、巡视周期：每班不少于一次；遇特殊天气应有针对性地安排巡视。

二、巡视内容：

（一）库外环境安全状况，如护栏或围墙是否完好，是否有火灾、山体滑坡、路面下沉等隐患。

（二）库房防火防盗安全状况，如设备设施是否齐全完整、存放位置是否合适，防护措施是否有效。

（三）库房温湿度等环境状况。

（四）物料的摆放状况，如堆料是否倾斜、垮塌，特殊物资的保管是否符合安全及性能要求。物料库存质量状态，如是否存在锈蚀、霉变、潮解、虫蛀等情况。

（五）仓库照明状况，如照明是否满足仓库作业要求，照明设施有无损坏等。

（六）库内设备状况，如起重设备、叉车、货架、托盘等是否完好，是否按定置要求摆放。

（七）危险化学品库温度是否过高，有无异味，有无漏液，防爆窗、防爆空调、防爆风机等工作是否正常；压力气瓶防震圈、防护帽、阀门有无缺损，气瓶合格证标签、警示标签是否齐全。

（八）特殊天气，检查库房有无漏雨、高温等情况，防漏、通风、空调降温等措施是否达到要求的效果。

7. 仓库安全保卫制度模板

仓库安全保卫管理

一、组织安全保卫、消防管理培训，仓储作业人员应掌握安全保卫及消防安全政策、法规，应具备法律意识、安全意识和防范能力。

二、仓库重地严防烟火，仓库范围内禁止吸烟、动火，确因特殊需要进行明火作业的，须办理《动火证》，经主管领导批准，并采取严格的安全措施，仓储消防专职或义务消防员进行现场监护。作业结束后对现场认真进行检查，切实查明未留火种后方可离开现场。

三、人员出入

（一）仓储作业人员或本单位员工进入库房，应佩戴工作证。

（二）外来人员到仓库办理业务的，应凭接待人员签字的回执单交门岗值班室（没有门岗的单位，交仓储管理员）办理登记。

（三）所有进入库房人员均须佩戴安全帽，配合安全检查。

（四）外来人员包括提货人员，未经仓储管理员许可不得随便进入库房；离开仓库时，外来人员须将接待人签字的回执单交回门岗值班室或仓储管理员。

四、机动车辆出入

（一）本单位机动车辆驶入库区应出示单位车辆准入证，外单位机动车辆须经登记检查后方可进入库区，并停放在指定位置。

（二）出入库区车辆严禁携带易燃易爆、有毒有害等危险化工品。

五、物资出库

所有物资均应凭物资管理部门出具的出门凭证出门，如证、物不符，门卫有权拒绝放行。

六、仓储管理员应切实做到每天“四检查”，即：上班检查门锁有无异常，物品有无丢失；下班检查是否关窗、锁门、拉闸断电，是否存在其他安全隐患；经常检查并调整库内湿度、温度，保持通风；检查易燃易爆品及其他特殊物资是否单独存储、妥善保管。

七、每天对库区的安全、消防设施进行巡视检查，及时进行维护保养，确保设备设施正常运行，建立完整的设备设施及其检查、维保台账。

8. 叉车操作规范制度模板

叉车操作规范

一、叉车操作人员必须持证上岗。

二、定期检验确保合格，杜绝超期使用；在开车前检查控制和警报装置，发现有缺陷时，应在修理后操作。

三、搬运负荷不应超过规定值，货叉须全部插入货物下面，货物质量均匀分布在货叉上，禁止用单个或叉尖挑运货物。

四、平稳地进行起动、转向、行驶、制动和停止，在潮湿或光滑的路面，转向时必须减速。

五、货物行驶应将货物尽量放低，门架后倾，防止货物滑出、跌落。

六、坡道应小心行驶，在坡道坡度大于十分之一时，上坡应向前行驶，下坡应后退行驶，上下坡忌转向，叉车在行驶时不进行装卸作业。

七、行驶时应注意行人、障碍物和坑洼路面，并注意叉车上方的间隙。

八、叉车上不准载人，货叉上、下不准站人。

九、不准在司机座位以外的位置操纵车辆。

十、不要搬运未固定或松散堆垛的货物，小心搬运尺寸较大的货物。

十一、高起升叉车，应谨防货物跌落，须采取防护措施；高起升叉车工作时，尽量使门架后倾，装卸作业应在最小范围内作前后倾斜。

十二、作业完成后，将货叉下降着地，并将挡位放在空挡，拉好停车制动装置，发动机熄火并断开电源；在坡道停车时，将停车制动装置拉好，停车较长时须用垫块垫住车轮，防止下滑。

十三、叉车发生故障，如轮胎破裂，蓄电池电解液、液压油、制动液发生泄漏等，应立即组织专业维修人员或销售商进行修复。

9. 行车操作规范制度模板

行车操作规范

一、运行前的检查

（一）行车操作人员必须持证上岗。

（二）在操作前检查轨道、车梁走行机构整洁，机械无损伤，车挡、限位装置齐全可靠，如有异常不允许使用。

（三）必须开动行车进行空载运转，并检查：按钮能可靠地控制葫芦升降和运行；限位器动作灵活可靠；运转时无异常声响或气味。

（四）钢丝绳在卷筒上正常缠绕，无扭结，无灼伤，无明显的散股，无严重磨损及腐蚀，钢丝绳的断丝数不超报废标准，无整股折断。

（五）制动器及控制系统功能可靠，动作灵敏。

（六）按钮联锁装置功能可靠即同时按相反按钮失效。

（七）轨道阻挡器无变形、破损；吊钩无裂纹，滑轮回转平稳

（八）电气设备系统绝缘电阻合格，电气设备保护接地可靠。

（九）定期机械试验合格，记录齐全，未超期使用。

（十）无其他缺陷。

二、运行

（一）禁止超负荷起吊；不得起吊不明质量的物件。

（二）严禁斜吊、拉吊和吊地下埋设物件。

（三）禁止人员在吊物下方停留或通过；禁止吊物在设备上方通过。

（四）重物不宜长时间悬在空中。

（五）禁止同时按下两个使行车作相反方向运行的按钮。

（六）如果发生按钮失灵、接触点黏合等情况，应立即切断电源，查明原因、排除故障。

（七）操作人员必须与指挥人员（起重工）密切配合。

三、维护

（一）作业完成后，应将吊钩升离地面2m以上，并将电源总闸拉开，确保安全。

（二）按检修规程，定期对行车的电气装置及控制系统、变速器、轨道、吊钩、钢丝绳及卷筒等进行检查维保。

10. 行车“十不吊”制度模板

行车“十不吊”

一、超负荷或质量不明不吊。

二、歪拉斜挂不吊。

三、指挥信号不明不吊。

四、安全装置失灵不吊。

五、重物越过人头不吊。

六、光线阴暗看不清不吊。

七、易燃易爆危险品无安全措施不吊。

八、被吊物上有人或浮置物不吊。

九、捆绑不牢不稳不吊。

十、重物边缘锋利无防护措施不吊。

11. 危险化学品制度模板

危险化学品管理

一、危险化学品应按类、按其特性单独存放，不得超量存放；堆垛之间的主要通道应当有安全距离。

二、受光照射容易燃烧爆炸或产生有毒气体的危险化学品及桶装、瓶装的易燃液体，存放处应阴凉通风。

三、剧毒性危险化学品应放于专用的保险柜内；仓库的危险化学品应由仓储管理员定期检查。

四、作业人员要根据需要使用口罩、防护眼镜、防护手套等劳保用具。

五、对人体的皮肤、黏膜、眼、呼吸器官和金属等有腐蚀性的危险化学品，应放置在抗腐蚀性材料制成的架子上贮存。

六、放射性危险化学品，应贮藏在专用的安全位置。

七、危险化学品存储必须满足国家有关标准、规范规定。

八、尽可能减少危险化学品库存量。

12. 压缩气体管理制度模板

压缩气体管理

一、压缩气体库内严禁火种，隔绝热源，防止日光暴晒。

二、严禁氧气与乙炔气、油脂类、易燃物品同库混存。

三、压缩气体入库验收时，查看瓶体防震圈、阀门安全帽是否完好，瓶身有无缺陷损坏，钢瓶头部、阀门和试压表禁止沾染油污、油脂，以防引起燃烧、爆炸。

四、气瓶应稳固立放，阀门向上，不得倾靠墙壁；如果平放，须将瓶口朝向一方，不得交错堆码，并用三角木卡牢，防止滚动。

五、库温最高时不宜超过32℃，应采取防患措施；相对湿度应控制在80%以下，以防气瓶生锈。

六、搬运气瓶时须由两人搬抬，注意轻拿轻放，不得手持瓶口安全帽肩扛或背负，以防失手坠地伤人或爆炸。

七、发现气瓶漏气无法制止时，应立即取出放在库外安全地点，并加以看管，待气体漏尽，过程中，严禁烟火。

八、使用人员不得将瓶内气体全部用完，须按规定保持一定内压。

13. 油品管理制度模板

油品管理

一、每日必须对油品库进行安全检查，并记录。

二、油品入库时，仓储管理员应根据品种、核对数量、检查容器质量。

三、油品库区域内电气设备，均应按规范采用密闭防爆装置；夜间停电进入油品库应使用防爆或塑料手电筒，禁止使用明火。

四、任何人禁止携带火柴、打火机进入库区；禁止穿戴容易产生静电火花的化纤服装进入库区；库区周围50m范围内严禁使用明火。

五、在油品发放时，防止泄漏引发的有害环境影响和职业健康的安全风险。

六、油品库保持阴凉通风，保持清洁，及时清除油棉纱、棉布等易燃物品。

七、油品库内不得存放易燃易爆物品，如汽油、酒精等。

八、油品库应悬挂醒目的“严禁烟火”的警示标识牌。

附录2　危险废物污染规范管理制度模板

1. 危险废物污染规范管理制度模板

危险废物污染规范管理制度

为贯彻执行《中华人民共和国环境保护法》《固体污染防治法》及有关法律、法规，保护环境，特制定本制度。

一、遵循环境保护“预防为主，防治结合”的工作方针和“三同时”规定，做到生产建设与保护环境同步规划、同步实施、同步发展，实现经济效益、社会效益和环境效益的有机统一。

二、公司负责人是危险废物污染防治工作的第一负责人，对全公司环境保护工作负全面的领导责任，并引导其稳步向前发展。

三、设立以公司负责人为首、各部门领导组成的危险废物污染防治工作领导小组，对公司的各项环境保护工作进行决策、监督和协调。

组长：×××

副组长：×××

成员：××××××

四、运维检修部是危险废物污染防治工作归口管理部门，负责公司危险废物污染防治日常管理工作，并把目标和任务落实到相关责任部门。计划物资部是危险废物处置工作的实际操作部门，负责危险废物的接收、贮存和处置等，并负责危险废物处置相关资料的收集上报。

五、按照“管生产必须管环保”的原则，运维检修部对公司危险废物污染防治工作负全面的领导责任；各班组必须把危险废物污染防治工作纳入本部门管理工作中。

六、公司员工应自觉遵守国家、地方和公司颁发的各项环境保护规定，稳定生产装置长周期生产，减少生产过程中危险废物排放。

七、各部门必须严格遵守国家和地方人民政府颁布的环境保护法律、法规、标准和要求；积极参加与公司有关的环境保护工程项目建设，并在业务上接受生产部的指导和监督。

八、危险废物的收集、贮存、转移、利用、处置活动必须遵守国家和公司的有关规定。

（1）禁止向环境倾倒、堆置危险废物。

（2）禁止将危险废物混入非危险废物中收集、贮存、转移、处置。

（3）危险废物的收集、贮存、转移应当使用符合标准的容器和包装物。

（4）危险废物的容器和包装物以及收集、贮存、转移、处置危险废物的设施、场所，必须设置危险废物识别标志。

九、转移危险废物时应仔细核对联单上填写的危废是否与实际转移的物品相符，“单物”不相符时不得转移。

2. 危险废物管理责任制度模板

危险废物管理责任制度

为进一步加强危险废物的移交、贮存和运输等日常管理工作，防范危险废物有关安全事故发生，促进公司健康，持续发展，本公司实行领导第一把手负责制，层层负责抓落实，成立危险废物管理责任小组，具体名单如下：

组长：×××

副组长：×××

组员：×××

具体分工如下：

组长：负责危险废物管理工作，定期开展监督指导工作。

副组长：配合组长开展危险废物管理工作，在组长不在的情况下，指导各个环节的正常运行，并且组织人员定期进行培训，定期进行检查并且督促整改。

组员：配合组长/副组长的工作，按要求做好各个环节的贮存、转移，并且做好各项记录和台账；要求各个班组按照相关危废运输要求进行厂内交接转移；参加公司组织的环境污染事件专项应急演练，定期参加安全教育培训。

3. 危险废物仓库管理制度模板

危险废物仓库管理制度

为有效规范、加强本公司危险废物的管理，确保危险废物的无害化处置，防治环境污染，提高危险废物管理水平，根据《中华人民共和国环境保护法》《中华人民共和国固体污染环境防治法》，结合公司实际情况，制定危险废物仓库管理制度。

第一条　危险废物仓管必须根据其不同性质，分成放置于指定位置并标示清除。

第二条　危险废物必须由危废仓管人员进行分类管理，其他人员不得随意处置。

第三条　危险废物必须按规定的处理方式处理，不得随意操作；否则将严肃处理，严重者将移送司法机关，依法追究相应的责任。

第四条　各部门（班组）应及时派专人将所产生的危险废物送入危废仓库，不得在仓库外存置。

第五条　危险废物在每次送入仓库时要进行登记，运送人员和仓库管理人员要签字确认，并完整记录台账，当月台账记录保存在仓库内，每月汇总一次。

第六条　在常温常压下不水解、不挥发的固体危险废物可在贮存设施内分别堆放，每个堆间应留有增运通道。

第七条　必须将危险废物装入容器内方可存放，盛装在容器内的同类危险废物可以堆叠存放。

第八条　禁止将不相容（相互反应）的危险废物在同一容器内混装，不得将不相容的危险废物堆放在一起，混合或合并存放。

第九条　无法装入常用容器的危险废物可用防漏胶袋等盛装。

第十条　应当使用符合标准的容器或包装物盛装危险废物，且粘贴符合标准要求的标签，标签格式和内容完整、准确。不得堆放接收未粘贴符合规定标签或标签未按规定填写的危险废物。

第十一条　仓库同时贮存一种以上危险废物时应分区堆放，且在醒目位置标明分区危险废物的名称。

第十二条　装载危险废物的容器及包装物必须完好无损，发现破损，应及时采取措施清理更换。

第十三条　危险废物委托出库时，应核对好处置危险废物的名称、类别代码和数量，仓库管理人员与接收单位经办人员须在记录台账上签字确认。

4. 危险废物台账管理规定模板

危险废物台账管理规定

一、根据危险废物产生后不同的管理流程，在生产、贮存、利用、处置等环节建立有关危险废物的台账记录表。

如实记录危险废物产生、贮存、利用和处置等各个环节的情况，对需要重点管理的危险废物（如剧毒废物），可建立内部转移联单制度，进行全过程追踪管理。

在危险废物产生环节，可以按质量、体积、袋或桶的方式记录危险废物数量。危险废物转移出产生单位时或在产生单位内部利用处置时，原则上要求称重。

二、定期（如按月、季或年）汇总危险废物台账记录表，形成周期性报表。

报表应当按所产生危险废物的种类反映其产生情况以及库存情况。按所产生危险废物的种类以及利用处置方式反映内部自行利用处置情况与提供和委托外单位利用处置情况。

相应记录表或凭证以及危险废物转移联单要随报表封装汇总。

三、汇总危险废物台账报表，以及危险废物产生工序调查表及工序图、危险废物特性表、危险废物产生情况一览表、委托利用处置合同等，形成完整的危险废物台账。

四、实施与保障

危险废物台账制度的实施涉及产生单位内部的产生、贮存、利用处置、实验分析和安全环保等相关部门。

各部门应当充分结合自身的实际情况，与生产记录相衔接，建立内部危险废物管理机制和流程，明确各部门职责，真实记录危险废物的产生、贮存、利用、处置等信息，保证建立危险废物台账制度的良好运行。特别是要确保所有原始单据或凭证应当交由专人（如台账管理人员）汇总。

危险废物台账应当分类装订成册，由专人管理，防止遗失。有条件应当采用信息软件辅助管理危险废物台账。

5. 环保岗位责任制度模板

环保岗位责任制度

为了切实加强环保管理工作，本公司设立兼职环保管理员，负责处理公司生产经营过程中产生的三废、噪声等环保问题，以下为岗位职责：

一、认真学习环境保护法律法规、方针政策，不断提高自身环保工作水平。

二、在本公司区域内宣传栏、会议等多种方式广泛宣传环保法律、政策，提高本公司员工的环保意识。

三、配合环保部门对企业进行监管，严格按照规范操作，达标排放。

四、制订完善环境事故应急救援预案，对可能发生的环境事故做到防患于未然。

五、采纳员工对环保工作的意见和建议，及时向公司领导汇报。

六、主动参加上级组织的环保管理工作，按照环保部门的要求开展工作。

七、做好环保教育，培养员工保护环境的良好习惯。

八、对操作人员进行定期培训，培训合格后方可上岗。

九、定期清理、保养环保设备，确保设备设施畅通并按规定运行。

十、定期组织清理固废，并向有资质的处理单位转移有害废弃物。十一、定期向公司领导汇报公司环保开展情况。

附录 3　抽水蓄能电站事故备品备件储备参考定额

抽水蓄能电站事故备品备件储备参考定额见附表 3-1。

附表 3-1　　抽水蓄能电站事故备品备件储备参考定额

序号	名称	单位	公司建议定额	备注
一	发电机及其附属设备			
(一)	发电机转子			
1	制动环板	台份	1/8	
2	挡风板	台份	1/4	
3	磁极引线（含磁极引线更换所需关键核心部件）	台份	1	
4	整只磁极（含磁极铁芯）	只	2/同型号	
5	磁极线圈	只	1/同型号	
6	磁极键	台份	1/8	
7	极间连接线	台份	1/4	
8	阻尼环连接线	台份	1/4	
9	极间撑块	台份	1/4	
10	磁极围带	台份	1/4	
11	其他差异性部件	台份	1	
12	转子与上端轴螺栓（含螺母）	台份	1	新增
13	转子与下端轴螺栓（含螺母）	台份	1	新增
(二)	发电机定子			
1	定子上层线棒（普通）	台份	2/15	
2	定子下层线棒（普通）	台份	1/15	
3	定子上层线棒（引出、跨条）	台份	1/10	新增，名称进行细化
4	定子下层线棒（引出、跨条）	台份	1/10	新增，名称进行细化
5	定子绝缘盒	台份	1/10	
6	槽楔、波纹板、支撑板、端部垫块	台份	1/15/同型号	
(三)	发电机机械制动装置			
1	制动系统控制阀组	个	1/同型号	
2	制动器	个	2	

续表

序号	名称	单位	公司建议定额	备注
3	制动器闸板	台份	1	名称制动闸板改为制动器闸板
（四）	发电机中性点设备			
1	中性点电流互感器	只	1/同型号	
2	接地变/消弧线圈	套	1/同型号	
（五）	发电机推力轴承			
1	推力瓦	台份	1	名称删除支撑件
（六）	发电机上导轴承			
1	上导轴瓦	台份	1	名称删除支撑件
2	上导轴承冷却器（内置）	台	1/同型号	
（七）	发电机下导轴承			
1	下导轴瓦	台份	1	名称删除支撑装置
2	下导轴承冷却器（内置）	台	1/同型号	
（八）	发电机高压油顶起装置			
1	高压顶起交流泵	台	1	
2	高压顶起交流电动机	台	1	
3	泵出口溢流阀组	套	1	新增
4	高压顶起直流泵	台	1	泵和电动机分开
5	高压顶起直流电动机	台	1	泵和电动机分开
二	水轮机及附属设备			
（一）	水轮机导水机构			
1	剪断销	台份	1/4	
2	摩擦装置（摩擦环）	台份	1/4	
3	导叶操作机构轴承	台份	1/4	
4	导叶轴套（上、中、下三部）	台份	1/4	
5	导叶轴密封件	台份	1/4	
6	上止漏环	个	1/同型号	新增
7	下止漏环	个	1/同型号	新增
8	顶盖抗磨板	台份	1/同型号	新增
9	底环抗磨板	台份	1/同型号	新增
10	导叶	个	2或3	新增
11	顶盖把合螺栓、分瓣螺栓等重要部位螺栓	台份	1	新增
（二）	水轮机水导轴承系统			

续表

序号	名称	单位	公司建议定额	备注
1	水导轴瓦	台份	1	名称删除支撑件
2	水导轴承冷却器	台	1/同型号	
(三)	水轮机主轴密封			
1	抗磨板	台份	1	
2	密封环	台份	1	
3	弹簧装置	台份	1	
三	机组母线设备			
(一)	断路器（开关）、隔离开关（刀闸）及操作机构			
1	机组出口开关操作机构	套	1	
2	机组出口开关灭弧室（包括电气制动）	台份	1	
3	换相刀闸操作机构	相	2	
4	换相刀闸触指	相	3	
5	电制动刀闸操作机构及触指	台	1/同型号	
6	拖动/被拖动刀闸操作机构	台份	1/同型号	
7	启动母线刀闸操作机构	套	1	
(二)	避雷器、电流互感器、电压互感器			
1	发电机出口电流互感器	只	1/同型号	数量由3改为1
2	发电机出口电压互感器	只	3/同型号	
3	避雷器（带计数器）	只	1/同型号	数量由3改为1
4	电容器	只	3/同型号	
四	励磁系统			
1	励磁系统电流互感器	只	1/同型号	
2	励磁变压器低压侧开关	台	1/同型号	
3	线性电阻/非线性电阻	台份	1	
4	全控桥整流元件	套	1/同型号	
5	磁场断路器	台	1/同型号	
6	机械跨接器［断路器（开关）、隔离开关（刀闸）］	套	1/同型号	
7	励磁过电压保护装置	套	1/同型号	
8	励磁脉冲分配板	套	1/同型号	

续表

序号	名称	单位	公司建议定额	备注
9	功率柜阻容元件	台份	1/2	
五	调速器及其附属设备			
(一)	调速器控制系统（电、机）			
1	电液转换器	个	1	
2	主配压阀	个	1	
3	主供油阀	个	1	
4	紧急停机阀	个	1	
5	伺服比例阀	个	1	新增
6	油压装置油泵	套	1	泵和电动机分开
7	油压装置电动机	套	1	泵和电动机分开
8	调速器控制系统（电源模块、主控制器、输入输出板、通信模块）	台份	1	
9	导叶位置传感器	台份	1	
10	主配位置传感器	套	1	
11	其他各种型号的电磁阀、液动阀等自动控制阀门	个	1/同型号	
(二)	调速器接力器系统			
1	非同步导叶接力器	台份	1	
六	进水阀及其附属设备			
(一)	进水阀压力油泵控制柜			
1	油压装置油泵	套	1	泵和电动机分开
2	油压装置电动机	套	1	泵和电动机分开
3	主油阀	个	1/同型号	
4	每种型号电磁阀、电动阀、液压阀等自动控制的阀门	个	1/同型号	
(二)	进水阀本体			
1	工作密封（含活动密封环、固定环和附件）	套	1/同型号	
2	枢轴轴瓦	个	2/同型号	名称由枢轴轴承改为枢轴轴瓦
3	伸缩节密封	套	1/同型号	
4	旁通阀	个	1	
5	下游密封导环	台套	1	新增

续表

序号	名称	单位	公司建议定额	备注
七	供排水系统			
(一)	机组单元技术供水系统			
1	技术供水泵	套	1/同型号	新增
2	技术供水泵电动机	套	1/同型号	新增
(二)	排水系统			
1	渗漏排水泵	个	1	泵和电动机分开
2	渗漏排水泵电动机	个	1	泵和电动机分开
八	机组尾水事故闸门及启闭设备			
1	油压装置油泵及电动机	台	1/同型号	
2	液压缸密封件	台份	1	
3	闸门开度检测装置	套	1/同型号	
4	尾闸平压阀	台	1/同型号	
九	主变压器系统			
(一)	主变压器本体及附件			
1	主变压器本体	台	1	新增，需公司核定备件
2	主变压器高压套管及油气连接套管	套	1/同型号	
3	主变压器低压套管	只	1/同型号	
4	套管型电流互感器	只	1/同型号	
5	主变压器中性点套管	只	1/同型号	
6	主变压器中性点电流互感器	只	1/同型号	
7	主变压器压力释放阀	个	1/同型号	
8	主变压器气体继电器	个	1/同型号	
9	压力突变继电器	个	1/同型号	
十	高压输电设备			
(一)	开关站设备（包含 GIS 设备）			
1	断路器操作机构（含 GIS 断路器操作机构）	台	1/同型号	
2	电压互感器（含 GIS 电压互感器）	只	1/同型号	
3	电流互感器（含 GIS 电流互感器）	只	1/同型号	
4	GIS 支撑绝缘子，盆式绝缘子	只	1/同型号	

续表

序号	名称	单位	公司建议定额	备注
5	GIS内部屏蔽罩，触头	套	1/同型号	
十一	SFC及启动母线系统			
（一）	SFC整流柜			
1	整流桥臂	组	1/同型号	
2	整流侧电压互感器	只	1/同型号	
3	晶闸管控制单元	套	1/同型号	新增
（二）	SFC逆变柜			
1	逆变桥臂	组	1/同型号	
2	逆变侧电压互感器	只	1/同型号	
（三）	SFC控制柜			
1	控制板（包括系统触发联络板、主处理板、总线管理接口板、整流控制接口板、逆变接口板等）	套	1/同型号	
2	开关量输出模件	块	1/同型号	
3	开关量输入模件	块	1/同型号	
4	模拟量输出模件	块	1/同型号	
5	模拟量输入模件	块	1/同型号	
6	电源模块	台	1/同型号	
（四）	SFC附属设备			
1	电流互感器	套	1/同型号	
2	输入/输出断路器	台	1/同型号	
3	风机	台	1/同型号	
4	冷却系统附件	套	1	
5	旁路隔离开关	台	1	
十二	计算机监控系统			
（一）	现地控制单元			
1	开关量输出模件	台份	1/4	
2	开关量输入模件	台份	1/4	
3	模拟量输出模件	台份	1/3	
4	模拟量输入模件	台份	1/3	
5	输入/输出端子板	台份	1/4	
6	通信网卡模件	套	1/同型号	
7	SOE专用模件	套	1/同型号	

续表

序号	名称	单位	公司建议定额	备注
8	交流采样装置（模件）	套	1/同型号	
9	其他专用输入输出模件	台份	1/5	
10	同期装置	套	1/同型号	
11	交换机	台	1/同型号	
12	UPS整流模块	台	1/同型号	
13	电源模块	块	1/同型号	
14	CPU控制器	台	1/同型号	新增
（二）	远动及调度数据网			
1	调度通信专用模件	套	1	
十三	继电保护			
（一）	线路保护			
1	保护装置	块	1/同型号	名称中删除插件
2	光纤通信装置	台	1/同型号	
3	远方就地判别	套	1	新增
（二）	发电机一变压器组保护			
1	保护装置	台	1/同型号	
2	出口跳闸继电器	台份	1	
（三）	厂用电保护			
1	保护装置	台	1/同型号	
（四）	开关保护			
1	保护装置	套	1/同型号	新增
（五）	母线或短线保护			
1	保护装置	套	1/同型号	新增
2	出口跳闸继电器	套	1	新增
3	光纤通信接口装置	套	1	新增
十四	直流系统			
1	绝缘监察装置	台	1	新增
十五	通信系统			
1	光传输系统板卡备件	块	1/同型号	新增
2	调度交换网设备板卡备品备件	块	1/同型号	新增

注 本次事故备品备件修订以4台机组的电站进行测算，4台以上机组可按比例适当增加。

附录4　抽水蓄能电站应急物资储备参考定额

抽水蓄能电站应急物资储备参考定额见附表4-1。

附表4-1　　　　抽水蓄能电站应急物资储备参考定额

序号	物料描述	单位	储备下限	参考型号	存放地点	备注
一、必备项						
1	多功能担架	付	1	担架	生产现场	
2	医药箱	组	2	急救药箱（包含基本外伤急救材料和常用药品等）	生产现场	
3	正压式呼吸器	套	2	正压式呼吸器	生产现场	
4	防毒面具	个	10	过滤式防毒面具	生产现场	
5	消防专用救生衣	套	10	自动充气式	应急仓库	
6	救生圈	个	10	救生圈带20m漂浮绳	生产现场和应急仓库	
7	卫星电话	部	2		安全应急办公室	
8	手持式喊话器	台	2	救援设备，扩音器	应急仓库	
9	对讲机	台	10	对讲机	应急仓库或生产现场	
10	（橡皮）冲锋舟	艘	1	充气式（含动力装置）	应急仓库或库区	
11	发电机	台	1	小型发电机-燃料类型：柴油或汽油型；型式：便携式；输出功率（kW）：不低于5kW	应急仓库	储备不低于8h工作时间的油料，配备配套配电箱和补给油桶
12	潜水泵（污水泵）及配管	台	2		应急仓库	功率与应急发电机匹配，配备配套电缆。
13	电源盘	个	2	电源盘-电压：380V；长度：100m或50m	应急仓库	总长不少于200m

续表

序号	物料描述	单位	储备下限	参考型号	存放地点	备注
14	护套线	m	100	RVVB 2×4	应急仓库	
15	绝缘胶布	卷	10		应急仓库	
16	防水胶布	卷	10		应急仓库	
17	消防雨鞋	双	10	阻燃、防穿刺、防砸	应急仓库	
18	气胀式两用雨衣	件	10	充气后漂浮时间大于 24h	应急仓库	
19	镐	把	5	十字镐	应急仓库	
20	锹	把	10	铁锹	应急仓库	
21	斧	把	2	消防斧	应急仓库	
22	砍柴刀	把	2	刀类一类型：砍柴刀	应急仓库	
23	撬棍	个	2		应急仓库	
24	缓降器	套	1	含配套绳	应急仓库	
25	救援吊带	套	1		应急仓库	
26	防坠器	套	2		应急仓库	
27	反光安全背心	件	10		应急仓库	
28	安全绳	根	2	安全绳 - 直径：7mm；长度：15m 带双钩	应急仓库	
29	安全绳	根	2	安全绳 - 直径：20mm；长度：15m 带双钩	应急仓库	
30	帆布手套	副	50	劳保手套	应急仓库	
31	棕绳	m	200	棕绳直径 22mm 或 24mm	应急仓库	
32	头灯	台	10	工作灯 - 类型：头灯	应急仓库	
33	电筒	个	10	充电式强光手电筒，采用 LED 光源，使用寿命为 100000h，工作光连续放电时间大于 16h，强光连续放电时间大于 8h，电池寿命为 1000 次循环，外壳防护等级 IP66	应急仓库	
34	应急灯	个	2	手提式、充电型	应急仓库	
35	全方位泛光工作灯	台	1	工作灯 - 类型：全方位泛光工作灯（不带发电机）	应急仓库	

续表

序号	物料描述	单位	储备下限	参考型号	存放地点	备注
36	探照灯	盏	1	采用 LED 光源，使用寿命为100000h，工作光连续放电时间大于10h，强光连续放电时间大于5h，电池寿命为1000次循环，外壳防护等级IP68	应急仓库	
37	望远镜	台	2	放大倍率不小于10倍	应急仓库	
38	液压破拆工具组	套	1	包括液压扩张器、液压剪断器、液压破碎镐等	应急仓库	
39	千斤顶，2～5t	台	2	千斤顶-类型：螺旋或液压，额定载荷：2～5t	应急仓库	
40	大力钳，36吋	只	1	钳-类型：大力钳，规格：36吋，绝缘与否：非绝缘	应急仓库	
41	电锤	只	1	电锤，配钻头	应急仓库	
42	八角锤，12磅	只	1	锤-类型：八角锤，规格：12磅，带柄	应急仓库	
43	手动葫芦3t	个	1	手动，额定负荷：3t	应急仓库	
44	人字梯	部	1	类型：人字梯，材质：铝合金或玻璃钢，高度：4m	应急仓库	
45	直梯	部	1	类型：直梯；材质：铝合金或玻璃钢；高度：不低于4m；其他：可伸缩	应急仓库	
46	帐篷	套	2	救灾帐篷	应急仓库	
47	尼龙绳	m	200	尼龙绳直径14mm或16mm	应急仓库	
48	编织袋/遇水膨胀袋/防汛沙袋	个	200		应急仓库	储备数量不低于洪水情况下常规水厂主厂房门口或抽蓄电站交通洞口（通风洞口）挡水需要
49	铁丝，10mm²	kg	5	铁丝：10mm²	应急仓库	
50	警示带	卷	2		应急仓库	
51	皮尺	个	1	皮尺长度100m	应急仓库	
52	钢卷尺（10m）	个	2	钢卷尺10m	应急仓库	
53	彩条布	m	100	布-类型：彩条布	应急仓库	

续表

序号	物料描述	单位	储备下限	参考型号	存放地点	备注
54	吸油棉	m^2	若干		应急仓库	储备数量不低于吸附单台机组事故情况下的漏油量
55	拦油围带	m	若干		应急仓库	储备数量不低于围挡下库进出水口或下游水面长度
56	医用防护口罩	个	若干	一次性使用医用口罩或 N95 口罩	应急仓库	
57	医用手套	双	若干		应急仓库	
58	防护服	套	若干		应急仓库	
59	防护面罩	个	若干		应急仓库	
60	护目镜	个	若干		应急仓库	
61	消毒液	瓶	若干		应急仓库	
62	测温枪	把	若干		应急仓库	
63	水上安全带	条	10		应急仓库	
64	便携式气体检测仪	台	2	可检测氧气、可燃气体、有毒气体（至少包含甲烷、硫化氢、一氧化碳）等气体，声光报警功能	应急仓库	
65	组合工具套装	套	2	不低于 60 件套	应急仓库	
66	救援绳索抛投器	套	2	抛射距离不低于 60m	应急仓库	
注：以上应急物资储备是基于全厂失电、失去通信或发生突发事件时以救援人员及为现场救援提供基本照明、通信及抢修工作面为储备原则。基建期电站可根据项目进展和现场需要逐步配备						
二、选备项						
融雪剂、汽车防滑链、手提汽油燃动切割机、机动链锯、救生照明线、救生抛投器、木桩、反光锥、防爆灯、行灯及行灯变、木板、安全警示牌、软梯、无人机、测距仪、自动体外心脏除颤仪（AED）、手持式钢筋速断器、救生吊篮、防火靴、防火头盔、防火手套、灭火毯、防割手套、有害气体监测仪、风力灭火机、手抬机动泵等						基建期电站、生产期电站可结合实际情况选择配置
三、自备项						
除必备项、选备项外，各电站根据应急预案和现场实际，自行配备应急物资，以满足各类突发事件应急处置需求						

注　1. 筹建期电站、其他类型企业可参考本定额自主配备应急物资。

2. 1吋≈3.33cm，1磅≈0.45kg。

参 考 文 献

[1] 国网新源控股有限公司．抽水蓄能电站仓储标准化管理实务．北京：中国电力出版社，2018.
[2] 国家环境保护总局．危险废物贮存污染控制标准：GB 18597—2001. 北京：中国环境保护出版社，2002.
[3] 国家环境保护总局．危险废物收集　贮存　运输技术规范：HJ 2025—2012. 北京：中国环境保护出版社，2013.
[4] 国家电网公司．国家电网公司安全设施标准　第四部分：水电厂：Q/GDW 434.4—2012.